Rainer Höh

GPS Outdoor-Navigation

411gp rh

„Um zu wissen, wie man ans Ziel kommt,
muss man zuerst wissen, wo man steht."
Redensart

Impressum

Rainer Höh
GPS Outdoor-Navigation

erschienen im
Reise Know-How Verlag, Peter Rump GmbH
Osnabrücker Str. 79
33649 Bielefeld

7. neu bearbeitete, aktualisierte Auflage 2014

Gestaltung
Umschlag: G. Pawlak, P. Rump (Layout);
Klaus Werner (Realisierung)
Inhalt: Günter Pawlak (Layout);
amundo media GmbH (Realisierung)

Fotonachweis: Bildnachweis S. 287
Titelfoto: Garmin

Lektorat: amundo media GmbH

Druck und Bindung
Media-Print, Paderborn

ISBN 978-3-8317-2270-9
Printed in Germany

Dieses Buch ist erhältlich in jeder Buchhandlung Deutschlands, der Schweiz, Österreichs, Belgiens und der Niederlande.
Bitte informieren Sie Ihren Buchhändler über folgende Bezugsadressen:
Deutschland
Prolit GmbH, Postfach 9, D–35461 Fernwald (Annerod) sowie alle Barsortimente
Schweiz
AVA Verlagsauslieferung AG,
Postfach 27, CH–8910 Affoltern
Österreich
Mohr Morawa Buchvertrieb GmbH
Sulzengasse 2, A–1230 Wien
Niederlande, Belgien
Willems Adventure, www.willemsadventure.nl

Wer im Buchhandel trotzdem kein Glück hat, bekommt unsere Bücher auch über unseren
Büchershop im Internet:
www.reise-know-how.de

Wir freuen uns über Kritik, Kommentare und Verbesserungsvorschläge, gern auch per E-Mail, an info@reise-know-how.de.

Alle Informationen in diesem Buch sind vom Autor mit größter Sorgfalt gesammelt und vom Lektorat des Verlages gewissenhaft bearbeitet und überprüft worden.

Da inhaltliche und sachliche Fehler nicht ausgeschlossen werden können, erklärt der Verlag, dass alle Angaben im Sinne der Produkthaftung ohne Garantie erfolgen und dass Verlag wie Autor keinerlei Verantwortung und Haftung für inhaltliche und sachliche Fehler übernehmen.

Die Nennung von Firmen und ihren Produkten und ihre Reihenfolge sind als Beispiel ohne Wertung gegenüber anderen anzusehen. Qualitäts- und Quantitätsangaben sind rein subjektive Einschätzungen des Autors und dienen keinesfalls der Bewerbung von Firmen oder Produkten.

415gp gm

Rainer Höh

GPS OUTDOOR-NAVIGATION

Vorwort

Das vorliegende Buch war bei seinem Ersterscheinen 2000 auf dem deutschen Markt das erste und einzige Buch zum Thema „GPS Outdoor-Navigation“. Seither haben nicht nur viele Tausend Leser davon profitiert, sondern auch einige Autoren-Kollegen, die es als Vorlage für „eigene“ GPS-Bücher genutzt haben. Es ist für Anwender geschrieben, die nie zuvor ein GPS-Gerät in der Hand hielten, bietet sicher aber auch eine Fülle nützlicher Tipps und Infos für jene, die bereits über GPS-Erfahrung verfügen. Vorkenntnisse im Umgang mit GPS sind nicht erforderlich – Grundkenntnisse im Umgang mit Karte und Kompass hingegen sind nach wie vor empfehlenswert. Diese Fertigkeiten sind zwar dank moderner Geräte mit integrierten Karten heute nicht mehr die zwingende Voraussetzung, aber für viele Zwecke noch immer sehr hilfreich und vorteilhaft. Wer hier ein Defizit hat, findet eine umfassende, aber kompakte und leicht verständliche Darstellung in dem Praxis-Band „Orientierung mit Kompass und GPS“ desselben Autors.

Manche glauben heute noch, dass GPS nur etwas für Polwanderer und Wüstenfahrer sei. Mitnichten! Handliche und leistungsfähige GPS-Geräte in der Größe eines Handys sind heute schon ab etwa 110–150 Euro zu bekommen und einfach zu bedienen. Die neuen GPS-Geräte sind durchaus nicht nur für Fachleute und Extremtouren gedacht. Auch auf normalen Wanderungen, Skitouren, Kanutouren und selbst auf Spaziergängen oder beim Stadtbummel können sie sehr hilfreich sein.

Seit im Jahr 2000 die Verfälschung der GPS-Signale für zivile Nutzer abgeschaltet wurde, sind die Positions- und Kursangaben zudem enorm präzise (Fehler maximal im Bereich 10–30 m!). Und das Schöne daran: Die Nutzung des Systems kostet keinerlei Gebühren!

Der enorme Vorteil des GPS besteht darin, dass es Standort- und Kursbestimmungen völlig unabhängig von Orientierungspunkten, Sicht, Lichtverhältnissen und Magnetfeldern ermöglicht. Selbst bei Nacht, in dichtem Nebel, im Schneesturm, in völlig gleichförmigen Landschaften und in Gegenden mit starken Kompassstörungen können Sie unter freiem Himmel jederzeit per Knopfdruck feststellen, wo Sie sich befinden und in welcher Richtung und wie weit entfernt Ihr Ziel liegt.

Ergänzt wird die Entwicklung der Geräte durch ein rasant wachsendes Angebot an Software, die Routenplanung, Navigation und Tourenarchivierung immer komfortabler und effizienter macht. Als das Buch vor einigen Jahren erschien, waren eben die ersten digitalen Landkarten auf dem Markt. Heute gibt es bereits ein großes Angebot solcher Karten, die nicht nur die Routenplanung am Computer erleichtern, sondern teilweise schon auf dem Display des GPS-Geräts darstellbar und für die Navigation unterwegs nutzbar sind. Es reicht, das Gerät einzuschalten, dann zeigt es automatisch eine auf die aktuelle Position zentrierte Landkarte, auf welcher der Standort markiert ist. Und diese Karte sowie die Markierung verschieben sich genau so, wie man sich durch die Landschaft bewegt. Eine wahrhaft revolutionäre Neuerung. Und während zunächst nur Straßenkarten für die Fahrzeug-Navigation angeboten wurden, gibt es heute bereits digitale Topos (Abk. für topografische Karte), die auf GPS-Geräte aufgespielt und für die Navigation draußen in der Natur genutzt werden können.

Grundlage und Rückversicherung jeder Outdoor-Orientierung bleiben jedoch nach wie vor die traditionellen Hilfsmittel Karte, Kompass und Höhenmesser sowie der gesunde Menschenverstand. Wenn das GPS-Gerät Sie an den Rand eines Abgrunds führen und partout darauf beharren sollte, in dieser Richtung weiterzugehen, dann kann ich Ihnen nur empfehlen: Ignorieren Sie es!

Alles Gute!
Rainer Höh

Danksagung

Ganz lieben Dank an Martine Chazelle für ihre Unterstützung und Geduld.

Inhalt

Le Belvédère
Alt. 1639 m
Col de Rousset
1h 15 4.6 km ↑
Parking de Beure
35 mn 2,2 km ↑
Chalet
des Ours
20 mn 1,2 km ↑
Sentier de

363gp rh

GPS-Grund-lagen

< Neben Position und Kurs bieten heutige GPS-Geräte u. a. auch Höhenangaben, Aufstiegsmeter und Höhenprofile

Was ist GPS?

Das GPS (**G**lobal **P**ositioning **S**ystem) ist ein System, das es gestattet, mithilfe von Satellitensignalen weltweit seine genaue Position zu bestimmen. Das mit allen derzeitigen Geräten nutzbare GPS heißt **NAVSTAR** (**Nav**igation **S**ystem for **T**iming **a**nd **R**anging) und wurde vom US-Verteidigungsministerium entwickelt. Das Department of Defence (DOD) kontrolliert dieses System und kann seine Genauigkeit beeinflussen. NAVSTAR wurde 1978 gestartet und ist seit 1995 betriebsfähig. Ursprünglich als militärisches System konzipiert, hat es auch im zivilen Bereich (z. B. Luftverkehr, Schifffahrt etc.) so große Bedeutung erlangt, dass ein Abschalten oder Ausfall zu einer Katastrophe im Verkehrswesen führen würde. Der US-Kongress hat die Finanzierung des Systems daher nur mit der Auflage genehmigt, dass es auch der zivilen Nutzung zur Verfügung steht. Eine verbesserte Version (GPSIII) soll 2014 an den Start gehen. Sie wird mit dem europäischen System GALILEO (s. u.) und anderen GPS-Systemen kompatibel sein, aber nicht mit den bisherigen Geräten genutzt werden können, sondern neue Empfänger erfordern. Eine erste Nutzung ist ab 2016 zu erwarten, der volle Ausbau wird erst gegen 2020 abgeschlossen sein.

- www.digitaltrends.com/mobile/gps-iii-explained-everything-you-need-to-know-about-the-next-generation-of-gps/.

NAVSTAR ist zwar das erste und bis heute das mit Abstand bekannteste GPS-System, aber längst nicht mehr das einzige. Ein mit NAVSTAR weitgehend identisches System mit der Bezeichnung GLONASS stammt vom russischen Militär. Es sendet jedoch auf einer anderen Frequenz, sodass seine Signale von unseren bisherigen Empfängern nicht genutzt werden können. Künftige Galileo-Empfänger sollen diese Satelliten nutzen können und einige neuere GPS-Outdoor-Geräte (z. B. die eTrex-Modelle von GARMIN) sind bereits dazu in der Lage. Auch erste Smartphones, wie das **Samsung Galaxy Note,** können GLONASS-Signale empfangen und nutzen.

Sprachregelung GNSS, GPS, NAVSTAR

GNSS steht für **Global Navigation Satellite System** und bezeichnet alle Systeme, die die Positionsbestimmung und Navigation mithilfe von Satellitensignalen ermöglichen. Dazu gehören z. B. GPS, GLONASS und GALILEO. Das US-amerikanische **NAVSTAR Global Positioning System** (kurz GPS) war das erste und für uns lange das einzige System dieser Art. Deshalb wird heute in der Umgangssprache die Abkürzung **GPS** mit GNSS gleichgesetzt, während GPS genaugenommen nur das amerikanische System NAVSTAR bezeichnet. Die Bezeichnung GNSS ist zutreffender, da diese Systeme längst nicht mehr nur Positionsbestimmungen erlauben, sondern der umfassenden Navigation dienen. Um das Verstehen zu erleichtern, werde ich dennoch die Abkürzung GPS verwenden, wenn GNSS gemeint ist.

- http://glonass-iac.ru/en/ (auch auf Englisch)

Weitere GNSS-Systeme sind z. B. das chinesische System **Compass,** das indische **IRNSS** und das japanische **QZSS.**

Die europäische Gemeinschaft baut derzeit das zivile System **GALILEO** auf. Es wird noch genauer und zuverlässiger funktionieren als das amerikanische NAVSTAR und mit ihm (GPSIII) kompatibel sein. Es sollte bereits 2012 in vollem Umfang zur Verfügung stehen, doch bislang sind erst vier Satelliten für einen Testbetrieb positioniert. Die Fertigstellung wird für etwa 2014/15 in Aussicht gestellt.

Für höchste Präzision (im 1-m-Bereich!) wird es mit zwei Frequenzen operieren (s. S. 40), die auch von zivilen Nutzern zu empfangen sind. Zudem soll es mit den Systemen NAVSTAR und GLONASS kompatibel sein; d. h. Satelliten aller drei Systeme sind mit einem Gerät zu empfangen und das Gerät kann die Signale der verschiedenen Satelliten wahlweise bzw. kombiniert verwerten. Außerdem wird es eine völlig neue, globale Search & Rescue- (SAR-) Funktion bieten, die Notsignale sofort an ein Rettungszentrum weiterleitet und sogar den Absender informiert, dass Hilfe unterwegs ist.

- www.esa.int/Our_Activities/Navigation/The_future_-_Galileo/What_is_Galileo
- http://ec.europa.eu/dgs/energy_transport/galileo/index_en.htm
- www.galileoju.com/

Was bringt GPS?

„GPS ist überflüssiger Schnickschnack", schimpft mancher alte Hase. „Wir haben uns jahrzehntelang mit Karte und Kompass orientiert – und das hat auch gereicht." Sicher, das mag stimmen. Und noch früher hat man sich sogar jahrhundertelang ohne Karte und Kompass orientiert und ist meistens auch ans Ziel gekommen. Trotzdem wird keiner der alten Hasen auf Karte und Kompass verzichten wollen. Und sobald sie auch nur einen Bruchteil der Vorteile der Satelliten-Navigation kennen, wird auch von ihnen keiner mehr die kleinen Navigationshelfer missen wollen. Die **Vorteile für Sicherheit und Komfort** sind einfach überwältigend.

Gerade wer sich mit der Kompassorientierung auskennt, ist sich darüber im Klaren, dass man bei Nebel, Dunkelheit, dichtem Schneetreiben etc. oder in flachem Land ohne Orientierungspunkte mit dem Kompass keinen Standpunkt mehr bestimmen kann. Und ohne bekannten Standpunkt kann man auch nicht mit dem Kompass navigieren. Jeder weiß, wie kleine Fehler, Metallgegenstände oder magnetische Schwankungen die Peilung verfälschen, und dass selbst bei präziser Kompassarbeit die Kursabweichung über größere Distanzen verheerend sein kann.

Mit GPS gehört das alles der Vergangenheit an. Man schaltet ein und erfährt, wo man ist. Bei jedem Wetter und an jedem Ort der Erde. Bei ägyptischer Finsternis, britischem Nebel und arktischem Schneetreiben. Unabhängig von Sicht und Orientierungspunkten. Unabhängig von Magnetfeldern und ihren

Schwankungen. Und sogar unabhängig davon, ob man unmerklich abdriftet – z. B. im Boot durch Wind oder Strömungen. Das GPS-Gerät korrigiert Position und Kurs im Sekundentakt!

Was Polarexpeditionen recht und Autofahrern eine Selbstverständlichkeit ist, kann uns Wanderern, Radfahrern und Kanuten nur billig sein. Zugegeben, auf den gut markierten und beschilderten Pfaden im Nahbereich wird man meist auch gut ohne Satellitennavigation auskommen. Aber dann ist das Gerät immer noch eine willkommene Sicherheitsreserve für unerwartete Situationen. Hand aufs Herz: Wer hat nicht trotz viel Erfahrung schon eine Abzweigung verpasst und merkt plötzlich, dass er gar nicht da ist, wo er zu sein glaubte? Wer kennt nicht dieses fiese Gefühl, wenn plötzlich Kartenbild und Landschaft nicht mehr zusammenpassen wollen und das Bild im Kopf jäh zusammenbricht? Und wer ist nicht schon wegen plötzlichem Nebel oder der hereinbrechenden Dunkelheit mit wachsender Anspannung durchs Gelände gehastet – unsicher, ob er den Rückweg überhaupt noch finden würde? **GPS fegt all diese Probleme mit einem Schlag weg.** Weiß nicht gibt's nicht. Einschalten und man weiß nicht nur, wo man ist, sondern kennt bei richtiger Vorbereitung auch den genauen Weg zum Ziel. Dabei kann man sich sogar Abkürzungen leisten oder die direkte Linie gehen, wenn das Gelände es zulässt. Man kann gar nicht mehr „vom Weg" abkommen. Verirren gehört der Vergangenheit an. Selbst ohne Weg und Sicht weiß man stets, wo's langgeht. Fantastisch!

Und was schon im heimischen Forst hilfreich ist, wird auf echten Wildnistouren um so wichtiger – auf Lapplandwanderungen ebenso wie bei Kanutouren in Kanada. Auch ohne Weg und im dichtesten Wald; im Labyrinth der Inseln und Kanäle oder auf weiten Seeflächen. Per Knopfdruck verrät das kleine Ding Ihnen nicht nur exakt, wo Sie sich befinden, sondern auch in welcher Richtung und wie weit entfernt sich Ihr Ziel befindet und wie lange Sie bis dorthin etwa noch brauchen. Sie müssen auch nicht in gerader Linie gehen wie bei der Kompassnavigation, sondern können unbesorgt jedem Hindernis ausweichen, ohne irgendetwas korrigieren zu müssen. Das macht das GPS-Gerät für Sie – automatisch und im Sekundentakt.

Aber das ist nicht alles. GPS bietet noch weit mehr: Biker vermeiden mit einem Blick aufs Display den lästigen Stopp zum Kartenlesen an jeder Wegkreuzung. Pilzsucher können selbst in unübersichtlichem Gelände ihre **Fundstellen markieren** und wiederfinden. Fotografen können ihre Aufnahmen **geocodieren,** um später genau zu wissen, wo und wann sie was fotografiert haben und um die Bilder z. B. bei Google Earth einzustellen. Wer in schwierigem Gelände von Nebel oder Dunkelheit überrascht wird, kann genau den Weg zurückgehen, den er gekommen ist, und so selbst ohne Sicht Abgründe, Moore, Gletscherspalten oder andere Hindernisse und Gefahrenstellen umgehen. Und nicht zuletzt findet man im Internet eine rasch wachsende Schar von Wanderungen und Biketouren in allen Winkeln der Welt, die man mit zahlreichen Zusatzinfos über Verlauf, Landschaft, Höhenprofil etc. herunterladen und als Route auf seinem Handgerät speichern kann, um sich unterwegs sicher und komfortabel von Punkt zu Punkt lotsen zu lassen. Noch irgendwelche Wünsche offen?

„Na gut", dürfte jetzt auch der konservativste alte Hase sagen. „Na gut, dann probieren wir's halt mal." Und ich verwette meinen neuesten GPS-Empfänger gegen einen historischen Bézard-Kompass, dass er danach nie wieder auf den kleinen Satellitenlotsen in der Jackentasche verzichten möchte.

Wie funktioniert GPS?

Für die praktische Arbeit mit dem GPS-Gerät muss man die (hier vereinfacht dargestellten) technischen Grundlagen des Systems nicht unbedingt kennen und kann diesen Abschnitt ggf. überspringen, um sich gleich mit den Geräten und ihrer Anwendung zu befassen. Ein Überblick über die Funktionsweise des Systems kann jedoch sehr hilfreich sein, um einzelne Funktionen, Fehlerquellen und Einschränkungen besser zu verstehen.

Alle Satelliten-Navigationssysteme (ob NAVSTAR, GALILEO oder GLONASS) bestehen aus drei Segmenten: Kontroll- (Bodenkontrollstationen), Raum- (Satelliten im Weltraum) und Nutzersegment (Empfänger).

Das **Kontrollsegment,** ein Netz von Bodenstationen, kontrolliert und korrigiert die Bahn der Satelliten und sorgt dafür, dass sie stets Ihre exakte Position und die genaue Uhrzeit kennen.

Das **Raumsystem** umfasst mindestens 24–30 Satelliten (heute sind es für NAVSTAR sogar bereits 32), die den Erdball in ca. 20.000 km Höhe alle 12 Stunden einmal umrunden. Ihre Umlaufbahnen sind jeweils um 60° gegeneinander und um 55° gegen den Äquator geneigt, sodass sie um so tiefer über dem Horizont stehen, je mehr man sich den Polen nähert. Sie sind so angeordnet, dass ein Empfänger von jedem Punkt der Erdoberfläche (abgesehen von den Polkappen) zu jeder Zeit direkten Kontakt (d. h. eine freie, direkte Verbindungslinie) zu mindestens 4–6 Satelliten gleichzeitig hat – sofern der Kontakt nicht durch Hindernisse eingeschränkt ist. Jeder dieser Satelliten sendet laufend Informationen über seine Position, die per Atomuhr ermittelte Uhrzeit sowie eine Zahlenreihe, mit deren Hilfe das Gerät seine Entfernung vom jeweiligen Satelliten bis auf wenige Meter genau errechnen kann.

Das **Nutzersegment** sind die Endgeräte: also z. B. der GPS-Empfänger, den Sie in der Hand halten. Er empfängt die Signale von mehreren dieser Navigati-

901gp

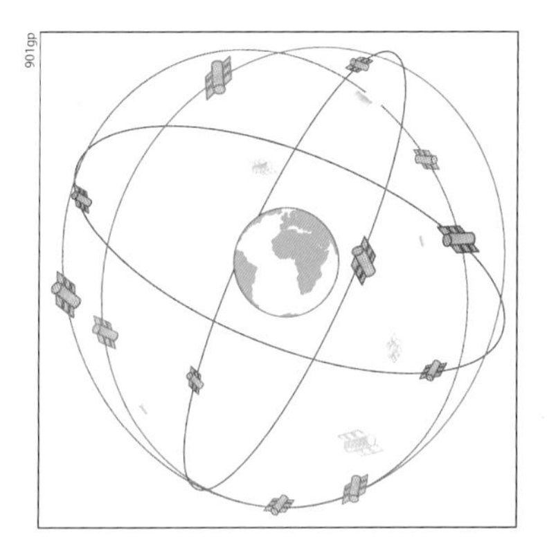

Anordnung der Satellitenbahnen

onssatelliten (Bahndaten, Uhrzeit und Zahlensequenz) und errechnet daraus rund um die Uhr zu jeder Sekunde und an jedem beliebigen Punkt der Erdoberfläche seine momentane Position und seine Höhe über dem Meer. Neben dem eigentlichen Empfänger umfasst das Gerät eine genaue Quarzuhr, einen Datenspeicher und einen Rechner (CPU), der aus den empfangenen Signalen neben seiner Position eine Vielfalt von weiteren Informationen errechnen kann.

Für die **Positionsbestimmung in der Ebene (2D)** braucht das Gerät die Signale von mindestens drei Satelliten, für eine ausreichend präzise Positionsbestimmung und für die zusätzliche **Ermittlung der Höhe über dem Meer (3D)** benötigt es mindestens vier Satelliten. Dennoch sollte die Position **nicht über 2D bestimmt** werden, da die ermittelte Position weitaus ungenauer als bei 3D ist (s. S. 17 und S. 40).

Das GPS-Gerät errechnet seine Position aus den Entfernungen zu mindestens drei Satelliten. Diese Entfernungen ermittelt das Gerät, indem es die Zeit misst, die die Funksignale brauchen, um den Weg vom Satelliten bis zum Empfänger zurückzulegen. Für die Zeitmessung benutzt das System eine festgelegte Binärsequenz. Jeder Satellit sendet in einer periodisch sich wiederholenden Folge und in genau festgelegten (extrem kurzen!) Zeitabständen eine bestimmte Sequenz von „Einsen" und „Nullen" aus. Die gleiche Sequenz läuft genau synchron auch im Empfänger ab (s. u.).

001gp gm

⌃ Eines von Millionen Benutzersegmenten im Einsatz

› Erst die Signale von drei Satelliten ermöglichen die Ermittlung der Position. Ein vierter ist für die Fehlerkorrektur erforderlich.

Vor- und Nachteile der Trekkingarten

Sequenz Satellit	1101	1110	0011	1111	0001	1001	1000	1111	0110	0000
Sequenz im GPS-Gerät	1101	1110	0011	1111	0001	1001	1000	1111	0110	0000
GPS-Gerät empfängt							1101	1110	0011	1111

Fehler im 2D-Modus

Gängige GPS-Geräte errechnen zwar auch aus den Signalen von nur drei Satelliten eine Position in der Ebene (2D-Modus), doch diese ist dann weit ungenauer als eine 3D-Position, die mit den Signalen von vier Satelliten ermittelt wurde. In den mitgelieferten Handbüchern wird oft nur darauf verwiesen, dass im 2D-Modus die Höhenangabe fehlt – nicht aber darauf, dass dann auch die Positionsbestimmung in der Ebene beträchtliche Fehler aufweisen kann. Dabei passiert Folgendes: Hat der Empfänger nur Kontakt zu drei Satelliten, so nutzt er den Erdmittelpunkt als Ersatz für einen vierten Satelliten – und die Entfernung vom Erdmittelpunkt ist dann die Entfernung zu diesem „Ersatz-Satelliten". Das Gerät kann im 2D-Modus also keine Höhe errechnen und benötigt die Höhenangabe sogar als Grundlage, um eine Position bestimmen zu können. Es muss also eine geschätzte Höhe annehmen. Das kann je nach Gerät entweder einfach die Meereshöhe oder die letzte errechnete Höhe sein. Beide können jedoch erheblich von der tatsächlichen Höhe abweichen. Ohne die Signale eines vierten Satelliten kann der Fehler bei der Standortbestimmung daher mehrere hundert Meter oder in extremen Fällen sogar über einen Kilometer betragen. Achten Sie deshalb bei der GPS-Navigation stets darauf, ob das Gerät im 3D-Modus arbeitet, und beim Kauf eines Geräts darauf, dass es jederzeit anzeigt, ob es sich im 2D- oder 3D-Modus befindet!

Wenn das GPS-Gerät nun die Folge 1101 empfängt und zugleich mit seiner eigenen Sequenz bei 1000 (also sechs Schritte weiter) angelangt ist, dann weiß es, dass das Funksignal sechs Zeiteinheiten vom Satelliten bis zum Empfänger unterwegs war und kann anhand der bekannten Geschwindigkeit der Funkwellen seine genaue Entfernung zum Satelliten errechnen. Dieses Verfahren nennt man Ranging. Da sich Funksignale mit Lichtgeschwindigkeit ausbreiten (bis zur Erde brauchen sie nur einige Hundertstelsekunden!), ist dazu eine äußerst genaue Zeit-Synchronisation zwischen Sender und Empfänger erforderlich.

Aus der Entfernung zu einem Satelliten plus dessen bekannter Position

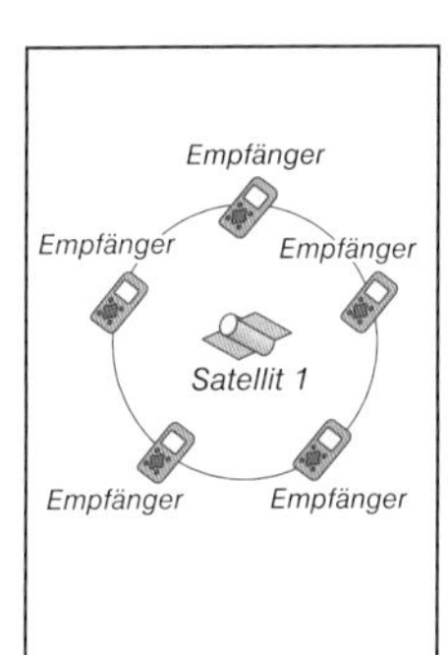

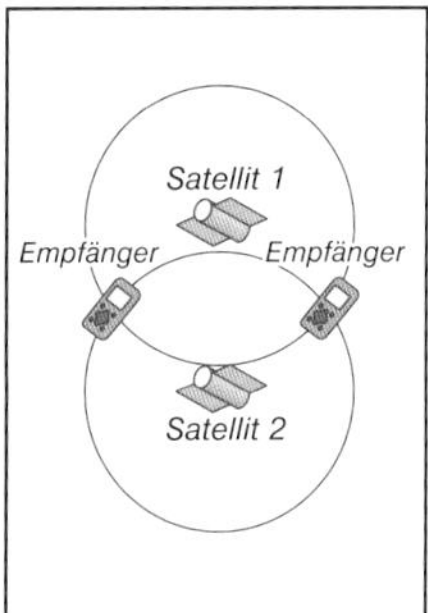

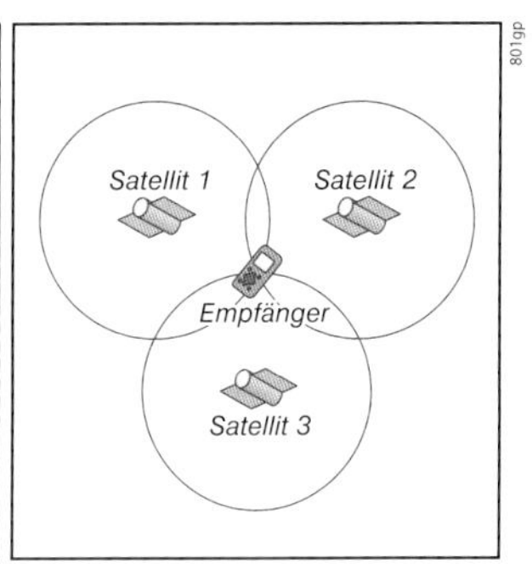

ergibt sich eine Kugeloberfläche im Raum, auf welcher der Empfänger sich befinden muss. Den Mittelpunkt dieser Kugel bildet der Satellit, den Radius die errechnete Entfernung zwischen Satellit und Empfänger. In der Ebene benötigt man zwei Bezugsrichtungen zu bekannten Punkten, um seinen Standort zu bestimmen (so funktioniert z. B. die Kreuzpeilung mit dem Kompass). Um eine Position im Raum zu bestimmen, sind die Entfernungen zu drei bekannten Punkten erforderlich – also drei Kugeln, die sich alle an einem Punkt berühren. Eine auf zwei Dimensionen projizierte Darstellung dazu zeigt die Abbildung auf S. 17.

Theoretisch reichen also drei Satelliten aus, um die Position zu bestimmen. Da die Quarzuhr des GPS-Empfängers jedoch nicht so hochpräzise ist wie die Atomuhr des Satelliten, ergibt sich ein kleiner **Fehler in der Synchronisation** und damit ein Fehler in der Entfernungsmessung, der dazu führt, dass man – ähnlich wie bei der Kreuzpeilung mit dem Kompass – keinen exakten Punkt erhält, sondern ein Raumsegment (bei der Kreuzpeilung ist es ein Dreieck), das um so größer wird, je größer der Fehler ist.

Um diesen Fehler auszugleichen, ist ein vierter Satellit erforderlich. Aus seiner zusätzlichen Information kann der Empfänger den minimalen Zeitfehler korrigieren und seine tatsächliche Position durch Mittelwertbildung bis auf wenige Meter genau bestimmen. Andere Fehler werden durch diese Mittelwertbildung allerdings nicht ausgeglichen! Kommt es nicht auf Präzision an, reicht die 2D-Position, aber um einen Punkt im Wald zu finden, braucht man 3D.

Koordinaten und Wegpunkte

Einführung

Die traditionelle Orientierung mit Karte und Kompass basiert auf Winkelmessungen und der Übertragung gemessener Winkel von der Karte ins Gelände oder vom Gelände auf die Karte. Im Gegensatz dazu spielen Winkel für die GPS-Arbeit nur eine sekundäre Rolle. Basis dieses Systems sind Koordinaten und die durch Koordinatenpaare beschriebenen Punkte (Wegpunkte).

Da Koordinaten die Grundlage für jede GPS-Arbeit bilden, werden sie am Anfang des Buches behandelt. Um sich durch die etwas trockene Materie nicht abschrecken zu lassen, können Sie sich aber auch zunächst mit den Geräten und der praktischen Arbeit befassen und diese Grundlagen erst später nachlesen, wenn sie dort gebraucht werden.

040gp ma

Was sind Koordinaten?

Koordinaten sind sich schneidende Linien, die auf sehr einfache und doch höchst präzise Weise konkrete Punkte auf der Karte und im Gelände definieren. Zwei simple Ziffernfolgen genügen, um jeden beliebigen Punkt der Erdoberfläche metergenau zu beschreiben! Koordinaten bilden die entscheidende Verknüpfung zwischen GPS-Anzeige, Landkarte und Gelände. Sie ermöglichen es, allein mit dem GPS-Gerät weltweit den Standort zu bestimmen und den Weg zu einem bekannten Ziel zu finden. Probieren Sie das einmal mit dem Kompass!

Um die Satellitennavigation zu verstehen und nutzen zu können, sollte man daher mit den Grundlagen der Koordinatensysteme zumindest halbwegs vertraut sein – auch wenn diese Materie dem Ungeübten auf den ersten Blick etwas verwirrend erscheinen mag.

Koordinatensysteme (Kartengitter)

Um einen Punkt auf der Landkarte (also in der Ebene) eindeutig zu bezeichnen, braucht man entsprechend den zwei Dimensionen auch zwei Richtungswerte (Koordinaten), die im Prinzip nichts anderes sind, als die aus dem Mathematikunterricht bekannten x- und y-Achsen (s. S. 20). Mithilfe dieser Koordinaten kann man Positionsangaben des Geräts auf die Karte übertragen und umgekehrt Punkte von der Karte (z. B. die Lage einer Berghütte) in das Gerät eingeben.

Zieht man parallel zur x- und y-Achse in regelmäßigen Abständen Linien (z. B. durch die Punkte 10, 20, 30 etc.) so erhält man ein Netz oder Gitter (s. S. 20 Abb. 2), das beim Einzeichnen von Punkten und beim Ablesen von Koordinaten hilft. (Im Unterricht hat man dafür das Kästchengitter des Rechenheftes genutzt.) Entsprechend werden Hilfsgitter auf der Landkarte dargestellt – wie das Suchgitter auf dem Stadtplan zum Auffinden einzelner Punkte. Das Resultat bezeichnet man dann als Kartengitter oder (Gitter-)Netz. Korrekterweise wird das geografische Koordinatensystem als „Netz" bezeichnet (da seine „Maschen" unterschiedlich groß sind), ein geodätisches Koordinatensystem hingegen als „Gitter" (da seine Linien rechtwinklig bzw. parallel verlaufen). In der Praxis werden aber oft beide schlicht „Gitter" genannt.

Ebenso wie man x- und y-Achse unterschiedlich anordnen und mit unterschiedlichen Maßeinheiten versehen kann, sind auch bei den für die Orientierung verwendeten Koordinaten unterschiedliche Anordnungen, Zählrichtungen und Maßeinheiten möglich, sodass es nicht nur ein Koordinatensystem gibt, sondern viele verschiedene. Hinzu kommt, dass die Erdoberfläche für die Kartendarstellung zunächst auf eine zweidimensionale Fläche projiziert wird – und dass für diese Kartenprojektion ebenfalls unterschiedliche Modelle

◁ Auch ohne Karte kann GPS sehr hilfreich sein, doch um GPS optimal nutzen zu können, sind Grundkenntnisse der Kartenarbeit sehr wichtig

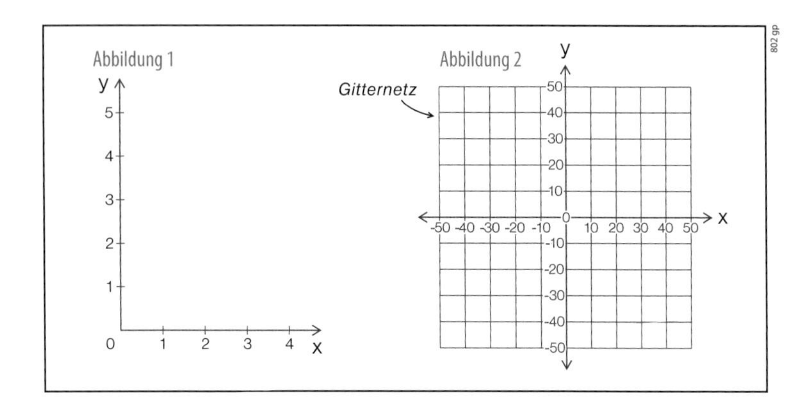

Beispiel für x/y-Koordinatensysteme

entwickelt wurden. Dies macht die eigentlich recht einfache Arbeit mit Koordinatensystemen etwas verwirrend. Die Entwicklung der Satellitennavigation hat jedoch einen **internationalen Standard für Koordinatensysteme** geschaffen (UTM und WGS84), der die Arbeit erleichtert und auf den nach und nach alle Karten umgestellt werden sollen.

Bisherige Landkarten verwenden zwei grundsätzlich verschiedene **Arten von Koordinatensystemen:**

- geografische Koordinatensysteme: Längen- und Breitengrade, unterteilt in Minuten und Sekunden
- geodätische Koordinatensysteme: rechtwinklige Gitter in Kilometer- und Meter-Einheiten

Geografisches Netz (Gradnetz)

Für das geografische Netz hat man die Erdkugel mit 360 Längengraden und 180 Breitengraden überzogen. Die Längengrade (=Meridiane) verlaufen in Nord-Südrichtung zwischen den geografischen Polen. Dies sind Stellen, an denen die Rotationsachse der Erde die Erdoberfläche durchstößt. Die Breitengrade (Parallelen) verlaufen in Ost-West-Richtung parallel zum Äquator rings um den ganzen Globus. Breitengrade haben überall den gleichen Abstand voneinander (ca. 111 km), sind aber unterschiedlich lang (umso kürzer, je näher sie an den Polen verlaufen); Längengrade sind stets gleich lang, haben jedoch einen Abstand, der am Äquator am größten ist (ebenfalls rund 111 km) und zu den Polen hin gegen Null schrumpft.

Die Längengrade schneiden den Äquator im rechten Winkel. Da sie jedoch an den Polen zusammenlaufen, bilden sie mit allen übrigen Breitengraden ein Netz aus nicht rechtwinkligen Vierecken, die schmaler als hoch sind (und das umso mehr, je weiter man sich vom Äquator entfernt). Dies macht die Arbeit mit dem geografischen Netz etwas mühsamer als mit geodätischen Gittern.

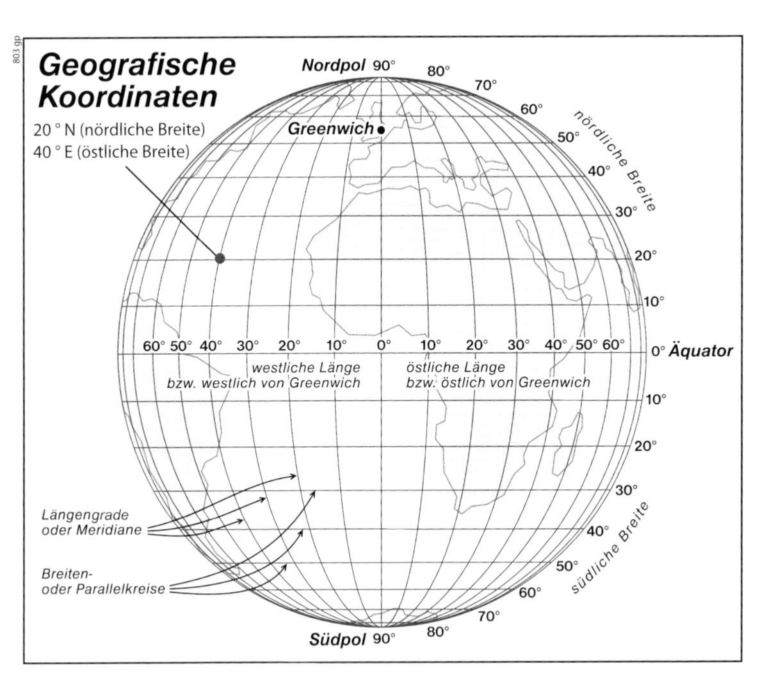

Als Breitengrad Null wurde der Äquator gewählt; von hier aus werden je 90 Grad nach Norden und Süden (N und S) gezählt: 90°N ist also der Nordpol. Als Nullmeridian hat man willkürlich den durch die Sternwarte von Greenwich bei London verlaufenden Längengrad definiert und zählt von dort aus je 180° nach Osten (O bzw. E) und nach Westen (W). Der Längengrad 180°O (bzw. 180°E) fällt also genau gegenüber vom Nullmeridian mit 180°W zusammen. Für exaktere Angaben ist jedes Grad (°) in 60 Minuten (60') unterteilt und jede Minute in 60 Sekunden (60"). Da ein Grad also 60 Minuten hat (nicht 100) und eine Minute 60 Sekunden, muss stets durch 60 geteilt werden anstatt durch 10 oder 100 (bzw. einfache Kommaverschiebung) wie im Dezimalsystem (s. S. 22 „Umwandlung geografischer Koordinaten"). Außerdem gilt es zu beachten, dass bei der Angabe von Himmelsrichtungen häufig die englische Bezeichnung **E (=East)** statt **O (=Ost)** verwendet wird. Die Bezeichnungen der übrigen Himmelsrichtungen sind im Englischen wie im Deutschen gleich.

Darstellung geografischer Koordinaten

Bei der Angabe geografischer Koordinaten wird meist erst die Breite und dann die Länge genannt, z. B. 44°54'00"N (nördlicher Breite) und 5°19'28"E (östlicher Länge). Für die GPS-Arbeit wird üblicherweise die Angabe der Hemisphäre (N, S, E, W) den Ziffern vorangestellt; also: N44°54'00' E5°19'28".

Die typische Anzeige eines GPS-Geräts wird dann beispielsweise so aussehen:

N44°54'00.5"
E005°19'28.8".

In diesem Fall ist im Menü des GPS-Geräts folgende Einstellung ausgewählt: **hddd°mm'ss.s"**, wobei **„h"** für „hemisphere" (Hemisphäre, also N, S, E, W) steht, **„d"** für „degree" (Grad), **„m"** für Minute und **„s"** für Sekunde.

Wahlweise können auch Dezimalgrad, bzw. Dezimalminuten und Dezimalsekunden verwendet werden, wie folgende Übersichtstabelle zeigt:

Darstellung	Einstellungen im GPS-Gerät	Anzeigebeispiel
Dezimalgrad	hdddd.ddddd°	N44.90015° E005.32467°
Grad und Dezimalminuten	hddd°mm.mmm'	N44°54.009' E005°19.480'
Grad, Minuten, Dezimalsekunden	hddd°mm'ss.s"	N44°54.00.5" E005°19'28.8"

Bei der GPS-Arbeit im geografischen Netz ist darauf zu achten, dass neben den korrekten Koordinaten auch die korrekte Hemisphäre (Nord/Süd, Ost/West) eingegeben wird. Sonst ist es, als würde man im x/y-Achsenkreuz Plus und Minus vertauschen und es kommt zu irrwitzigen Fehlern!

Umwandlung geografischer Koordinaten

Da die Unterteilung in 60 Minuten und Sekunden nicht dem Dezimalsystem entspricht, ist die Umwandlung in Dezimaleinheiten erschwert. Man kann nicht mit 10 bzw. 100 multiplizieren/dividieren bzw. das Komma verschieben, sondern muss stets durch 60 dividieren oder damit multiplizieren, z. B.:

von Sekunden in Minuten in Grad	
Sekunden	48° 34'21"
in Dezimal-Minuten	48° 34'21/60' = 48°34,35'
In Dezimal-Grad	48 34,35/60° = 48,5725°

von Grad in Minuten in Sekunden	
Sekunden	45,3225°
in Dezimal-Minuten	45° 60 x 0,3225 = 45°19,35'
In Dezimal-Grad	45° 19' 60 x 0,35" = 45°19'21"

0,5 Grad sind also nicht 50 Minuten, sondern nur 30 Minuten, weil ein Grad 60 und nicht 100 Minuten hat.

Umrechnungs- bzw. Eingabefehler bei der GPS-Arbeit können schwerwiegende Folgen haben. Aber für gewöhnlich muss man sich mit solchen Umrechnungen nicht belasten, da das Gerät dies in beliebiger Richtung auf Knopfdruck erledigt. **Wichtig ist hingegen, dass im Gerät das richtige Format ausgewählt wird** (z. B. Dezimalgrad), in dem man die Koordinaten eingeben will.

Geodätische Gitter

Um die oben genannten Schwächen des geografischen Netzes auszugleichen, wurden verschiedene rechtwinklige Gitter entwickelt, bei denen die einzelnen Linien überall den gleichen Abstand voneinander haben. Diese einheitlichen Abstände bieten zugleich den Vorteil, dass sich ein solches Koordinatensystem direkt mit einem System zur Entfernungsangabe verbinden lässt; d. h. die Abstände der Gitterlinien wurden genau in Metern und Kilometern festgelegt, was beim geografischen System wegen variablen Abständen der Längengrade unmöglich ist.

Während es nur ein geografisches Netz gibt, existieren zahlreiche unterschiedliche geodätische Gittersysteme mit unterschiedlich gewählten Null-Achsen und Zählweisen. Weltweit am verbreitetsten ist das internationale **UTM-Gitter.** UTM steht für **U**niversale **T**ransversable **M**ercator-Projektion, bezeichnet also die Art der Projektion, mit der bei diesem System die dreidimensionale Erdoberfläche auf eine zweidimensionale Papierebene übertragen wird. Da das **UTM-Gitter der Standard für die GPS-Navigation** ist und nach und nach alle Karten darauf umgestellt werden sollen, wird es hier näher behandelt. Die anderen geodätischen Gitter funktionieren nach dem gleichen Prinzip, nur mit anderen Null-Achsen und Zählweisen.

UTM-Gitter

Alle rechtwinkligen Gitter haben mit dem Problem zu kämpfen, dass sich eine gewölbte Oberfläche (wie die Erdoberfläche) nicht flächentreu auf eine zweidimensionale Ebene (Landkarte) projizieren lässt, ohne die Winkel zu verzerren. So wie z. B. die Ränder einer ausgehöhlten Pampelmusenhälfte auseinander reißen, wenn man sie auf dem Tisch platt drückt. Behält man die rechten Winkel dennoch bei, so werden zwangsläufig die Flächen – und damit die Entfernungen – etwas verzerrt. So wie sich Flächen und Entfernungen ausdehnen, wenn man anstatt der Pampelmusenhälfte die Hälfte eines dehnbaren Gummiballs nimmt.

Da man es bei der Outdoor-Orientierung jedoch mit sehr **kleinen Ausschnitten der Erdoberfläche** zu tun hat (die nicht stark gewölbt, sondern annähernd flach sind) und das UTM-Gitter (**U**niversale **T**ransversale **M**ercator-Projektion) nicht die gesamte Erdoberfläche an einem Stück überzieht, sondern für 1200 einzelne Ausschnitte separat festgelegt wurde, beträgt diese Verzerrung weniger als 0,4 % und kann für Outdoor-Zwecke vernachlässigt wer-

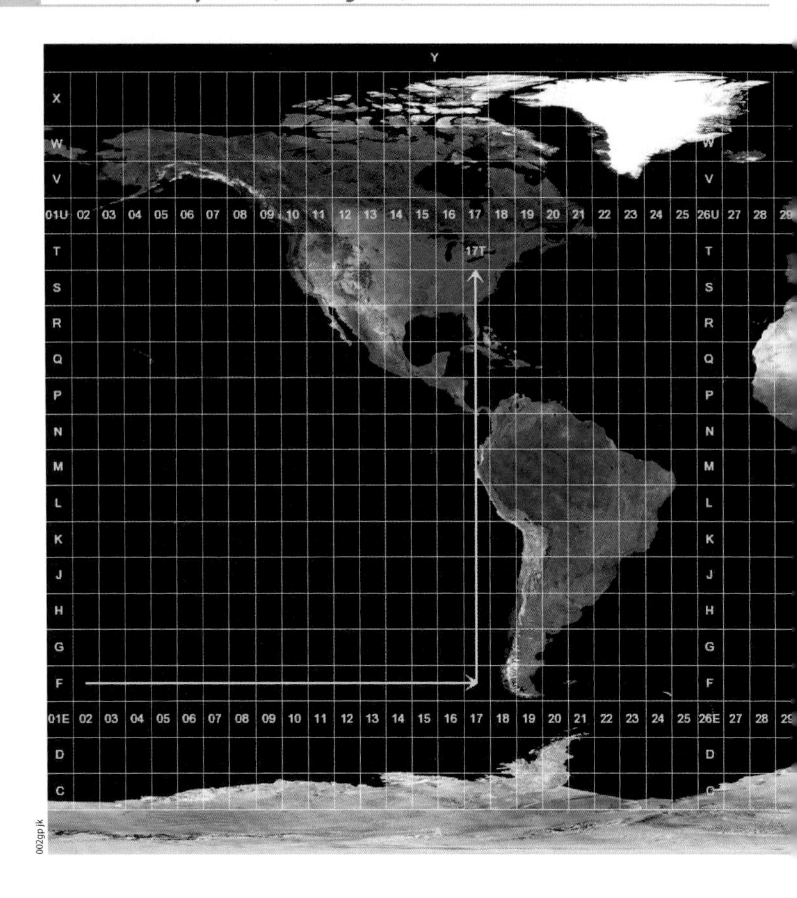

002gp jk

den. Hingegen können Karten größeren Maßstabs wie z. B. Straßenkarten eines ganzen Landes kein geodätisches Gitter verwenden, weil bei diesen entsprechend größeren Ausschnitten der Erdoberfläche die Verzerrung zu stark wäre.

Für das UTM-Gitter wurde die Erdoberfläche in 60 von Nord nach Süd verlaufende **Streifen (Zonen)** unterteilt, die am 180. Längengrad (Datumslinie) mit 1 beginnend nach Osten hin rings um die Erde gezählt werden (also nicht wie beim geografischen Gitter in zwei Richtungen). Jede der Zonen ist genau 6° breit und wird von einem Längengrad (dem **Mittelmeridian)** in zwei gleiche Hälften geteilt, sodass im UTM-Gitter nur eine Nordlinie mit einem Längengrad (dem Mittelmeridian) zusammenfällt.

Diese Längsstreifen werden rechtwinklig durch 20 **Breitenbänder (Felder)** gekreuzt, die beginnend bei 80° S von Süd nach Nord – also ebenfalls

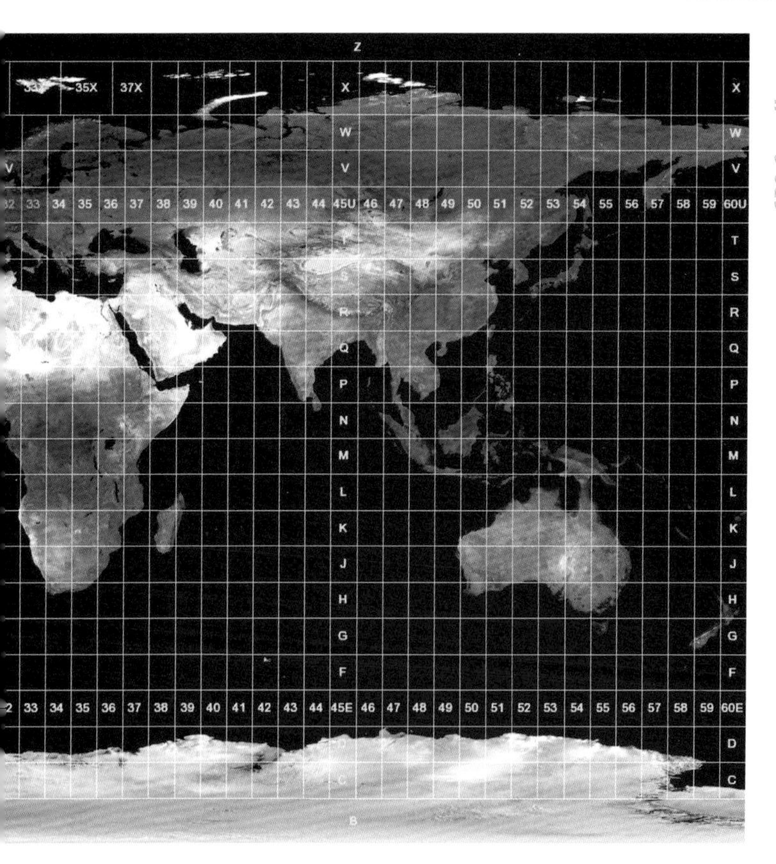

nur in eine Richtung – gezählt und mit Großbuchstaben von C bis X gekennzeichnet werden. Die Buchstaben „I" und „O" werden dabei nicht verwendet, weil sie leicht mit den Ziffern „1" und „0" zu verwechseln sind. Die Breitenbänder enden bei 84°N. Die Buchstabenabfolge bildet eine hilfreiche Eselsbrücke, die zeigt, auf welcher Halbkugel ein Zonenfeld liegt: Mit „N" (wie Norden) beginnen die Felder der Nordhalbkugel.

Nahe den Polen ist die Verzerrung so stark, dass diese Regionen ein eigenes Gitter – das **UPS-Gitter** (**U**niversal **P**olar **S**tereographic) – erfordern. Es deckt in Ergänzung zum UTM-Gitter die Polkappen ab. Jede Region wird dabei in zwei Halbkreise geteilt: A und B für die Antarktis, Y und Z für die Arktis; der erste Buchstabe steht für den westlichen, der zweite für den östlichen Bereich. Gitterlinien laufen beim UPS-Gitter parallel zum Längengrad 0° bzw. 180°.

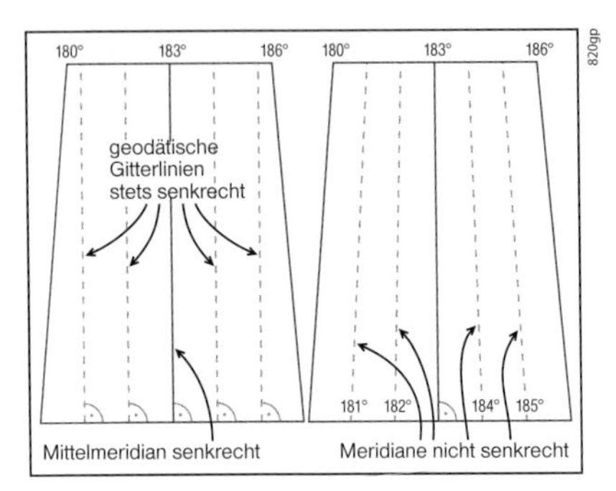

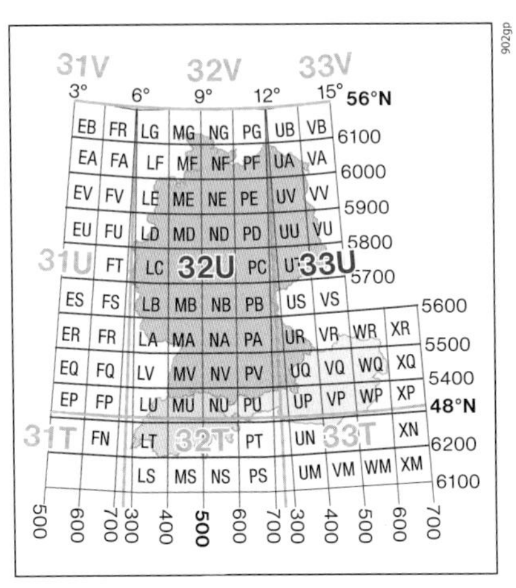

UTM-Zonenfelder und 100-km-Quadrate

Im UTM-Gitter umfasst jedes Band genau acht Breitengrade – außer dem nördlichsten, das 12° breit ist. Hierdurch entstehen insgesamt 1200 **Zonenfelder,** von denen jedes durch die Kombination aus der Zonennummer und dem Buchstaben für das Breitenband gekennzeichnet wird. Der Westteil Deutschlands liegt größtenteils im Feld 32 U, die neuen Bundesländer vor allem im Feld 33 U.

Die Zonenfelder werden für manche Zwecke weiter in **100-km-Quadrate** (Gitterfelder) unterteilt, die jeweils mit zwei Großbuchstaben gekennzeichnet werden. Diese beiden Buchstaben ersetzen auf den entsprechenden Karten dann die jeweils ersten beiden Ziffern des Rechts- und Hochwerts. Dies spielt vor allem für Militärkarten und das **Mi**litary **G**rid **R**eference **S**ystem (MGRS) eine Rolle.

UTM-Koordinaten

Anders als das geografische Koordinatensystem (das für die ganze Welt nur einen Bezugspunkt kennt, von dem aus gezählt wird (nämlich den Schnittpunkt von Nullmeridian und Äquator), hat im UTM-System jede Zone **ihren eigenen** Bezugspunkt: den Schnittpunkt des jeweiligen Mittelmeridians mit dem Äquator. Gezählt wird innerhalb jeder Zone stets von West nach Ost – also nach rechts (Ost- oder Rechtswert) und dann von Süd nach Nord – also nach oben (Nord- oder Hochwert).

Der **Bezugspunkt** (Mittelmeridian) jeder Zone erhält jedoch nicht – wie man erwarten würde – den Wert Null. Um negative Zahlen zu vermeiden, wird der Mittelmeridian jeder Zone mit 500.000 mE (also 500.000 m = 500 km Ost) gekennzeichnet. Zwecks Übersichtlichkeit werden dabei die Ziffern für die Kilometer (also Tausender und Zehntausender) oft größer oder fett dargestellt; für den Mittelmeridian z. B. 500000. Ein höherer Wert als 500000 bedeutet, dass der Ort östlich des Mittelmeridians, ein niedrigerer, dass er westlich davon liegt. Da eine Zone maximal

666,72 km breit ist, können die Werte zwischen 166640 und 833360 liegen. Auf der topografischen Karte sind gewöhnlich Kilometergitter aufgedruckt und am Kartenrand gekennzeichnet; der Mittelmeridian ist also als „500“ oder „500“ gekennzeichnet.

In der Regel werden diese Werte siebenstellig geschrieben, wobei ggf. eine Null vorangestellt wird; z. B. für den Mittelmeridian 0500000. Manche Karten lassen jedoch diese Null auch weg und schreiben einfach 500000.

Der Äquator erhält zwar für die nördliche Hemisphäre den Wert 0000000 mN (also 0 m), für die südliche Hemisphäre jedoch (wieder um negative Zahlen zu vermeiden) den Wert 10000000 mN (also 10.000 km). Ein Punkt mit dem Wert 5979000 mN (oft einfach 5979000N geschrieben) kann also 5979 km nördlich des Äquators liegen oder (10.000–5.979 =) 4021 km südlich davon. Man muss daher stets wissen, ob die **nördliche oder südliche Halbkugel** gemeint ist. Dies kann man aus dem Buchstaben des Breitenbandes ablesen – alle ab „N“ (= **N**orden) liegen auf der Nordhalbkugel, alle vor „N“ auf der Südhalbkugel. Auf der Nordhalbkugel reichen die Werte bis 9334080 mN am 84. Breitengrad Nord, auf der Südhalbkugel bis 1110400 mN am 80. Breitengrad Süd.

Um die **Lage eines Punktes zu beschreiben,** wird immer zunächst das Zonenfeld angegeben, dann der Rechtswert (Ost), gefolgt vom Hochwert (Nord); z. B. 32 U 0506350 mE (Rechts-/Ostwert) 5332000 mN (Hoch-/Nordwert). Beachten Sie, dass „E“ und „N“ bei UTM nur für die Richtung Ost und Nord stehen, nicht wie im geografischen Gradnetz für die Hemisphäre. Der bezeichnete Punkt liegt also 350 m rechts (östlich) der senkrechten Gitterlinie 0506 und direkt auf der waagerechten Gitterlinie 5332. Auf einer Karte im Maßstab 1 : 100.000 befindet er sich also 0,35 cm rechts dieser Linie (bei 1 : 50.000 sind es 0,70 cm und bei 1 : 25.000 entsprechend 1,40 cm). Der offensichtliche Vorteil dieses Systems liegt darin, dass sich die Werte direkt in Entfernungen (in Meter) umsetzen lassen; d. h. die geodätischen Koordinaten geben konkrete Entfernungen an. Und mit einem entsprechenden Lineal oder Planzeiger (s. S. 134) kann man sie rasch und mühelos aus der Karte ermitteln bzw. auf die Karte übertragen.

Häufig werden **Rechts- und Hochwert als eine Zahlenkolonne** dargestellt, wobei die erste Null entfällt; in unserem Beispiel also: 5063505332000 oder 5063505332000. Davor stehen die Ziffern für die UTM-Zone und der Buchstabe, der das UTM-Breitenband bezeichnet (beides ist auf dem Kartenrand vermerkt); z. B.: 32 U 5063505332000 oder 32 U 5063505332000. Auf dem Display des GPS-Geräts sieht das dann typischerweise so aus:

32 U 0506350
UTM 5332000

002gp rh

UTM-Koordinaten	Recht-(Ost-) Wert in m	Hoch-(Nord-) Wert in m	Genauigkeit
32T 5643514828734	564.351	4.828.743	1 m
32T 56435482873	564.350	4.828.740	10 m
32T 564348287	564.300	4.828.700	100 m
32T 5644828	560.300	4.828.000	1.000 m
32T 56482	560.000	4.820.000	10.000 m
32T 548	500.000	4.800.000	100.000 m

Manche GPS-Geräte zeigen statt des Buchstabens des jeweiligen Breitenbandes nur ein „N" für Nordhalbkugel bzw. „S" für Südhalbkugel. Einige Geräte (z. B. ältere Magellan-Modelle) geben den Buchstaben des Breitenbandes gar nicht an. Sie müssen dann selbst entscheiden, ob er auf der nördlichen oder südlichen Halbkugel liegt, was in den allermeisten Fällen aber kein Problem sein sollte.

Achtung: Da zunehmend mit den Geräten direkt navigiert wird und weniger oft Positionen vom Gerät auf die Karte übertragen werden, zeigen neuere Geräte die Koordinaten oft nur noch beim Speichern eines Wegpunkts an.

Die Anzahl der Ziffern wird durch die Genauigkeit der Messung bedingt; so kann die gleiche Position je nach Genauigkeit auf verschiedene Weisen angegeben sein (siehe Tabelle).

Angegeben wird also, genau genommen, nicht die exakte Lage eines Punktes, sondern die linke untere Ecke eines Quadrates, in dem dieser Punkt liegt. Da sich die Größe dieses Quadrates jedoch bei entsprechend hoher Genauigkeit auf einen Quadratmeter begrenzen lässt, sind die Angaben „so gut wie" punktgenau.

Beachten Sie, dass die korrekte Angabe des Zonenfeldes unverzichtbar ist. Ein bestimmter Punkt in den Bergen nahe Grenoble hat z. B. die UTM-Koordinaten 31 T 6835384974487. Würde man statt 31 T versehentlich den Wert 33 T eingeben, so befände man sich anstatt bei Grenoble plötzlich nahe dem Flughafen von Banja Luka in Bosnien-Herzegowina. Falsch eingegebene Buchstaben des Breitenbands innerhalb des Bereiches N bis X werden vom Gerät automatisch korrigiert, sofern sie auf der richtigen Halbkugel liegen (da es weiß, dass diese Kombination nicht existiert). Würde man hingegen einen Buchstaben zwischen C und M eingeben, so befände sich das französische Grenoble plötzlich im Südatlantik irgendwo vor der Küste Südafrikas.

Gauß-Krüger-Gitter

Das auch GK-Gitter abgekürzte und von GPS-Geräten meist als „German Grid" bezeichnete Gauß-Krüger-Gitter war früher der Standard für topografische Karten Deutschlands und findet sich teilweise noch auf älteren Kartenausgaben. Trotz großer Ähnlichkeit mit dem

UTM-Gitter, das aus dem GK-Gitter entwickelt wurde, dürfen die Koordinatenangaben keinesfalls verwechselt werden. Zwar gibt wie beim UTM-Gitter der Rechtswert den Abstand vom Mittelmeridian an und der Hochwert den Abstand vom Äquator, doch die Zonen sind nur 3° breit. Die Mittelmeridiane liegen bei 3°E, 9°E, 12°E etc. und haben wie im UTM-System jeweils die Koordinatenzahl 500.000 m. Die Mittelmeridiane werden mit den Kennziffern 1, 2, 3 etc. (für die Meridiane 3°E, 9°E, 12°E etc.) markiert. Das GK-System verwendet jedoch eine andere Projektion und vor allem ein anderes Kartenbezugssystem („Potsdam" s. S. 30). Eine Verwechslung würde daher zu Fehlern in der Größenordnung von 500 m führen.

Die **Koordinaten** werden wie bei UTM durch Rechts- und Hochwert angegeben, allerdings ohne die Bezeichnung von Zonenfeldern (an ihre Stelle treten die Kennziffern für die Meridiane). Eine typische GPS-Anzeige würde etwa so aussehen:

2446706
GK 4973634

Das heißt: Der Punkt liegt 500.000–446.706 = 53.294 m oder 53 km und 294 m westlich des Mittelmeridians „2" (also 6°E) und 4973 km und 634 m nördlich des Äquators.

Weitere Gitter

Weitere Gitter älterer europäischer Topos verwenden ein ähnliches System mit ungeraden Mittelmeridianen, die aber teilweise anders gelegt sind, und abweichende Bezugspunkte. Einige Beispiele im Überblick:

Gitter	Kartenbezugssystem	Abweichung
Schweizer Gitter	CH 1903	Nullmeridian läuft durch die alte Sternwarte von Bern
Österreicher GK	Austria	GK-Gitter mit anders gelegtem Mittelmeridian
Schweden	RT 90	Bezugspunkt ist die alte Sternwarte Stockholms

ECEF-Koordinaten

Es mag sich widersinnig anhören, aber es ist so: Das für die GPS-Arbeit wichtigste Koordinatensystem (das NAVSTAR und alle GPS-Geräte verwenden) werden Sie nie zu Gesicht bekommen. Es wird als ECEF (= Earth Centered Earth Fixed, xyz) bezeichnet. Dabei handelt es sich um ein rechtwinkliges, 3-dimensionales Koordinatensystem, dessen Achsen sich im Erdmittelpunkt schneiden und durch den Schnittpunkt des Nullmeridians mit dem Äquator (x), durch die Schnittpunkte der 90. Längengrade mit dem Äquator (y) und durch die geografischen Pole (z) verlaufen (siehe Abbildung S. 30).

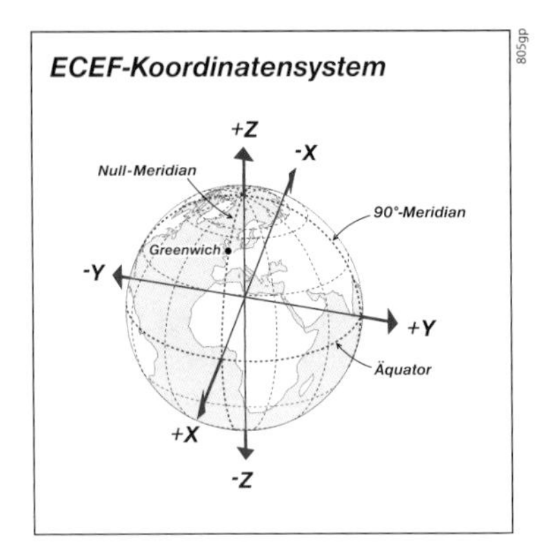

Die **Vorteile des Systems** liegen darin, dass es beliebige Punkte auf der dreidimensionalen Erdoberfläche (auch auf Berggipfeln) genau beschreiben kann, ohne diese Oberfläche zunächst auf zwei Dimensionen projizieren zu müssen – also auch ohne die bei diesen Projektionen auftretenden Verzerrungen. Computer (zu denen auch das GPS-Gerät zählt) können in diesem System hervorragend rechnen – für den „menschlichen Gebrauch" ist es jedoch nicht geeignet. Deshalb werden zwar im GPS-Gerät alle Positionen im ECEF-Koordinatensystem berechnet und gespeichert, aber für die Anzeige werden die ECEF-Koordinaten stets in die Koordinaten des vom Benutzer ausgewählten Systems umgerechnet – z. B. Länge/ Breite, UTM etc.

Kartenbezugssysteme (Kartendatum)

Um eine Karte zu zeichnen, muss man – wie oben erwähnt – die dreidimensional gekrümmte Erdoberfläche als zweidimensionale Fläche wiedergeben (Kartenprojektion). Hierzu wiederum muss zunächst die Form des Körpers „Erde" definiert werden. Da unser Erdball in Wirklichkeit aber keine perfekt geometrische Kugel ist, sondern an den Polen abgeflacht (Ellipsoid) und zudem durch Gebirge unregelmäßig ausgebeult (Geoid), sind dafür komplizierte Bezugssysteme erforderlich. Um der unregelmäßigen Form möglichst nahe zu kommen, arbeitet man mit einer Zusammensetzung unterschiedlicher Ellipsoide.

Jedes einzelne davon und seine jeweilige Position relativ zu allen übrigen kann durch mathematische Formeln beschrieben werden. Die Gesamtheit aller

Ellipsoid – Geoid

Ein **Ellipsoid** ist ein streng geometrischer Körper, der durch die Rotation einer Ellipse um ihre Achse gebildet wird und sich durch mathematische Formeln beschreiben lässt. Das **Geoid** hingegen ist ein physikalisches Phänomen: definiert durch den Abstand vom Erdmittelpunkt, an dem eine bestimmte, einheitliche Gravitation herrscht. Bedingt durch ungleiche Masseverteilung ist das Geoid ein unregelmäßiger Körper, der sich mathematisch nur annähernd definieren lässt. Seine Oberfläche entspricht im Bereich der Ozeane ungefähr dem Meeresspiegel, liegt aber teils unterhalb, teils oberhalb des Ellipsoids und kann um über 100 m davon abweichen.

Feste Beziehungen

Manche Koordinatensysteme sind fest mit einem bestimmten Datum verknüpft. So ist das Gauß-Krüger-Gitter (GK) stets mit dem Potsdam-Datum (PD) verbunden, das Schweizer Gitter mit CH 1903, das Britische Gitter mit Ord Srvy und das Schwedische Gitter mit RT 90. Wählt man als Gitter GK (bzw. Schwedisches Gitter etc.), werden viele Geräte automatisch das Datum Potsdam (bzw. RT 90 etc.) auswählen und keine andere Eingabe zulassen.

Parameter, die dieses komplexe Gebilde beschreiben, bezeichnet man als Kartenbezugssystem oder Kartendatum (Map Datum). Es setzt sich zusammen aus:

- dem oben beschriebenen **Ellipsoid,** das die Erdoberfläche auf Meereshöhe definiert, und
- einem **Datumspunkt** (Bezugspunkt) auf diesem Ellipsoid, von dem jeder Punkt der Karte einen definierten Abstand hat.

Da sowohl verschiedene Ellipsoide als auch diverse Bezugspunkte verwendet werden, gibt es über 200 verschiedene Kartenbezugssysteme. Sie werden oft nach ihrem Gültigkeitsbereich (z. B. Austria, Indian Bangladesh oder Taiwan) benannt, nach Bereich und Zeitpunkt der Festlegung (European 1979, Belgium 1950, Bermuda 1957) oder nach ihrem Bezugspunkt (Potsdam, Tokyo).

Internationaler Standard, auf den nach und nach alle Kartenwerke umgestellt werden, ist WGS84 (**W**orld **G**eodetic **S**ystem 19**84**), das weitgehend mit dem ETRS 89 übereinstimmt. Das **ETRS** (Europäisches Terrestrisches Referenzsystem 1989) ist ein dreidimensionales, geodätisches Bezugssystem. Da seine Koordinaten nur ca. 1 m von denen im WGS84 abweichen, kann es für Outdoorzwecke diesem gleichgesetzt werden.

Ebenso wie jeder andere Punkt der Karte ist auch das Kartengitter (s. o.) in Bezug auf diesen Datumspunkt definiert, sprich: vom ausgewählten Kartendatum abhängig. Eine Karte kann verschiedene Gitter besitzen, aber immer nur ein Kartendatum.

Die komplizierten Grundlagen brauchen den GPS-Nutzer nicht zu verwirren und solange er nur mit dem GPS-Gerät allein arbeitet, braucht er sich

903gp

▷ Die Erd-„kugel" ähnelt eher einer Kartoffel: Stark überhöhte Darstellung des Geoids (Quelle: GFZ Potsdam,www.gfz-potsdam.de). Verschiedene Ellipsoide zur optimalen Darstellung einzelner Bereiche der Erdoberfläche.

Bezugsgrundlagen von Karte und GPS-Gerät

Ebenso wie Entfernungen in verschiedenen Maßeinheiten (Kilometer, Meilen, Seemeilen etc.) angegeben werden können, gibt es auch für die Koordinaten-Angabe von Positionen unterschiedliche „Einheiten" (Bezugssysteme): das Kartendatum und das Koordinatensystem. Alle GPS-Geräte verwenden für die Anzeige standardmäßig das Kartendatum WGS84 (**W**orld **G**eodetic **S**ystem 19**84**) und das Koordinatensystem UTM (**U**niversale **T**ransversale **M**ercator-Projektion). Heutige GPS-Geräte können jedoch alle Koordinaten auch in verschiedene andere Formate umrechnen und darin anzeigen.

Solange man ausschließlich mit dem Gerät arbeitet, spielt es keine Rolle, welches Format für die Anzeige eingestellt ist. Aber sobald man Koordinaten zwischen Gerät und Karte überträgt, müssen die Bezugssysteme zusammenpassen, um Fehler zu vermeiden (ebenso wie die Maßeinheiten für Entfernungen zusammenpassen müssen, wenn man die Zahlenwerte übertragen will). Zu diesem Zweck werden im Setup-Menü des GPS-Geräts die von der Karte verwendeten Bezugssysteme eingestellt. Das Gerät rechnet dann bei der Eingabe alle Koordinaten entsprechend dieser Vorgabe um – und konvertiert sie für die Anzeige wieder in das gerade ausgewählte Format. Ist bei Ihrem Satellitenempfänger ein anderes Bezugssystem ausgewählt als dasjenige, das Ihre Landkarte verwendet, so ist dies, als würden Sie Meilen und Kilometer verwechseln – mit ähnlich gravierenden Fehlern.

Geodätische Grundlagen
Potsdam Datum
Bezugsfläche: Bessel-Ellipsoid; Zentralpunkt Rauenberg
Gauß-Krüger-Abbildung
Höhen in Metern über Normalnull (NN)

Nadelabweichung
Die Nadelabweichung beträgt für dieses Kartenblatt im Jahre 1995 etwa 1,9° westlich; sie nimmt z. Z. jährlich um etwa 0,1° ab.

Maßstab 1:25000
1 cm der Karte entspricht 250 m der Natur

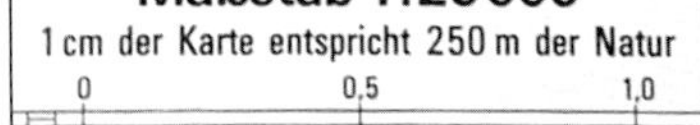

037gp

gar nicht darum zu kümmern. Wichtig ist nur, dass beim Übertragen von Koordinaten zwischen Karte und Gerät **am GPS-Empfänger stets das Datum der verwendeten Karte eingestellt ist.** In Europa kann dies bei älteren Karten z. B. „Europäisches Datum", EU 79, oder „Potsdam Datum" sein, in Nordamerika „NAD-27" oder „NAD-83". Moderne Geräte kennen die Umrechnungsformeln für über 100 verschiedene Kartenbezugssysteme, die man bequem durchscrollen und per „Enter" auswählen kann. Dann rechnet das Gerät für die Anzeige alle Positionsdaten auf das ausgewählte Bezugssystem um. Umgekehrt werden sie bei der Eingabe vom aktuell ausgewählten Bezugssystem stets auf das Format **WGS84** umgerechnet, in dem das Gerät sie dann speichert. Ist am GPS-Gerät ein anderes Kartendatum ausgewählt als das der verwendeten topografischen Karte, dann „weiß" das Gerät nicht, dass es diese Koordinaten umrechnen muss. Beim Übertragen von Positionen zwischen GPS-Gerät und Karte können dann Abweichungen von mehreren Hundert Metern – in seltenen Extremfällen sogar von mehr als einem Kilometer auftreten (s. Abb. rechts

Weltweiter Standard für neue topografische Karten sind heute:
UTM-Gitter und WGS84

oben). Bislang ist auf auf vielen Wanderkarten das Datum nicht angegeben, da die Abweichungen mit traditionellen Orientierungsmitteln kaum ins Gewicht fielen. Mit der höheren Genauigkeit durch GPS von ca. 5–15 m (auf einer Karte im Maßstab 1 : 50.000 sind das nur 0,1–0,3 mm!) werden diese Abweichungen heute jedoch spürbar.

Punkte, deren Koordinaten im Gerät abgespeichert sind, werden als Wegpunkte (Waypoint = WPT oder Landmark) bezeichnet. Sie sind die Grundlage für jede effiziente GPS-Arbeit. Daher sollten im Bereich der geplanten Tour möglichst viele und sinnvoll ausgewählte Wegpunkte gespeichert sein. Ein Wegpunkt kann der Standort sein, den man vor wenigen Minuten per Knopfdruck gespeichert hat, oder auch ein Ort auf der anderen Seite des Erdballs, dessen Koordinaten man kennt und in das Gerät eingibt. Moderne GPS-Empfänger können Tausende von Wegpunkten (mit einem Namen und einer Reihe von Zusatzinfos) abspeichern und jederzeit Entfernung und Kurswinkel zwischen beliebigen Wegpunkten errechnen und anzeigen.

Diese Wegpunkte kann man beliebig zu einzelnen Routen kombinieren, die ebenfalls mit einem Namen versehen werden können, damit man sie bei Bedarf rasch findet. Bestehende Wegpunkte und Routen kann man jederzeit umbenennen, bearbeiten, mit Kommentaren versehen oder löschen (Näheres dazu siehe Kap. „Koordinaten ermitteln und speichern“).

⌃ Abweichung von bis zu 500 m bei der Verwendung verschiedener Kartendaten (hier zur Verdeutlichung der Entfernung auf einem Stadtplan)

› Das Foretrex401 für sportliche Naturen, hier mit Wegpunkten, Position, Track und Ziel

GPS-fähige Karten

Welche Anforderungen sollte eine Landkarte erfüllen, um für die GPS-Navigation geeignet zu sein? Auch wenn für die GPS-Navigation grundsätzlich jede Karte besser ist als gar keine, so sollte eine Karte, um gut zu gebrauchen zu sein, doch bestimmte Anforderungen erfüllen. Allem voran sollte sie zumindest ein aufgedrucktes Gitter besitzen. Da man mit einem geografischen Netz weniger komfortabel arbeitet, ist ein geodätisches Gitter zu bevorzugen – am besten ein UTM-Gitter. Beachten Sie, dass bei Straßenkarten größeren Maßstabs ein geodätisches Gitter nicht möglich ist und man sich daher mit dem geografischen Netz begnügen muss (s. S. 20).

Auf manchen Karten sind gleichzeitig mehrere Gitter aufgedruckt – auf anderen sind die Gitter nur am Rand angerissen; d. h. die Markierungen am Rand müssen dann vor der Tour von Hand verbunden werden, was nur mit einem sehr langen Lineal einigermaßen präzise zu machen ist.

Die Art des Gitters (z. B. UTM oder GK), das **Kartenbezugssystem** (z. B. WGS84, Potsdam) und das **Zonenfeld** (z. B. 32 U) müssen auf der Karte angegeben sein – am besten zusätzlich auch die Differenz zwischen GPS- und NN-Höhe (s. S. 37); außerdem natürlich die Kompassmissweisung (die Abweichung zwischen verschiedenen Nordrichtungen, siehe hierzu auch Ex-

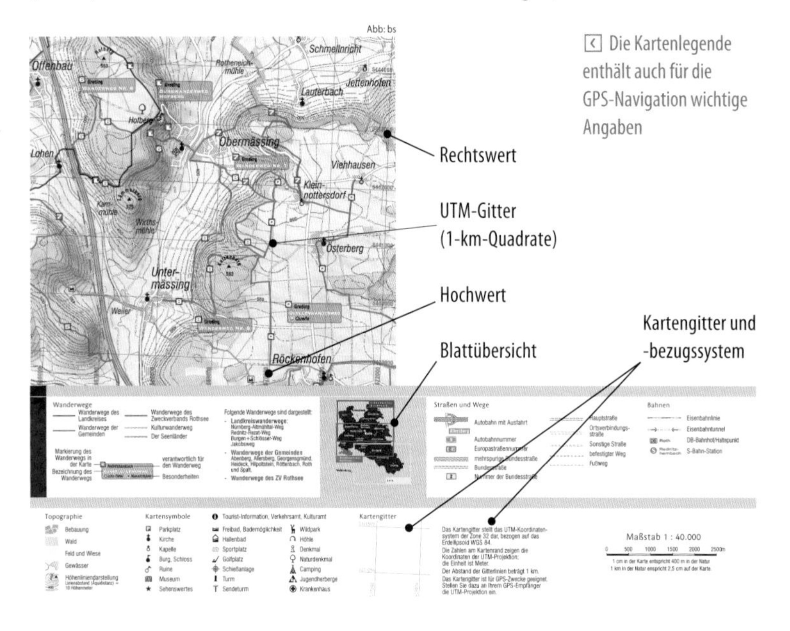

Die Kartenlegende enthält auch für die GPS-Navigation wichtige Angaben

Alpenvereinskarten – gimme five!

Alpenvereinskarten mit UTM-Gitter „unterschlagen" beim Hochwert die erste Ziffer, da sie im gesamten für den Verein interessanten Bereich einheitlich „5" lautet. Für die korrekte Eingabe ins GPS-Gerät muss daher den aus der Karte abgelesenen Werten die 5 vorangestellt werden (bzw. man muss den Wert um 500.000 vergrößern)

kurs S. 119 „Wo bitte ist Norden?") und alle sonstigen Informationen, die auch für die Navigation ohne GPS erforderlich sind. Auf dem **Kartenrand** sollten jeweils die ersten drei Stellen des Rechtswerts und die ersten vier des Hochwerts vermerkt sein (Kilometerangabe). Die Zahlen sind leichter und rascher zu erfassen, wenn die Ziffern für Tausender und Zehntausender größer und/oder fett gedruckt sind; z. B. 5**06** und 53**32** für die Gitterlinien 506000mE und 5332000mN.

Davon unberührt sollen die Karten natürlich alle Anforderungen erfüllen, die man schon vor GPS an eine gute **topografische Karte** gestellt hat: präzises und übersichtliches Abbild des Geländes, Darstellung aller Wege und der für Wanderer wichtigen Einrichtungen (Hütten, Campingplätze, Quellen), Höhenlinien, Schummerung etc.

Da heutige GPS-Geräte zwischen zahlreichen Gittern und Kartenbezugssystemen umrechnen, können Sie natürlich auch regionale, topografische Karten verwenden, die noch nicht auf UTM und WGS84 umgestellt sind. Dann ist jedoch darauf zu achten, dass am Gerät auch die richtige Auswahl eingestellt ist, beispielsweise:

Land	Gitter Positionsformat	Kartenbezugssystem, Map Datum
Deutschland Topos *)	GK (German Grid)	Potsdam
Deutschland, Militär	UTM	ED 50
Finnland	Finland Haydford	Potsdam
Frankreich	UTM	ED 50
Großbritannien	British Grid	Ord Srvy
Italien	UTM	ED 50
Österreich	GK (German Grid)	Austria
Schweiz	Swiss Grid	CH 1903
Schweden	Swedish Grid	RT 90
***) Neuere Topos werden alle auf UTM und WGS 84 umgestellt**		

Weitere detailliertere Informationen über geeignete Karten für Wanderungen sowie für Rad-, Ski- und Kanutouren finden Sie im Praxis-Band „Orientierung mit Kompass und GPS" von Rainer Höh.

Wie genau ist GPS?

Die Genauigkeit der Positionsbestimmung mit GPS ist weniger von der Leistungsfähigkeit des Gerätes abhängig als von der Genauigkeit der Satellitensignale, die zum einen durch äußere Bedingungen beeinflusst wird und zum anderen vom Betreiber willkürlich verändert werden kann. Unter günstigen Bedingungen ist das bisherige NAVSTAR-System dazu in der Lage, mittels der für zivile Nutzer verfügbaren C/A (Coarse Aquisition)-Signale die Position bis auf ca. 10–15 m genau zu ermitteln, die Höhe bis auf ca. 25 m genau (Systemgenauigkeit). Nach meinen Erfahrungen mit Garmin-Geräten lagen (guten Signalempfang vorausgesetzt!) die Fehler der Positionsanzeige meist unter 10 m, die der Höhenanzeige im Bereich von 3–15 m. Nach Angaben des Herstellers sind jedoch die barometrischen Höhenangaben immer noch präziser als die GPS-Höhen.

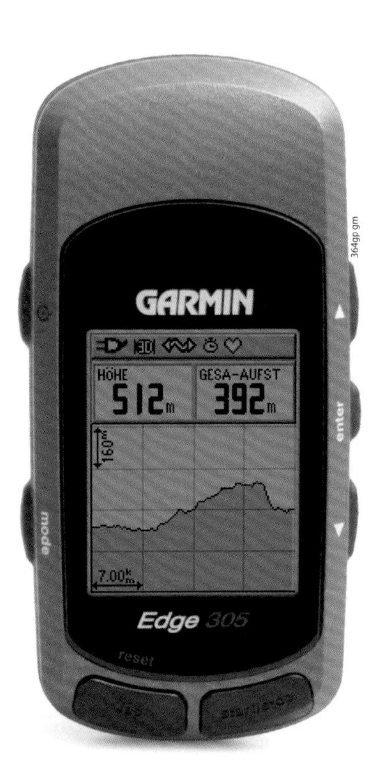

Barometrische Höhe

Ein Barometer misst naturgemäß nicht die Höhe, sondern lediglich den Luftdruck. Da der Luftdruck jedoch mit zunehmender Höhe über dem Meer gleichmäßig abnimmt, lässt sich daraus recht präzise die Höhe errechnen und anzeigen. Allerdings ändert sich der Luftdruck leider nicht nur mit der Höhe, sondern auch bei gleichbleibender Höhe mit den Wetteränderungen durch steigenden oder fallenden Luftdruck. Das heißt, dass ein barometrischer Höhenmesser möglichst oft an Punkten bekannter Höhe justiert werden sollte, um seine Aufgabe erfüllen zu können (z. B. auf Berggipfeln, bei Hütten etc.).

TIPP: An solchen Punkten kann man auch die Höhenangabe des GPS-Geräts überprüfen, um seine Genauigkeit einschätzen zu können.

Höhenabweichung ermitteln

Vergleichen Sie an einem Punkt bekannter Höhe die Höhenangabe über NN mit der Ihres GPS-Empfängers, um festzustellen, wie groß die Abweichung ist. Dann können Sie zumindest im Bereich des jeweiligen Kartenblattes die GPS-Höhenangabe (ohne Barometer!) entsprechend korrigieren.

Die Genauigkeit des europäischen GALILEO-Systems (s. S. 13) wird noch deutlich höher liegen (etwa im 1-m-Bereich) – wobei noch unklar ist, bis zu welcher Präzision die Nutzung der Signale kostenlos sein wird (in jedem Fall bis zu einer höheren als bei NAVSTAR derzeit möglich). Beim neuen GPS III, das derzeit in Vorbereitung ist (s. S. 40), wird ebenfalls eine Genauigkeit im Bereich von einem Meter und sogar darunter in Aussicht gestellt. Es wird auch zivilen Nutzern ähnliche – teilweise sogar noch bessere – Leistungen zur Verfügung stellen wie sie bisher nur von militärischen Nutzern in Anspruch genommen werden konnten.

Höhenangaben

Das GPS-Gerät errechnet seine Höhe in Bezug auf das Ellipsoid, die in den Karten angegebene Höhe über Normalnull (NN) bezieht sich auf das Geoid (s. S. 30). GPS- und Kartenhöhe über NN sind daher nicht identisch, sondern können leicht um 40–50 m (im Extremfall über 100 m) voneinander abweichen. Auf neueren Karten wird die Differenz angegeben, sodass man zwischen beiden umrechnen kann. GPS-Geräte können diese Differenz automatisch korrigieren, aber leider weiß man dies meist nicht. Da hilft nur: Möglichst oft an Punkten bekannter Höhe vergleichen. Zumindest bei Garmin gilt generell: Geräte ohne Barometer zeigen die GPS- (also Ellipsoid-)Höhe an, Geräte mit Barometer die vom Luftdruck abhängige, barometrische Höhe über NN.

◁ Garmin Edge 305 mit Höhenprofil

Fehlerquellen

Fehler können – unabhängig von der gewollten Signalverfälschung (Selective Availability, s. S. 41) – durch äußere Bedingungen verursacht werden: durch eine ungünstige Konstellation der Satelliten (sie verändert sich laufend), durch Ablenkung der Signale und durch die atmosphärischen Verhältnisse (beide sind geringfügig). Auch diese Fehler können durch ihre Schwankungen die Geschwindigkeits- und Richtungsangabe des Geräts beeinflussen, allerdings in weit geringerem Maße als früher die Selective Availability.

Abschattung (Shadowing)

Die Funksignale der GPS-Satelliten sind sehr schwach. Sie können zwar dünne Hindernisse wie Wolken, Nebel, eine Zeltplane oder ein lichtes Blätterdach durchdringen, nicht aber sehr dichte Wälder, sehr dichtes Schneetreiben oder

gar Felswände, Berge etc. In dichtem Wald oder engen Schluchten kann der Kontakt zu einzelnen Satelliten **unterbrochen** (abgeschattet) werden und die Geräte sind dann u. U. nicht dazu in der Lage, ihre Position präzise zu bestimmen. Solange sie Kontakt zu mindestens vier Satelliten haben, ist eine genaue Positionsbestimmung möglich. Bei nur drei Satelliten erhält man nur recht ungenaue 2D-Werte (s. S. 17) und bei weniger als drei Satelliten ist gar keine Positionsbestimmung mehr möglich (Vollabschattung).

Beachten Sie außerdem, dass viele Geräte bei mangelhaftem Satellitenkontakt (weniger als vier) nicht sofort ein Warnsignal geben oder die Positionsbestimmung verweigern, sondern zunächst noch eine Zeit lang **interpolieren** (d. h. auf Basis der letzten Werte weiterrechnen). Dies ist im Prinzip sinnvoll, da sonst bei Wanderungen im Wald ständige Warnungen mehr verwirren als nutzen würden. Doch wenn Sie in einer solchen Phase des Interpolierens eine Position bestimmen, so kann sie durchaus über 50 m von der tatsächlichen Position abweichen, unter Umständen, ohne dass Sie etwas davon merken!

Und schließlich kann eine Teilabschattung dazu führen, dass nur noch **Satelliten in ungünstiger Konstellation** (s. u.) empfangen werden und die Positionsbestimmung daher entsprechend ungenau ausfällt.

Solche Probleme sind allerdings eher selten und lassen sich oft schon durch eine geringe Standortänderung beheben, durch die man aus dem Schatten eines Hindernisses heraustritt. Wichtig ist in dem Fall auch, dass man das Gerät nicht direkt vor der Brust hält, weil man sonst mit dem Körper u. U. selbst Satelliten abschattet, sondern mit etwas ausgestrecktem und leicht angehobenem Arm.

Satellitenkonstellation

Ebenso wie bei der Kreuzpeilung mit dem Kompass die Genauigkeit der Standortbestimmung davon abhängig ist, in welchem Winkel zueinander die angepeilten Orientierungspunkte liegen, so beeinflusst die Konstellation der genutzten Satelliten die Messgenauigkeit bei der „Kreuzpeilung" des GPS-Geräts. Wenn die Orientierungspunkte für die Kompasspeilung sehr dicht beieinander oder gar auf einer Linie liegen, ist eine Positionsbestimmung nicht möglich oder sehr ungenau. Das gilt auch für das GPS: Das Gerät kann Satelliten in entsprechend ungünstiger Konstellation entweder überhaupt nicht für die Posi-

⌃ In Schluchten oder dichtem Wald können Satelliten abgeschattet sein

tionsbestimmung nutzen und wenn es sie „so eben noch“ nutzen kann, ist ein Fehler von mehreren hundert Metern möglich.

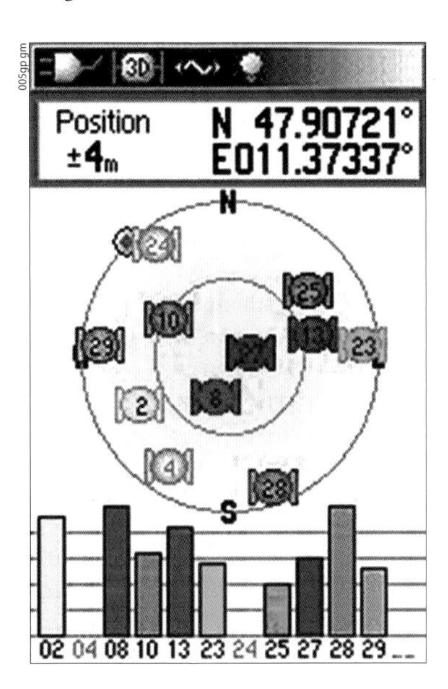

Ideal ist eine Konstellation mit einem Satelliten im oder nahe dem Zenit und 4–6 weiteren, die gleichmäßig über den ganzen Himmel verteilt sind. Da insgesamt **24 Satelliten zur Verfügung** stehen, von denen sich gewöhnlich mindestens 6 über dem Horizont befinden, wird das Gerät bei freier Sicht fast immer genügend Satelliten in günstiger Konstellation finden, um diesen Fehler zu vermeiden. Lediglich wenn Berge, Felsen, Bäume oder insbesondere enge Schluchten das „Blickfeld“ des Geräts einschränken (s. „Abschattung“ s. S. 37), können zeitweise nur Satelliten in ungünstiger Konstellation zur Verfügung stehen. Da die Satelliten ihre Position aber laufend verändern, kann es in solchen Fällen genügen, ein wenig abzuwarten, bis sich die Konstellation verbessert hat.

Die durch ungünstige Konstellation verursachte Fehlergröße wird als **Dilution of Precision** (DOP) oder **Position Dilution of Precision** (PDOP) bezeichnet. Da das Gerät die Satellitenkonstellation kennt, kann es die Größe dieses Fehlers berechnen. Bei günstiger Konstellation liegt der PDOP-Wert zwischen 1 und 3 – und die Messgenauigkeit um 15 m; bei einem PDOP zwischen 4 und 6 kann der Fehler zwischen einigen Dutzend und einigen hundert Metern liegen, und bei einem PDOP über 6 kann das Gerät keine Position mehr bestimmen.

Die meisten GPS-Geräte zeigen jedoch nicht den PDOP- oder DOP-Wert an, sondern den **Estimated Position Error** (EPE = geschätzter Positionsfehler in Metern oder Fuß), der durch eine ungünstige Satellitenkonstellation verursacht wird (andere Fehlerquellen bleiben unberücksichtigt!). Beachten Sie also bei der GPS-Navigation stets den angezeigten EPE-Wert, um diesen Messfehler abschätzen zu können.

Atmosphärische Bedingungen

Die vom GPS verwendeten Funksignale breiten sich mit Lichtgeschwindigkeit aus und diese Geschwindigkeit wird der Entfernungsberechnung zugrunde gelegt. Auf dem Weg durch die Atmosphäre der Erde werden die Funkwellen jedoch geringfügig abgebremst. Um dennoch möglichst genaue Werte zu erhalten, berücksichtigt das GPS-Gerät bei seinen Berechnungen die durchschnittliche Größe dieser Abbremsung. Da sich die atmosphärischen Bedingungen (und damit die „Bremswirkung") aber laufend verändern, bleibt dennoch eine geringe Ungenauigkeit, die bei der Positionsbestimmung einen Fehler von ca. 5–10 m verursachen kann. Dieser Fehler ist in der o. g. Genauigkeit von ca. 15 m bereits berücksichtigt.

Militärische Anwender benutzen daher Geräte, die zwei verschiedene Frequenzen (L1 und L2) empfangen können. Da unterschiedliche Frequenzen in der Atmosphäre auch unterschiedlich stark abgebremst werden, kann das Gerät aus den beiden unterschiedlichen Werten die aktuelle Abbremsung berechnen und die Positionsbestimmung entsprechend korrigieren. Diese Möglichkeit steht jedoch dem zivilen Nutzer beim NAVSTAR-System derzeit nicht zur Verfügung, da zivile Geräte den P-Code der zweiten Frequenz nicht empfangen können.

Da beim europäischen **GALILEO**-System zukünftig beide Frequenzen auch zivilen Anwendern zur Verfügung stehen werden, kann dieser Fehler durch atmosphärische Einflüsse für GALILEO-Nutzer eliminiert werden, wodurch sich der Positionsfehler auf deutlich weniger als 10 m verringert, sodass sogar Messungen mit einer Genauigkeit bis zum 1-m-Bereich auch für zivile Nutzer möglich werden.

Das neue GPS III, das voraussichtlich erst ab 2020 voll einsatzfähig sein wird, stellt sogar noch mehr Frequenzen und Korrekturen zur Verfügung und soll dadurch Messungen im Fehlerbereich von 1 m oder weniger gestatten.

Signalablenkung (Multipath Interference)

Werden die Funksignale von Felswänden, Gebäuden o. Ä. reflektiert, so erreichen sie den Empfänger doppelt: auf dem direkten und dem reflektierten Weg. Diesen als Multipath Interference bezeichneten Fehler können bisher nur sehr teure Empfänger feststellen und berücksichtigen. Der Messfehler durch die Signalablenkung ist jedoch relativ gering (weniger als ein Meter) und bei der Positionsbestimmung kann man darauf achten, dass man sich nicht in der Nähe von Felswänden etc. befindet, die ihn verursachen könnten.

Weitere Minimalfehler

Geringe Fehler können auch durch die Schwankungen der Satellitenbahnen verursacht werden (Ephemeris-Fehler). Da die Bahndaten jedoch stets durch die Bodenstationen korrigiert und an die GPS-Geräte weitergeleitet werden, liegt dieser Fehler höchstens im Bereich von 1–2 m. Ein Fehler in ähnlich geringer Größenordnung kann durch minimale Abweichungen der Atomuhren bedingt werden. Beide Fehler sind ebenfalls in der o. g. Systemgenauigkeit bereits berücksichtigt.

2D-Modus

Hat der Empfänger nur Kontakt zu drei Satelliten, so arbeitet er nur im 2D-Modus (ohne Höhenangabe) und kann den Fehler der eingebauten Quarzuhr nicht ausgleichen (s. o. „Wie funktioniert

GPS?"). Die Ungenauigkeit bei der Positionsangabe kann dann im Kilometerbereich liegen! Sinnvolle GPS-Navigation ist daher nur im 3D-Modus (mit vier Satelliten) möglich.

Selective Availability (SA)

Die genannte Systemgenauigkeit von 15 m stand dem zivilen Nutzer bis zum 2. Mai 2000 nicht zur Verfügung, da das amerikanische Verteidigungsministerium sie durch eine permanent variierende Verfälschung der Signale, die sogenannte Selective Availability (SA, eingeschränkte Verfügbarkeit), reduzierte. Am 2. Mai 2000 wurde diese Signalverfälschung abgeschaltet. Und da GPS inzwischen für viele zivile Nutzungen (u. a. für den Flug- und Schiffsverkehr) eine sehr wichtige Rolle spielt, ist nicht damit zu rechnen, dass Selective Availability jemals wieder generell aktiviert werden wird. Es kann jedoch dazu kommen, dass die Signale für eine bestimmte Region vorübergehend wieder verfälscht werden. Bei GALILEO hingegen, das als rein ziviles System aufgebaut wird, sind solche Verfälschungen generell ausgeschlossen.

Position: Die SA war keine konstante Signalverfälschung (sonst hätte man die Abweichung ja leicht einkalkulieren können), sondern schwankte in unberechenbarer Weise: Einmal konnte sie nahe Null liegen, sodass man tatsächlich die exakte Position erhielt, im Extremfall konnte sie einen Fehler von mehreren hundert Metern bewirken. Solange die Selective Availability aktiviert war, lag die von zivilen GPS-Empfängern angezeigte Position zu 95 % der Zeit innerhalb eines Radius von 100 m um den tatsächlichen Standpunkt (in den übrigen 5 % der Zeit konnte sie bis zu 300 m davon entfernt liegen). Da diese Verfälschung permanent variierte, machte sie sich bei ruhendem Gerät dadurch bemerkbar, dass nicht konstant die gleiche Position angezeigt wurde, sondern die vom Gerät errechnete Position sich in einem Radius von 100 bis 300 m veränderte. Aufgrund dieser vorgetäuschten Positionsveränderung zeigte das Gerät dann auch folgerichtig eine scheinbare Geschwindigkeit (von bis zu circa 5 km/h) an, obwohl es nicht bewegt wurde.

Was passiert, wenn das GPS abgeschaltet wird?

Theoretisch kann die US-Regierung die von den Satelliten ausgestrahlten CA-Signale für zivile Anwender jederzeit abschalten, sodass die Empfänger nutzlos wären. Die Wahrscheinlichkeit dafür ist jedoch gleich Null, da die zivile Nutzung u. a. im Flug- und Schiffsverkehr eine so große Rolle spielt, dass der Ausfall des Systems zu erheblichen Problemen führen würde. Es kann allerdings vorkommen, dass – wie im ersten Golfkrieg – die Satellitenbahnen verändert werden, sodass eine bestimmte Region eine bessere Abdeckung erhält – und eine andere dafür eine schlechtere. Ein Minimum von vier Satelliten zu jeder Zeit und über jedem Punkt der Erde wird jedoch garantiert und solange keiner davon durch Hindernisse abgeschattet wird, reichen diese vier für die GPS-Orientierung und -Navigation aus.

Richtungsfehler

Wird durch äußere Einflüsse eine ungenaue Position berechnet, so kann logischerweise auch die Kursrichtung zu einem gewählten Ziel nicht präzise sein. Da die Positionsbestimmung mit GPS heute jedoch nur sehr geringe Abweichungen aufweist, wird dieser Fehler nur dann spürbar, wenn man sich dem Ziel bis auf wenige Dutzend Meter genähert hat. Dann wird man feststellen, dass der Richtungspfeil des Geräts etwas wirr hin und her springt, weil das Gerät nicht mehr exakt weiß, in welcher Richtung das Ziel liegt. Über größere Entfernungen ist der Einfluss des Positionsfehlers auf den Kurs zu gering. Ein Positionsfehler von 25 m ergibt auf 1 km Distanz einen Kursfehler von nur etwa 1,5° – und das entspricht gerade einmal dem Winkel, um den sich der Minutenzeiger der Uhr in einer Viertelminute bewegt!

Geschwindigkeit: Die Anzeige geringer Geschwindigkeiten (wie z. B. der eines Wanderers) war demzufolge bei aktivierter Selective Availability sehr unzuverlässig. Wenn die durch SA vorgetäuschte Bewegung in die gleiche Richtung verlief wie die tatsächliche Bewegung, wurden beide addiert, verlief sie entgegen der tatsächlichen Bewegungsrichtung, wurde sie davon abgezogen, sodass bei einem Tempo von beispielsweise 5 km/h im ersten Fall bis zu 10 km/h, im letzteren unter Umständen 0 km/h angezeigt wurden.

Seitdem diese Signalverfälschung abgeschaltet wurde, kann man davon ausgehen, dass die vom Gerät angezeigte Position nicht mehr als 10–15 m von der tatsächlichen Position abweicht (oft weniger) und die angezeigte Geschwindigkeit auch bei langsamer Fortbewegung recht genau der tatsächlichen entspricht (unbehinderter Satellitenempfang vorausgesetzt!).

Höhe: Wesentlich unzuverlässiger als die horizontale Positionsangabe war bei eingeschalteter SA die vertikale, also die Höhenangabe. Mit Abweichungen von ca. 100–150 m war GPS einem korrekt justierten barometrischen Höhenmesser weit unterlegen. Ohne SA liegt die Genauigkeit der Höhenanzeige nach Angaben der Gerätehersteller bei etwa 27 m und bei meinen eigenen Messungen ergaben sich sogar nur Fehler im Bereich von 3–15 m. Diese Genauigkeit ist erstaunlich und reicht nahe an die optimalen Resultate barometrischer Geräte heran. Zudem hat die GPS-Höhenmessung den entscheidenden Vorteil, dass sie nicht durch wetterbedingte Luftdruckschwankungen beeinflusst wird! Wenn man also unterwegs nicht oft Gelegenheit hat, den barometrischen Höhenmesser an Orten bekannter Höhe neu zu justieren, so wird die Höhenanzeige des GPS-Geräts (ohne Barometer!) u. U. sogar die zuverlässigere sein. Mit ihrer Hilfe kann man auch feststellen, welche Veränderungen der barometrischen Höhenanzeige durch wetterbedingte Luftdruckveränderungen (nicht durch Auf- oder Abstieg) verursacht wurden – und diese Information für die Wetterprognose nutzen.

Und schließlich bietet GPS die Möglichkeit, den barometrischen Höhenmesser an jedem beliebigen Ort nach Höhenangaben aus der Karte zu justieren: Man braucht nur den vom Gerät ermittelten Standort auf die Karte zu übertragen, um dort anhand der Höhenlinien die aktuelle Höhe über NN abzulesen. Ohne Karte kann man direkt die vom GPS-Gerät angezeigte Höhe einstellen.

Anwenderfehler

Zu weit größerer Ungenauigkeit als alle äußeren Bedingungen können – vermeidbare – Fehler des Anwenders selbst führen, wenn z. B. das falsche Kartendatum oder Koordinatensystem verwendet wird oder Koordinaten mit falscher Angabe der Hemisphäre eingegeben werden (siehe „Koordinatensysteme" auf s. S. 19). Oder auch ganz schlicht, wenn man sich beim Eingeben der Koordinaten nur einmal bei einer Ziffer vertippt!

Korrekturdaten für höhere Genauigkeit

Eine Messgenauigkeit im Bereich von 10–15 m ist zwar für Outdoor-Zwecke vollkommen ausreichend, es gibt jedoch Verfahren, diese Genauigkeit noch deutlich zu erhöhen.

DGPS

Noch exaktere Positionsbestimmungen ermöglicht DGPS (wobei „D" für „differenzielle Korrekturen" steht), das Fehler durch (willkürliche und unvermeidbare) Signalverfälschungen korrigiert. Hierzu werden Informationen von einer Reihe ortsfester Referenzstationen genutzt. Diese Stationen vergleichen ständig die an ihrem Standort per GPS ermittelte mit ihrer tatsächlichen Position und errechnen daraus laufend die momentane Abweichung. Diese Differenz übermittelt sie per Funk über den Zusatzempfänger an das GPS-Gerät, das damit den Fehler automatisch korrigiert. So lässt sich eine Genauigkeit von 1–5 m erreichen.

Die Nutzung der terrestrischen DGPS-Signale war gebührenpflichtig; durch die satellitengestützten und kostenlos nutzbaren DGPS-Systeme EGNOS und WAAS sind sie inzwischen überholt.

EGNOS und WAAS

EGNOS (European Geostationary Navigation Overlay), aktiv seit 2005, und WAAS (Wide Area Augmentation System), aktiv seit 1999, sind zwei DGPS-Systeme, die beide vom Konzept her identisch sind – WAAS ist für Nordamerika zuständig, EGNOS für Europa. Sie arbeiten mit einer Kette

Zu erwartende Genauigkeit der GPS-Position

mit aktivierter SA	± 100 Meter
ohne SA	± 15 Meter
mit DGPS	± 3-5 Meter
mit WAAS/EGNOS	± 1-3 Meter
mit GALILEO	± 1 Meter
mit GPS III	unter 1 Meter

Gültigkeitsbereich beachten!

Die Korrekturdaten sind stets nur für den Bereich gültig, für den sie errechnet wurden. Falls man in Gegenden unterwegs ist, in denen es keine Bodenstationen gibt, oder falls man in Europa WAAS-Signale empfängt bzw. in Nordamerika EGNOS-Signale (was beides möglich ist), so wird die Positionsberechnung dadurch nicht verbessert, sondern u. U. sogar verschlechtert. Viele neuere Geräte können jedoch zwischen beiden Signalen unterscheiden und verwenden zur Positionsberechnung stets diejenigen Signale und Methoden, mit denen sie die höhere Genauigkeit erzielen. Die Software wird nach und nach dahin gehend verbessert, dass sie von der ermittelten Position ausgehend selbstständig zwischen WAAS und EGNOS unterscheiden kann und nur die für das Gebiet gültigen Korrektursignale verarbeitet, in dem sich das Gerät befindet. Es lohnt sich daher, regelmäßige Software-Updates zu machen. Im Zweifelsfalle kann man aber im Setup des Geräts auch den Empfang der WAAS-/EGNOS-Signale abschalten.

von Referenzstationen auf der Erde, welche GPS-Positionsfehler (z. B. durch atmosphärische Einflüsse etc.) messen und daraus Korrekturdaten errechnen. Diese Korrekturen werden über Master-Stationen und geostationäre Satelliten verbreitet und können von vielen neueren Handgeräten empfangen und für die Positionsberechnung genutzt werden. Dadurch verbessert sich die Genauigkeit horizontal (Position) auf 1–2 m und vertikal (Höhe) auf 2–3 m.

Beide Systeme sind kostenlos nutzbar. Sie senden beide auf der gleichen Frequenz, auf der auch die NAVSTAR-Satelliten senden und können von WAAS-/EGNOS-fähigen Geräten empfangen und genutzt werden. Allerdings stehen die Satelliten relativ weit im Süden und sind daher in nördlichen Breiten nicht immer gut zu empfangen. Auf der Satelliten-Seite des GPS-Displays sind diese Satelliten bei Magellan-Geräten an der Buchstaben-Markierung „W“ zu erkennen, bei Garmin an einer Nummer über 32 (EGNOS-Satelliten an den Nummern 33, 37 und 39). In Asien tritt an die Stelle der beiden Systeme das MSAS (Multi-Functional Satellite Augmentation System).

- Informationen zu WAAS: www.faa.gov (dort Suchbegriff „WAAS“ eingeben)
- Informationen zu EGNOS: www.esa.int/Our_Activities/Navigation/The_present_-_EGNOS/What_is_EGNOS
- WAAS und EGNOS: www.kowoma.de/gps/waas_egnos.htm.

Grenzen und Risiken der GPS-Navigation

Moderne GPS-Geräte ermöglichen die Orientierung selbst in schwierigsten Situationen, in denen sogar Kompass, Karte und Höhenmesser zusammen nicht mehr weiterhelfen. Eine große Gefahr liegt jedoch darin, dass man sich ganz auf diese Geräte verlässt und dann vollkommen hilflos dasteht, wenn sie nicht oder nicht mehr funktionieren – etwa weil die Batterie erschöpft ist, weil die Empfindlichkeit nicht ausreicht, wegen extremer Temperaturen oder mechanischer Defekte. Oder auch ganz einfach, weil der Nutzer nicht dazu in der Lage ist, sein GPS-Gerät richtig zu nutzen. Wer dann nicht Karte und Kompass dabei hat und damit umgehen kann, der ist im wahrsten Wortsinn verloren.

Günstige Empfangsposition finden

Die Satelliten-Seite der Geräte zeigt die momentane Position aller über dem Horizont befindlichen Satelliten in Echtzeit und in Relation zu den Himmelsrichtungen an, auch dann, wenn die Signale dieser Satelliten gerade nicht empfangen werden können, da ihre Bahndaten im Gerät gespeichert sind. Diese Funktion kann hilfreich sein, um im Gelände eine günstige Stelle für den Empfang der Signale zu finden. Manchmal genügt es auch abzuwarten, bis die Satelliten in eine günstigere Position gerückt sind.

004gp rh

Außerdem brauchen die GPS-Empfänger direkten **„Sichtkontakt"** zu mindestens vier Satelliten, um sinnvolle Informationen zu liefern. Die Funksignale können zwar Wolken und dünne Hindernisse wie eine Zeltplane oder ein lichtes Blätterdach durchdringen, nicht aber sehr dichte Wälder oder gar Felswände, Berge etc. In solchem Gelände sind die Geräte u. U. nicht dazu in der Lage, ihre Position zu bestimmen.

Und selbst solange das Gerät perfekt funktioniert und optimalen Empfang hat, kann es Ihnen zwar jederzeit die Richtung zu Ihrem Ziel anzeigen – aber in den meisten Fällen **nicht den besten Weg** dorthin. Den kennt nur die Land-

⌃ In solchen Schluchten kann das Gerät nicht immer genügend Satelliten empfangen

403gp rh

karte! GPS ohne Landkarte lotst Sie stets in der Luftlinie zum nächsten Wegpunkt – auch wenn diese Richtung in einen Abgrund, einen Sumpf oder mitten durch einen See führt! Sie können den See zwar umgehen (wobei Ihnen jederzeit die momentane Richtung zum Ziel angezeigt wird), aber das GPS-Gerät kann Ihnen (sofern es nicht selbst eine Karte gespeichert hat) niemals anzeigen, in welcher Richtung Sie den See am besten umgehen.

Und selbst wer ein GPS-Gerät mit integrierter topografischer Karte bei sich hat, wird über eine zusätzliche Papierkarte oft froh sein, weil sie meist mehr Details bietet und vor allem einen weit besseren Überblick als das wenige Zentimeter große Display. **Es ist daher dringend anzuraten, auf alle Touren Karte, Kompass und ggf. Höhenmesser mitzunehmen – auch zusätzlich zum GPS-Gerät!**

GPS kann die Orientierung wesentlich erleichtern und für zusätzliche Sicherheit in schwierigen Situationen sorgen (z. B. bei schlechter Sicht oder fehlenden Orientierungspunkten), aber es soll keinesfalls die traditionellen Orientierungshilfen ersetzen. Die Übung im Umgang mit diesen Hilfsmitteln ist auch im GPS-Zeitalter Grundvoraussetzung für jede Wildnistour. In der Praxis wird man ohnehin die meiste Zeit entweder nur nach Sicht und Karte navigieren oder Kompass- und GPS-Navigation kombinieren, wobei dann wiederum die meiste Zeit nach Kompass gegangen und das GPS-Gerät nur zur Überprüfung von Standort und Kurs verwendet wird. Reine GPS-Navigation im Dauerbetrieb erfordert auf längeren Touren schlicht zu viele Batterien und ist auch gar nicht erforderlich. Lediglich auf ganz kurzen Touren wird man hier und da ausschließlich mit dem GPS im Dauerbetrieb navigieren.

Besonders groß wird das Risiko, wenn man sich im Vertrauen auf die Elektronik zu **Touren in Regionen mit erschwerter Orientierung** verleiten lässt, in die man sich ohne GPS nie vorgewagt hätte – z. B. in flache Wald- oder Wüstengebiete ganz ohne Orientierungspunkte. Wenn das Gerät dann unterwegs versagt, kann es selbst mit Kompass sehr problematisch werden, sein Ziel zu erreichen oder wieder zurückzufinden!

Ich habe mein GPS-Gerät auf allen Touren dabei, oft auch bei kurzen Spaziergängen (Holzabfuhrwege im heimischen Forst können durchaus tückisch sein!) – schon um im Umgang geübt zu bleiben. Aber ich war bisher noch nie zwingend auf das Gerät angewiesen, d. h. ich hätte stets auch ohne seine Hilfe zurückgefunden. Also doch nur eine Spielerei? Nein. Eben nicht. **GPS soll die Navigation erleichtern und zusätzliche Sicherheit schaffen** – nicht zu Risiken verleiten! Und wie man schon lange vor dem Zeitalter der Elektronik herausgefunden hat: Unverhofft kommt oft!

[<] In solch unwegsamem Gelände ist eine präzise Orientierung ohne GPS kaum möglich

eXplorist
200
MAGELLAN
IN
OUT
NAV
MENU
MARK
GOTO

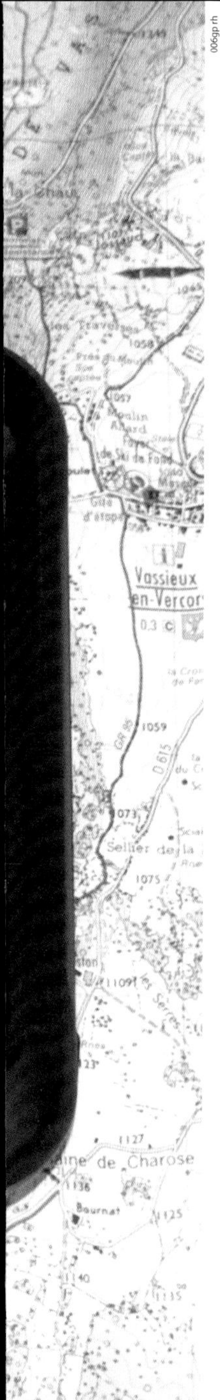

006gp rh

GPS-Empfänger

Überblick

Heutige GPS-Handgeräte sind etwa so groß wie ein Handy und wiegen 90–260 g inklusive Batterien. Außerdem gibt es noch kleinere Armbandgeräte, die kaum größer sind als eine gewöhnliche Uhr. Ein Batteriesatz reicht für mehrere Hundert Messungen bzw. im Dauerbetrieb für 12–36 Stunden je nach Gerät. Die Preise beginnen bei etwa 120 € und reichen bis nahe 700 €.

Die GPS-Grundfunktionen sind bei allen Geräten weitgehend identisch und ihre Leistungsfähigkeit unterscheidet sich nicht erheblich (Ausnahme: Modelle mit SiRF-III- oder MTK 3339-Chipsatz, s. S. 53. Diese haben einen deutlich besseren und schnelleren Empfang als ältere Modelle). Die Preisunterschiede werden in erster Linie durch den Leistungsumfang und vielfältige Zusatzfunktionen bedingt, die von Farb-Display, Landkartendarstellung und Zusatzspeicher über einen integrierten elektronischen Kompass und Höhenmesser bis zur automatischen Routenberechnung reichen.

Neuere Geräte werden zunehmend kleiner, kompakter und leistungsstärker. Die Foretrex-Modelle von Garmin etwa sind kaum 80 g schwere Kompaktgeräte im Querformat, die wie eine Armbanduhr getragen werden und besonders interessant sind, wenn die Hände frei bleiben müssen. Da sie zudem sehr einfach zu bedienen sind, erweiterte Menüs bieten, große Ziffern und sinnvolle Automatik-Funktionen, eignen sie sich besonders als Trainingsgeräte für verschiedenste Laufsportarten. Rasche Fortschritte gibt es auch bei der Speicherkapazität, schneller USB-Datenübertragung und Kartendarstellung mit immer besseren Farbdisplays. So können selbst kleine GPS-Handgeräte heute als routingfähige Navigationssysteme auf dem Fahrrad, Motorrad oder im Auto genutzt werden.

Antenne

Die Leistungsfähigkeit des GPS-Gerätes ist wesentlich auch von der Empfindlichkeit seiner Antenne abhängig (wie beim Radio). Jedes Gerät braucht „freie Sicht" auf die Satelliten. Zwar werden Wolken, Zeltplanen, lichter Wald und ähnliche dünne Hindernisse von den Signalen durchdrungen, nicht jedoch Berge, Gebäude etc. Leistungsfähige Geräte funktionieren meist auch unter Bäumen, aber in sehr dichtem Wald, in engen Canyons oder zwischen hohen Gebäuden kann jeder Empfänger den Kontakt verlieren.

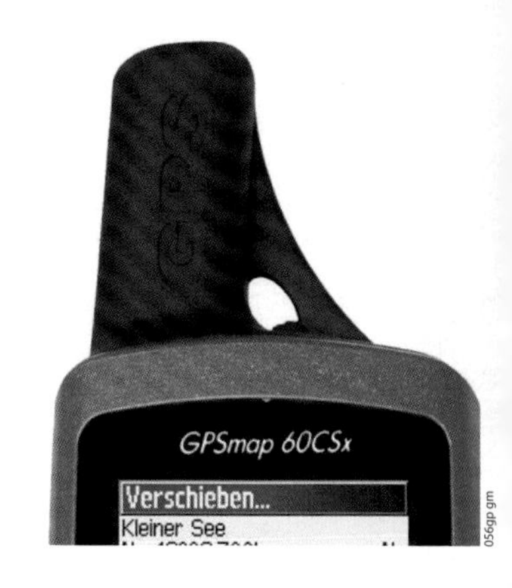

056gp gm

Quadrifilar-Helix-Antenne

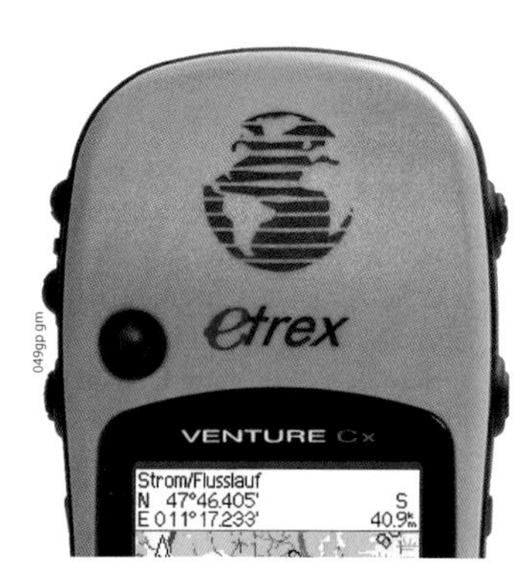

Für GPS-Empfänger werden zwei Arten von Antennen verwendet:
- längliche **Quadrifilar-Helix-Antennen,** die außen angebracht sind, oder
- flache **Patch-(Microstrip-)Antennen,** die in das Gehäuse des Empfängers integriert sind.

Außenantennen sind anfälliger für Beschädigungen und können die Signale direkt im Zenit befindlicher Satelliten schlechter empfangen. Dafür kann man sie schwenken, um besseren Empfang zu bekommen, und sie können die Signale von Satelliten direkt am Horizont empfangen. Integrierte Flachantennen sind besser geschützt und können die Signale von Satelliten im Zenit empfangen, nicht aber die von denen, die direkt am Horizont stehen.

Geräte mit Patch-Antenne sollten für einen optimalen Empfang flach gehalten werden, Geräte mit Helix-Antenne eher aufrecht, was sich nicht immer ganz gut mit einem elektronischen Kompass verträgt, für dessen Funktionieren das Gerät u. U. flach zu halten ist.

Patch-Antenne

Antennen im Vergleich

Bei meinen Erfahrungen mit inzwischen rund 25 unterschiedlichen GPS-Handgeräten von vier verschiedenen Herstellern konnte ich keine erheblichen Unterschiede in der Leistungsfähigkeit der Antennen feststellen und hatte den Eindruck, dass auch die Antennen günstiger Einsteigermodelle nicht weniger leistungsfähig sind als diejenigen teurerer Geräte. Hierbei ist allerdings zweierlei zu beachten:

Erstens lassen sich solche Unterschiede wohl nur durch Testreihen mit exakten Messungen ermitteln. Solche Informationen können Sie in Fachzeitschriften und in Internet-Foren finden (s. Anhang).

Zweitens spielt für die Empfangsqualität nicht nur die Antenne, sondern auch der Chipsatz eine entscheidende Rolle (s. Kapitel „Empfänger" S. 53).

Aus den Angaben der Hersteller (z. B. Dauer einer Positionsermittlung bei Kalt- und Warmstart) lässt sich die Empfindlichkeit der Antennen jedenfalls nicht zuverlässig ableiten. Direkte Vergleiche sind nur im praktischen Versuch möglich. Um beim Kauf eine Entscheidung treffen zu können, müssten Sie verschiedene Geräte im Freien einschalten und ihre Signalstärkebalken unter verschiedenen Bedingungen (freie Sicht, Abschattung) vergleichen. Am hilfreichsten dürften daher praktische Erfahrungen im Bekanntenkreis, Tests von Fachzeitschriften und Internet-Foren sein.

Hinsichtlich der **Leistungsfähigkeit** konnte ich zwischen beiden Typen keinen wesentlichen Unterschied feststellen, hatte jedoch den Eindruck, dass

Helix-Antennen weniger lageabhängig sind als Patch-Antennen: Ob vertikal, horizontal oder schräg – der Empfang war stets erstaunlich gut. Allerdings darf man nicht vergessen, dass die Qualität des Empfangs nicht nur von der Antenne abhängt, sondern auch vom Chipsatz (s. Kapitel „Empfänger“, s. S. 53).

Außen angebrachte Antennen haben den Vorteil, dass man sie manchmal mit einem einfachen Koaxialkabel verlängern kann (z. B. um das Gerät im Fahrzeug zu verwenden). Geräte mit integrierter Antenne haben dafür manchmal – aber längst nicht immer – einen **Anschluss für eine Außenantenne,** die man dann mit einem Magnetfuß auf dem Fahrzeugdach befestigen kann.

Kanäle

Zahlreiche Empfangskanäle sind wichtig, um möglichst viele Satelliten gleichzeitig (parallel) empfangen zu können. Früher unterschied man zwischen Multiplexing-Empfängern mit 1–3 Kanälen und Parallel-Empfängern mit 5–12 Kanälen. Heutige Geräte sind mit mindestens 12-Kanal-Parallel-Empfängern ausgestattet, die folglich bis zu 12 Satelliten gleichzeitig (parallel) verfolgen. Aktuelle Garmin-Geräte sind mit 32 Kanälen ausgestattet; Magellan-Modelle üblicherweise mit 20 Kanälen. Es gibt auch schon Empfänger mit 42 Kanälen (z. B. Lowrance Endura Sierra und Falk-Modelle), was aber bisher kaum zusätzliche Leistung bringt, da nur selten mehr als 12 Satelliten gleichzeitig über dem Horizont stehen. Dies kann sich mit dem europäischen System GALILEO ändern, wenn das Gerät die Möglichkeit bietet, Satelliten aller drei Systeme (GALILEO, NAVSTAR und GLONASS) parallel zu nutzen.

Die neuen eTrex-Modelle von Garmin sind bereits dazu in der Lage, die Signale des russischen GLONASS-Systems zu empfangen und zu nutzen – und sie sind für die Nutzung der GALILEO-Signale vorbereitet. Sie können daher mehrere Systeme miteinander kombinieren und haben durch die mehrfache Satellitenzahl eine schnellere Reaktionszeit und eine erhöhte Genauigkeit, was vor allem unter erschwerten Bedingungen ins Gewicht fällt. In diesem Fall sind 24 Kanäle nicht nur sinnvoll, sondern ein Muss.

Zwar nutzt jedes Gerät alle verfügbaren Satelliten (auch ältere Multiplexing-Geräte), doch wenn sie weniger Kanäle besitzen als Satelliten empfan-

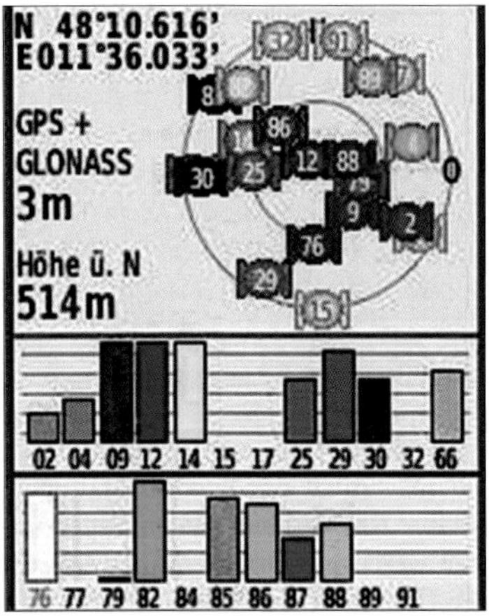

365gp gm

◁ Die Garmin eTrex-Modelle haben genügend Kanäle, um auch GLONASS-Signale parallel zu empfangen

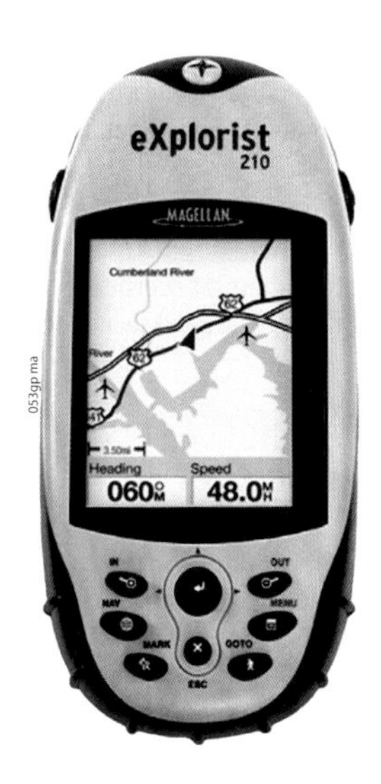

Der eXplorist 210 EUROPA von Magellan verfügt über einen 14-Kanal-Empfänger

gen werden können, so kann es nicht alle gleichzeitig empfangen, sondern schaltet ständig zwischen den einzelnen Satelliten hin und her. Parallel-Empfänger hingegen können alle Satelliten gleichzeitig (parallel) verfolgen und sind daher schneller und vor allem unter schwierigen Empfangsbedingungen vorteilhaft. Geht der Kontakt zu einem Satelliten verloren (etwa weil er durch einen Baum verdeckt wird), können sie sofort die Signale eines anderen Satelliten nutzen, während ältere Multiplexing-Empfänger zuerst auf einen neuen Satelliten umschalten und dessen Daten verarbeiten mussten. Wurde in diesem Moment auch der nächste Satellit kurzfristig durch ein Hindernis verdeckt, war es möglich, dass das Multiplexing-Gerät überhaupt keine Position ermitteln konnte. Die Genauigkeit der Parallel-Empfänger ist nur geringfügig besser; ihr Vorteil wird jedoch bei Bewegung und Hindernissen (z. B. im Wald) spürbar.

Empfänger (Chipsatz)

Für die Leistungsfähigkeit des Satellitenempfangs spielt neben der Antenne vor allem der verwendete Empfänger (Chipsatz) eine ganz entscheidende Rolle – und hier sind nach meinen Erfahrungen erheblich größere Leistungsunterschiede feststellbar als bei den Antennen. Einen spürbaren Fortschritt verkörpert die dritte Generation von **SiRF-Empfängern:** der **SiRFstar III** (Name der Firma SiRF Technology zugleich aber auch Bezeichnung für die von dieser Firma hergestellten Chipsätze) bzw. das **MTK 3339 Chip-Set.**

Diese Chipsätze sind um ein Vielfaches empfindlicher, leistungsstärker und schneller als die frühere Generation und bedeuten einen wahren Quantensprung in der GPS-Technologie. Sie arbeiten auch unter sehr schwierigen Bedingungen (dichtester Wald, enge Täler etc.) noch problemlos, wo ältere Outdoorgeräte nur noch ungenaue Ergebnisse lieferten oder überhaupt keinen Empfang mehr hatten. Außerdem ermitteln sie die Position deutlich schneller als bisherige Empfänger: unter optimalen Bedingungen (bei aktuellen Bahndaten) nach weniger als einer Sekunde – also praktisch mit dem Einschalten des Geräts. Sie sind inzwischen seit mehreren Jahren auf dem Markt und Neugeräte sind heute praktisch alle damit ausgestattet (auch die preisgünstigsten Einsteigermodelle), sodass man sich bei einer Neuanschaffung keine Gedanken darum zu machen braucht.

Speicher

Wie beim Computer, so ist auch beim GPS-Gerät der Speicher von großer (und zunehmender!) Bedeutung. Wer nur seine Position bestimmen und zu gespeicherten Wegpunkten navigieren will, der kann sich mit einem Minimum begnügen. Wer hingegen zahlreiche Routen und Tracks in seinem Gerät speichern will, der braucht schon etwas mehr. Und wer zudem Landkarten und weitere Informationen auf sein Handgerät laden will, der kann gar nicht zu viel davon haben.

Dabei unterscheidet man nach ihrer Bauart:

- **interne** Speicher, die fest in das Gerät eingebaut sind und die man in fast allen neuen Modellen findet;
- **externe** Speicher: auswechselbare **Speicherkarten** (s. u.), wie man sie auch in Digitalkameras etc. verwendet und die man überwiegend in Modellen ab ca. 200 Euro findet (SD- oder MicroSD-Speicherkarten);

Und je nach Art der Nutzung:

- **Datenspeicher** für Wegpunkte, Routen und Tracks;
- **Landkartenspeicher,** die es gestatten, spezielle Vektorkarten (s. S. 191) direkt auf das Handgerät zu laden.

Dabei können interne und externe Speicher für Daten und Landkarten gleichermaßen genutzt werden oder man „sortiert" die Daten intern und Landkarten extern.

Datenspeicher

Da aufgezeichnete Wegpunkte, Routen und Tracks weit weniger Speicherkapazität verlangen als ganze Landkarten, ist hierfür der interne Speicher ausreichend. Dennoch gibt es unterschied-

Daten gemischt oder sortiert?

Generell gibt es zwei verschiedene Lösungen der Speicherverwaltung. Bei Garmin arbeitet man hübsch sortiert: Daten und Karten werden nicht gemischt. Die Daten landen stets auf dem internen Speicher, die Landkarten auf einem externen oder einem separaten internen Speicher. So gibt es kein „Durcheinander". Die Magellan-Geräte der eXplorist-Serie hingegen speichern beides gemischt ab – egal ob intern oder extern. So kann man die Kapazität maximal ausnutzen. Nach dem Aufspielen von Karten sollte man sich jedoch stets vergewissern, dass noch genügend Platz für Wegpunkte, Routen und Tracks frei ist. Sonst kann es passieren, dass sich unterwegs überhaupt keine Wegpunkte, Routen oder Tracks mehr speichern lassen, wenn man schon die volle Kapazität für die Landkarte verbraucht hat.

liche Varianten (s. Exkurs „Daten gemischt oder sortiert? S. 54)

Der interne Datenspeicher der neuen Standard-Modelle fasst etwa 2–4000 Wegpunkte, 50–200 Routen (mit je ca. 250 Wegpunkten) und 100–200 Tracks (mit je 10.000 Trackpunkten). Bei manchen Modellen sind die Speicher noch größer ausgelegt. Andere Hersteller gestatten das Speichern der Daten auf auswechselbaren Speicherkarten, sodass praktisch unbegrenzter Platz für Wegpunkte, Routen und Tracks zur Verfügung steht. Selbst die Kapazität der einfachen Modelle reicht meist für mehrwöchige Touren aus. Erreicht man die Grenze, so muss man Wegpunkte, Routen und Tracks entweder löschen oder auf dem Computer zwischenspeichern, von wo sie später zurückgespielt werden können (s. Kap. „GPS und digitale Landkarten“ S. 181ff).

Landkartenspeicher

Interne Landkartenspeicher bieten heute (von den einfachsten Basismodellen abgesehen) die meisten Geräte. Ihre Größe beginnt bei 650 bis 850 MB und reicht bei teureren Modellen über 2 und 3 bis zu 4 GB. Meist gibt es heute den internen Kartenspeicher auch zusätzlich zum Slot für Speicherkarten. Das kann selbst bei kleinerer Kapazität angenehm sein, wenn man mehrere Karten parallel nutzen will. Kleinere Karten (wie Custom Maps- oder BirdsEye Select-Rasterkarten) können Sie dann im internen Speicher ablegen, während Sie die Topos eines ganzen Landes oder umfangreiche Straßenkarten in den Kartenschlitz stecken. Bei preiswerten Geräten, die nur einen kleinen, internen Kartenspeicher haben, ist zu beachten, dass größere Karten u. U. nicht komplett darin Platz haben, sondern nur Ausschnitte geladen werden können. Ein 850 MB Speicher fasst z. B. keine komplette Topo Deutschland, die über 3 GB erfordert, oder die TransAlpin 2012 Pro, die ebenfalls bereits 1 GB verlangt. Das ist bei neueren Geräten jedoch kein Problem mehr, da sie in aller Regel einen zusätzlichen Schlitz für Speicherkarten besitzen.

Externer Speicher (Speicherkarten)

Ein Slot für externe Speicherkarten sollte zur **Grundausstattung eines modernen GPS-Geräts** gehören. Wer mit digitalen Karten auf seinem Handgerät arbeiten und nicht ständig einzelne Ausschnitte laden und wieder löschen will, sollte darauf achten, dass sein Modell damit ausgestattet ist. Mit den gängigen SD- oder MicroSD-(bzw. SDHC-) Karten verfügt man dann praktisch über eine **unbegrenzte Speicherkapazität.** Heutige Geräte sind für Karten mit einer Kapazität von 8 GB, 16 GB oder 32 GB ausgelegt (die SDHC-Karten bieten noch etwas mehr Speicherplatz). Diese „Chips“ sind eine praktische und sicherlich die bequemste Art, Karten auf das Gerät zu laden. **Viele Topos sind bereits auf SD-Karte erhältlich** und brauchen nur noch ins Gerät gesteckt zu werden. Manche Karten sind sogar nur auf SD-Karte erhältlich und können ohne Steckschlitz gar nicht genutzt werden. Aber auch zum Laden von Gratiskarten aus dem Internet sind die

Speicherkarten sehr nützlich. Zudem lässt sich so rasch eine Karte gegen eine andere austauschen, sodass man auch bei längeren Reisen auf alles vorbereitet sein kann.

Das Steckfach für die Chipkarten findet man meist unter der Batterie. Achten Sie darauf, dass der **Deckel** nach jedem Öffnen **richtig verschlossen** wird und die Dichtung sauber sitzt. Sonst könnte Wasser eindringen und sowohl den Chip als auch das gesamte GPS-Gerät irreparabel beschädigen.

Basiskarten

Auf den internen Speichern der meisten neueren Geräte sind bereits recht detaillierte Basiskarten (Basemaps) von ganz Europa fest installiert, die neben Ländergrenzen, Meeren, Seen und Flüssen selbst kleinere Orte und nahezu das komplette Straßennetz (zumindest aber größere Orte und Hauptverbindungsstraßen) anzeigen, Näheres dazu s. S. 210.

Bei den großen Anbietern Garmin, Magellan und Lowrance sind dies **Vektorkarten.** Dies bedeutet, dass alle Orte auf der Karte (und bei Magellan auch die zahlreichen Points of Interest) zugleich in einer Datenbank gespeichert sind und als Ziele für die Navigation genutzt und angesteuert werden können.

Natürlich sind die Basemaps nicht genau genug für eine Wanderung oder Radtour – doch zur groben Orientierung oder für die Anfahrt zum Ausgangspunkt einer Tour können sie sehr nützlich sein. Bitte beachten: In den USA gekaufte Geräte bieten meist nur eine Karte von Nordamerika.

Vorinstallierte Topos

Auf manchen neueren Geräten sind bereits topografische Karten vorinstalliert, die eine deutlich verbesserte Übersicht bieten, allerdings nicht mit Wanderkarten oder Topos für Outdoorzwecke zu verwechseln sind. Bei einigen Garmin-Modellen (erkennbar am Namenszusatz „t"; z. B. Oregon 450t) ist dies eine Freizeitkarte Europa im Maßstab 1 : 100.000 mit Höhendaten, einzelnen Pfaden und Wegen, aber eher geringem und von Land zu Land unterschiedlichem Detailgehalt. Bei Magellan sind z. B. auf dem eXplorist 710 ähnliche Karten vorinstalliert. Man kann sich aber auch kostenlose Topos aus dem Internet laden, die ähnlich gut und teilweise sogar genauer sind.

Display

Zu Beginn der GPS-Zeit (also Mitte der 1990er-Jahre!) hatten die Geräte lediglich ein Ziffern-Display, das die Koordinaten des Standpunktes anzeigte. Moderne Geräte hingegen verfügen alle über ein grafisches Display, wobei inzwischen hochauflösende Farbdisplays überwiegen.

Das **LCD** (= **L**iquid **C**rystal **D**isplay) ermöglicht die Darstellung vielfältiger Funktionen wie Richtungspfeile, Routenskizzen und inzwischen sogar von Landkarten.

Bei den ersten grafischen Displays musste man sich noch mit Gameboy-Qualität zufriedengeben, aber in den letzten Jahren wurden spürbare Fortschritte gemacht. Die **Bildauflösung** wird in Bildpunkten (=Pixel) angegeben. Diese Bildpunkte sind bei genauem Hinsehen oder mit der Lupe erkennbar. Je mehr Pixel bei gleichen Abmessungen, desto hochauflösender ist das Display und desto klarer zeigt sich das Bild. Vor allem beim Erwerb von Modellen mit Kartendarstellung sollte man auf eine hohe Auflösung achten.

Während es anfangs nur Schwarz-Weiß-Displays gab, werden heute neben **Graustufen-Displays** für Einsteigermodelle ohne Kartendarstellung (z. B. eTrex10) nur noch **Farb-Displays** angeboten. Für die reine GPS-Arbeit sind SW- oder Graustufen-Displays ausreichend; Farb-Displays (256 Farben, TFT) sind aber heute der Standard, weil die Geräte fast immer auch Landkarten darstellen sollen. **TFT** *(thin-film transistor)* ist ein spezieller Dünnschichttransistor, mit dem sogenannte Aktiv-Matrix-LCDs hergestellt werden, die schnellere Schaltzeiten, mehr Kontrast und bessere Farbwiedergabe bieten.

Nicht nur für den Einsatz bei Dunkelheit, sondern auch bei sehr hellem Sonnenlicht, haben die meisten Displays eine Hintergrundbeleuchtung *(back light)*, deren Leuchtdauer und -stärke eingestellt werden kann. Da die Beleuchtung ein Stromfresser ist, sollte sie recht sparsam verwendet werden. Besonders gut ist die Helligkeit der eTrex-Modelle und des GPSmap62, die meist ohne Hintergrundbeleuchtung auskommen und daher deutlich weniger Strom verbrauchen.

Beim Kauf sollte man Helligkeit, Helligkeitsregelung und Brillanz des Bildschirms verschiedener Geräte vergleichen können – möglichst auch bei Sonnenlicht! Etwas problematisch können

Besonders bei topografischen Karten sind die Vorteile eines Farb-Displays deutlich zu sehen

Kauftipp Display

Um die Qualität des Displays beurteilen zu können, reicht es nicht, es im Geschäft einzuschalten. Man muss es auch bei hellem Sonnenlicht überprüfen, um festzustellen, ob Brillanz und Helligkeit ausreichen.

u. U. **Spiegelungen** auf der Oberfläche des Displays sein, die sich jedoch nicht vermeiden lassen, denn eine Entspiegelung des Bildschirms würde die Brillanz und die Hintergrundhelligkeit (reflektiv) stark schwächen. Immer mehr neue Modelle wie die Geräte der Dakota-, Oregon- und Montana-Serie bieten jetzt einen **Touchscreen,** der vor allem für Einsteiger die Bedienung erheblich erleichtert.

Die üblichen LCDs vertragen zwar große Hitze, haben aber den Nachteil, dass sie **kälteempfindlich** sind. Bei Temperaturen zwischen –10 und –20 °C reagieren sie träge und verblassen schließlich ganz; bei Temperaturen zwischen –20 und –40 °C (je nach Gerät) gefrieren die Flüssigkristalle und werden irreparabel beschädigt.

007gp gm

Touchscreen-Display des Garmin Oregon 400

Bei **kaltem Wetter** (auch wenn noch kein Einfrieren droht) sollte man das Gerät unterwegs in einer Innentasche nah am Körper tragen und nur zur Navigation kurz herausnehmen. Dann reagiert erstens das Display schneller und zweitens schont man die Batterien. Soll ein Routenabschnitt als Track komplett aufgezeichnet werden, braucht man dann ggf. eine externe Antenne.

Tastatur

Die Tastatur des GPS-Geräts dient dazu – ähnlich wie beim Computer –, Informationen (z. B. Koordinaten) in das Gerät einzugeben, dem Programm Befehle zu erteilen und einzelne Funktionen aufzurufen. Um die Anzahl der Knöpfe (und damit den Platzbedarf) in Grenzen zu halten, ist meist nur einigen wichtigen Funktionen eine eigene Taste zugeordnet (z. B. „GoTo" oder „Position speichern"). Andere Funktionen und Befehle können ähnlich wie beim PC mit einer Pfeiltaste aus einer Menü-Liste ausgewählt (Scrolling) und per Enter-Taste aktiviert werden. Auch Ziffern und Buchstaben werden so eingegeben. Meist sind die Tasten ober- oder unterhalb des Displays angeordnet – bei den kleinsten Geräten, wie z. B. den eTrex-Modellen von Garmin an der Schmalseite neben dem Display, um Platz zu sparen. Das ist für Wanderer okay – für Radfahrer weniger praktisch. Zum

Scrollen dient eine Wipptaste oder ein Mini-Joystick. Alle Tasten sollten weich und mit leichtem Druck zu bedienen sein. Bei den Joysticks ist eine weiche, ruckfreie Führung wichtig – was nicht alle Modelle leisten! Probieren Sie die Modelle vor dem Kauf aus!

Wenn Sie das Gerät auch in **kalten Regionen** nutzen wollen, sollten Sie beim Kauf darauf achten, ob sich die Tastatur auch mit Handschuhen bedienen lässt. Sonst muss man sie bei Kälte mit einem Stylus oder einem Bleistift o. Ä. bedienen.

Etwas mehr **Tasten mit spezifischen Funktionen** machen die Bedienung komfortabler und schneller (etwa beim GPSmap62) als eine ganz spartanische Ausstattung, an die man sich aber mit etwas Übung auch gewöhnt. Für Modelle mit Kartendarstellung sind zwei eigene Tasten für „Zoom in" und „Zoom out" sehr hilfreich. Nachts kann eine **Tastaturbeleuchtung** angenehm sein, aber im Normalfall hat man dann auch die Stirnlampe.

Komfortable Tastatur des GPSmap62 mit 8 Knöpfen und Wippschalter

Praxiserfahrung

Auf einer mehrwöchigen Ski- und Hundeschlittentour im kanadischen Yukon Territory bei anhaltenden Temperaturen von bis zu –45 °C habe ich ein Garmin eTrex-Modell benutzt, das ich zwar nach Möglichkeit am Körper und nachts in einem Isolierbehälter vor extremster Kälte geschützt habe, was aber nicht immer ganz konsequent möglich war. Umso mehr war ich überrascht, dass das Display die Tour schadlos überstand und zudem stets eine klare und gut lesbare Anzeige lieferte.

Navigation mit Karte und GPS auf einer Schlittentour im kanadischen Yukon Territory

Touchscreen

Neue Touchscreen-Modelle sind komfortabel zu bedienen, da man viele Funktionen bequem durch Antippen mit dem Finger auswählen kann. Auch für die Eingabe von Namen oder Koordinaten kann der Touchscreen im Vergleich zu Tastengeräten sehr vorteilhaft sein. Andererseits haben diese Displays nicht ganz die Brillanz eines anderen Moni-

Bestandteile des Gehäuses

*MOB- (Man Over Board) Funktion - speichert einen Wegpunkt und steuert ihn sofort an.

tors. Sie brauchen daher mehr Strom für die Beleuchtung und sind zudem anfälliger für Verschmutzungen und Kratzer. Um sie zu schonen, kann man statt der Finger einen Stylus verwenden. Das erleichtert auch die Bedienung mit Handschuhen. Außerdem kann man Displays mit einer Folie schützen.

Gehäuse

Die Gehäuse heutiger Outdoorgeräte sind wasserdicht, robust und bestehen aus schlagfestem Kunststoff, sodass sie gewöhnlich keinen Schaden nehmen, wenn sie einmal auf den Boden fallen. Zusätzliche Gummiarmierungen mit Noppen oder Riffelung sorgen dafür, dass sie auch bei Nässe griffig sind und „Abstürze" vermieden werden.

Wasserdichtheit

Da die GPS-Geräte ursprünglich aus dem Bootssport kommen, sind sie meist gut gegen Nässe geschützt. Manche sind absolut wasserdicht und schwimmen sogar, wenn sie ins Wasser fallen (Garmin GPS72-Modelle), andere sind nur gegen starkes Strahlwasser (IPX6) geschützt, was für Wanderungen auch völlig ausreicht. Nicht nur auf Kanutouren, sondern auch auf Wanderungen ist ein guter **Nässeschutz** empfehlenswert, damit man die Geräte selbst bei Starkregen bedenkenloss herausnehmen kann.

Im Zweifelsfall hilft eine gut verarbeitete Schutztasche, in der das Gerät sowohl gegen Regen als auch Spritzwasser geschützt ist, aber trotzdem betrieben werden kann. Einige Firmen (z. B. Relags, Ortlieb) bieten solche **Schutztaschen** sogar mit wasserdichtem Verschluss. Die Wasserdichtheit der Geräte wird nach dem IPX-Standard angegeben (s. Exkurs S. 68).

In solchen Fällen ist Wasserdichtheit für das GPS ein Muss

058gp rh

Stromversorgung

Die meisten gängigen GPS-Geräte werden von zwei (manche von vier) Mignonzellen (AA) gespeist – Kompaktmodelle wie Garmin Geko und Foretrex sogar von Micro-Zellen (AAA). Sie können damit ca. 12–36 Stunden betrieben werden. Wenn man für eine Messung 5 Minuten ansetzt (was sehr reichlich bemessen ist), so entspricht dies etwa 144 bis 432 Einzelmessungen. Bei 20 Messungen pro Tag kann man also mit einem Batteriesatz ca. 7 bis 21 Tage lang arbeiten. Im Dauerbetrieb sollte man einen Batteriesatz für 1–2 Tage kalkulieren.

Beachten Sie jedoch, dass die Standzeiten vom Typ der Batterie, der Temperatur und anderen Faktoren abhängig sind und dass die Herstellerangaben sich oft auf günstige Bedingungen im Stromspar-Modus (s. S. 116 „System-Menü") beziehen. Sicherheitshalber sollte man immer mindestens einen **Satz Reservebatterien** mitnehmen.

Bei normalen **Temperaturen** bieten Alkaline-(Alkali-Mangan-)Batterien ein gutes Preis-Leistungs-Verhältnis. Lithium-Batterien sind zwar deutlich teurer, aber um so mehr zu empfehlen, je tiefer die Temperaturen sind. Auf Wintertouren bei Kälte bis zu –45 °C haben sie sich bestens bewährt. Sie funktionieren auch bei extremer Kälte, haben eine deutlich höhere Lebensdauer (bei Kälte bis zu sechsfach!) und halten auch bei normalen Temperaturen deutlich länger als Alkaline-Batterien.

Verwendet man Akkus, so sind die Nickel-Metall-Hybrid-Modelle (NiMH) gegenüber Nickel-Cadmium (NiCad) zu bevorzugen, da sie kein giftiges Schwermetall enthalten, eine 50 % höhere Kapazität bieten und praktisch keinen **Memoryeffekt** haben, durch den sich die Kapazität von nicht ganz entladenen Akkus drastisch reduzieren kann.
Außerdem ist bei Akkus zu beachten, dass sie sich beim Lagern weit stärker selbst entladen als Batterien (um 20–30 %!). Informationen zu Stromsparmodus und anderen Batterie-Einstellungen finden Sie auf s. S. 116.

Wenn sich das GPS-Gerät mit unterschiedlichen Spannungen betreiben lässt, bietet dies den Vorteil, dass man es z. B. auch an den Akku einer Kamera o. Ä. anschließen kann. Viele GPS-Geräte haben einen Eingang für den Anschluss an eine externe Stromquelle, sodass man sie z. B. im Auto per Zigarettenanzünder mit Strom versorgen kann.

Beim Auswechseln der Batterien gehen keine Daten verloren, da das Gerät einen Flash-Speicher besitzt, der bei leeren oder fehlenden Batterien die gespeicherten Daten sichert.

Plötzlicher Ausfall

Die Anzeige des Batterieladezustands ist bei den meisten GPS-Geräten auf Alkali-Batterien eingestellt. Da Lithium-Batterien eine lange Standzeit haben, aber dann gegen Ende ihrer Kapazität rasch abfallen, kann es geschehen, dass der Empfänger ganz plötzlich ausfällt, noch ehe man der Anzeige nach damit rechnet. Einige Geräte (wie GPSmap und eTrex VentureCx) bieten jedoch auch die Möglichkeit, im Menü die entsprechende Einstellung für Lithiumbatterien vorzunehmen.

Tipps

- Reservebatterien im Winter am Körper tragen (am besten Lithium-Batterien).
- Bei kaltem Wetter das Gerät unter der Kleidung am Körper tragen
- Stets nur Batterien gleicher Art, gleichen Ladestands und gleichen Alters gleichzeitig verwenden
- GPS-Gerät nur bei Bedarf einschalten und ggf. im Sparmodus betreiben
- Beleuchtung nur wenn nötig und nicht zu hell einschalten
- Kartenausrichtung nach Nord (spart Strom für den häufigen Neuaufbau der Karte bei Richtungswechseln)
- Kompass ausschalten
- WAAS/EGNOS wenn möglich ausschalten
- Trackaufzeichnung ggf. deaktivieren
- Extras (3D, Tastentöne etc. ausschalten)

Computer-schnittstelle

Das Angebot an digitalen Landkarten auf CD wächst rapide – auch topografische Karten in verschiedenen Maßstäben sind inzwischen für ganz Deutschland, viele weitere europäische Länder, die USA, Australien/Neuseeland und andere Länder erhältlich. Die Betrachter- (und teilweise auch Bearbeitungs-) Software wird gewöhnlich auf der CD mitgeliefert. Software für die Übertragung von Daten (Wegpunkte, Routen, Tracks) zwischen Computer und GPS-Gerät oder umgekehrt wird teils von den Herstellern der GPS-Geräte angeboten oder gleich mitgeliefert (z. B. Garmin BaseCamp oder Trip & Waypoint-Manager), teils von anderen Software-Firmen. In letzterem Falle darauf achten, dass die Software mit dem GPS-Gerät und der digitalen Karte kompatibel ist (Näheres dazu s. Kap. „GPS und digitale Landkarten“ S. 181). Digitale Landkarten können die GPS-Arbeit erheblich erleichtern und eröffnen viele zusätzliche Möglichkeiten – schon bei der Routenplanung und Tourenvorbereitung, aber auch bei der Navigation unterwegs und nicht zuletzt bei der Speicherung und Archivierung der Touren.

Eine Computerschnittstelle ist daher unverzichtbar. Praktisch alle neuen Geräte sind heute mit einer **I/O-Schnittstelle** (input/output) ausgestattet, sodass man sie per USB-Kabel direkt an den Computer anschließen kann. Mit entsprechender Software und digitalisierten Karten können Sie dann Wegpunkte und ganze Routen mühelos am PC erstellen und auf das GPS-Gerät übertragen oder umgekehrt: unterwegs erstellte Routen oder aufgezeichnete Wegstrecken auf den PC übertragen und abspeichern. Für eine problemlose Kommunikation zwischen Computer und GPS-Gerät sorgt der von der National Marine Electronics Association (NMEA) festgesetzte Standard.

Egal ob nur Wegpunkte, Routen und Tracks übertragen werden oder auch Landkarten mit großen Datenmengen – Standard ist heute ein **USB-Anschluss** für schnelle Datenübertragung. Über diesen USB-Anschluss kann man das Gerät auch an eine externe Stromversorgung anschließen, z. B. per Kfz-Kabel an den Zigarettenanzünder. Und nicht zuletzt dient der Anschluss dazu, aus dem Internet heruntergeladene Software-Updates auf dem Gerät zu installieren.

Viele neue Geräte bieten übrigens auch die Möglichkeit, Wegpunkte und Geocaches drahtlos mit anderen Geräten der gleichen Serien auszutauschen.

Rückseite eines GPS-Geräts mit Anschlüssen

Elektronischer Kompass und Höhenmesser

Fast alle Hersteller bieten inzwischen eine wachsende Auswahl von GPS-Geräten, in die ein elektronischer Kompass und/oder ein barometrischer Höhenmesser eingebaut sind. Beides ist nicht zwingend erforderlich, erhöht aber fraglos den Komfort und die Funktionalität der Geräte (Mehrkosten ca. 70–90 €). Der gewohnte Lineal- oder Spiegel-Kompass und Höhenmesser gehören trotzdem in die Tasche – vor allem bei Touren in den Bergen oder in schwierigem, pfadlosem Gelände. Erstens kann die Elektronik den Orientierungskompass nicht ganz ersetzen und zweitens steht man sonst bei einem eventuellen Ausfall des Geräts völlig ohne Orientierungshilfe da.

Während herkömmliche GPS-Geräte ohne elektronischen Kompass den Kurs zu einem ausgewählten Ziel systembedingt nur während der Bewegung anzeigen können (bezogen auf die Bewegungsrichtung), sind Empfänger mit **elektronischem Kompass** dazu in der Lage, dies auch im Stillstand zu tun, indem sie die magnetische Nordrichtung als Bezugsrichtung verwenden. Das heißt, dass man bei der Navigation sofort die korrekte Richtung zum Ziel angezeigt bekommt – und nicht zunächst „blind" einige Schritte in die vielleicht ganz verkehrte Richtung gehen muss, ehe das Gerät die tatsächliche Richtung zum Ziel weist. Um die Missweisung braucht man sich dabei keine Gedanken zu machen, denn sie spielt erstens in diesem Fall keine Rolle, da es nur um eine Bezugsrichtung geht, und zweitens kann der elektronische Kompass sie automatisch korrigieren. Man kann sogar auswählen, ob er nach geografisch Nord (rechtweisend), nach Gitternord, nach magnetisch Nord (missweisend) oder

nach einer selbst gewählten Nordrichtung zeigen soll! Der elektronische Kompass ermöglicht zwar auch einfache Peilungen zum Ermitteln und Speichern eines Kurses (s. Kapitel „Sight'n'Go-Navigation", S. 161), gestattet aber keinerlei Kartenarbeit und kann daher den Lineal- oder Spiegelkompass keinesfalls ersetzen. Da er zudem sehr viel Strom zieht, ist er für gewöhnlich abschaltbar – und manche Geräte tun dies (nach auswählbaren Vorgaben) sogar automatisch.

Der **barometrische Höhenmesser** hat den Vorteil, dass er (korrekt justiert) auch ohne Satellitenempfang eine präzise Höhe anzeigt und in der Regel genaue und sehr hilfreiche Höhenprofile erstellt. Außerdem bieten diese Zusatzgeräte eine ganze Reihe weiterer, zum Teil recht nützlicher und komfortabler Funktionen, z. B. automatischen Ausgleich der Missweisung, Höhenspeicherung, Barometer, Wetterprognose etc.

Geräte mit Höhenmesser zeigen Höhenprofile an

Zwei- oder Dreiachsen-Kompass?

Ein Zweiachsen-Kompass funktioniert nur dann richtig, wenn man ihn horizontal hält. Das ist in der Praxis oft ungünstig, da man dann keinen optimalen Blick auf das Display hat. Besser ist ein Dreiachsen-Kompass, der in jeder Position korrekt funktioniert.

Weitere Informationen zu elektronischem Kompass und Höhenmesser (Kalibrierung, Funktionen, Möglichkeiten) finden Sie im Kapitel „Vor dem Start" ab S. 122.

Zubehör

Wer GPS nur zu Fuß und im Outdoor-Bereich nutzen will, braucht nichts weiter als das GPS-Handgerät. Für bestimmte Anforderungen oder Bedingungen kann jedoch das eine oder andere Zubehör nützlich sein.

Halterung

Für die Befestigung am Fahrrad, Motorrad, Boot, Schneemobil oder im Fahrzeug bieten viele Hersteller eine Halterung an, die sich so drehen und schwenken lässt, dass man das Display optimal im Blickfeld hat. Dabei ist zu beachten, dass man das Gerät stabil darin fixieren, es aber auch rasch herausnehmen kann, wenn man z. B. das Fahrrad abstellt oder das Gerät aus dem Auto mit auf die Wanderung nehmen will. Besonders auf

dem Fahrrad ist es außerdem wichtig, dass man den Empfänger in einer Position montiert, in der er möglichst wenig durch den Körper abgeschattet wird – sonst wird u. U. eine Zusatzantenne (s. u.) erforderlich.

Auf dem Mountainbike oder dem Motorrad müssen Geräte und Halterungen extremer Beanspruchung standhalten. Die Serienhalterungen der Gerätehersteller (zur Befestigung dient oft nur ein kleiner Stift im Gerätegehäuse) sind diesen Belastungen nicht gewachsen – und bei einer Beschädigung muss evtl. das ganze Gehäuse oder sogar das komplette Gerät ausgewechselt werden. Spezielle Halterungen und weiteres Zubehör für starke Beanspruchung auf Motorrad und Mountainbike liefert die Firma Touratech (s. Exkurs S. 68). Softcase-Halterungen mit Elastik- und Klett-Fixierungen eignen sich allenfalls für gemütliche Spazierfahrten auf glattem Asphalt.

Zusatzantenne

Die Handgeräte für Outdoor-Zwecke können auch im Auto benutzt werden, um z. B. den Weg zum Wanderpfad, zur Einsetzstelle oder den Einstieg zur Kletterroute zu finden. In den meisten Fällen können die Satellitensignale auch dort mit der eingebauten Antenne empfangen werden. Bei stärkerer Abschattung (z. B. durch beheizbare Frontscheiben oder Womo-Alkoven) hat man mit heutigen Geräten die meiste Zeit trotzdem noch Empfang, verliert ihn aber oft in schwierigen Situationen (enge Straßenschluchten und zahlreiche Abzweigungen) – also genau dann, wenn man ihn am dringendsten benötigt. In

008gp gm

061gp rh

⌃ Einfache Halterung zum Befestigen am Fahrrad

› Anschließbare Außenantenne mit Magnetfuß

solchen Fällen kann sich eine zusätzliche Außenantenne durchaus bezahlt machen. Sie lässt sich an Handgeräte mit externem Antennenanschluss problemlos einstecken, per Magnetfuß auf Dach oder Motorhaube befestigen und sofort benutzen. Außerdem empfiehlt sich ein Kabel zum Anschluss am Zigarettenanzünder, um im Dauerbetrieb die Batterien zu schonen.

Eine zusätzliche Außenantenne kann auch direkt im Outdooreinsatz vorteilhaft sein, da sie empfindlicher ist und unter schwierigen Bedingungen oder in Regionen mit minimaler Satellitenabdeckung noch einen ausreichenden Empfang ermöglicht, wenn dies mit der integrierten Antenne nicht mehr funktioniert. Außerdem kann man beispielsweise zur Track-Aufzeichnung bei kaltem Wetter das Gerät geschützt unter der Jacke tragen und hat mit der außen auf dem Rucksack befestigten Antenne trotzdem guten Empfang.

Meist reicht schon eine passive Antenne, welche die Signale lediglich weiterleitet. Leistungsstärker ist natürlich eine **aktive Außenantenne,** die die Signale verstärkt, um den Verlust auf dem Weg durch das Kabel auszugleichen (dafür aber auch Strom braucht!).

Durch moderne, sehr leistungsstarke Empfänger (s. S. 53) ist allerdings für Geräte, die im Freien verwendet werden, eine Zusatzantenne praktisch überflüssig geworden.

Schutztaschen

Für Wanderungen, Skitouren etc. kann man das Gerät in der (verschließbaren!) Hemd- oder Jackentasche tragen und nur bei Bedarf herausnehmen. Für den Dauereinsatz (Track-Aufzeichnung) hat es dort aber meist schlechten oder nicht ausreichenden Satellitenkontakt. Daher gibt es auch für Wanderer verschiedene Arten von Taschen und Halterungen, um das Gerät außen am Körper oder Rucksack zu tragen – entweder einfache Clips, die direkt am Gerät angebracht werden (bei Garmin meist im Lieferumfang enthalten) oder schützende Taschen ähnlich wie für das Handy.

Trägt man die Geräte direkt am Gürtel, sind sie durch den Körper stark abgeschattet – und Geräte mit Patch-Antenne befinden sich zudem in einer ungünstigen vertikalen Position. Für besten Empfang sollte das Gerät auf dem Schultergurt oder außen am Rucksack befestigt werden.

062gp rh

063gp rh

⊠ In einer Gürteltasche ist das Gerät gut geschützt und jederzeit rasch zur Hand

Tipps für Motorradfahrer und Mountainbiker

Auch bei den kleinen Handgeräten gibt es routingfähige* Modelle mit ausreichend Kartenspeicher für Langstrecken- und Straßennavigation. Die digitalen Karten gehen inzwischen so weit ins Detail, dass Radfahrer zum Teil selbst auf Feld- und Forstwegen damit navigieren können. Doch während GPS-Handgeräte im Auto mit den Standard-Halterungen der Gerätehersteller einfach zu befestigen sind, müssen Motorradfahrer und Mountainbiker einige zusätzliche Dinge beachten:

- **Vorbereitung des Geräts:** Geräte, die man über die Firma Touratech bezieht, sind eigens für den strapaziösen Einsatz auf Motorrädern vorbereitet. Die erforderlichen Modifikationen sind bereits im Preis enthalten.
- **Wasserdichtheit:** Die meisten mobilen Geräte sind bereits ausreichend wasserdicht, um auch bei Regen ohne zusätzlichen Schutz genutzt werden zu können, aber es gibt auch Ausnahmen.

Die Wasserdichtheit wird für gewöhnlich nach dem IPX-Standard angegeben:
IPX2 = geschützt gegen Tropfwasser
IPX3 = geschützt gegen Sprühwasser
IPX4 = geschützt gegen Spritzwasser
IPX5 = geschützt gegen Strahlwasser
IPX6 = geschützt gegen starkes Strahlwasser
IPX7 = geschützt gegen Untertauchen (30 Min.)

Für nicht ausreichend dichte Geräte bietet Touratech entweder wasserfeste Taschen (IPX6) oder spezielle Halterungen, aus denen man das Gerät bei einem Wolkenbruch rasch herausnehmen kann. Auch Kabel mit wasserdichten Steckverbindungen sind von Touratech zu bekommen.

- **Befestigung:** Die Halterungen für GPS-Geräte werden beim Motorrad meist an der Mittelstrebe, beim Fahrrad am Lenker angebracht. Da auf rauen Pisten sowohl die Geräte als auch die Befestigung sehr hohen Beanspruchungen ausgesetzt sind (Nässe, Staub, Hitze, Vibrationen), müssen die Halterungen hohen Anforderungen gewachsen sein. Sie müssen:
- sehr stabil sein und das Gerät sicher fixieren
- rostfrei (Aluminium) sein
- vibrationsentkoppelt sein (Gummipuffer zwischen Gerät und Rahmen)
- evtl. Durchführungen für Kabel bieten.

Manche Halterungen sind zudem abschließbar, sodass man das Gerät nicht jedes Mal herausnehmen muss, wenn man das Fahrzeug kurz verlässt.

Solche Halterungen bietet Touratech für alle gängigen Handgeräte und mit Adaptern für nahezu alle Bikes. Für Lenker ohne Mittelstrebe gibt es dort einen Kugelkopf-Adapter mit Gummidämpfung, der zudem eine nahezu beliebige Ausrichtung des Geräts erlaubt, sodass man es optimal im Blickfeld hat. Um die Geräte auch gegen die extremen Beanspruchungen von Geländefahrten zu schützen, hat die Firma spezielle **Shock-Mount-Halterungen** entwickelt (110 €), die alle Vibrationen um bis zu 95 % reduzieren. Solche Halterungen sind insbesondere auch dann zu empfehlen, wenn das Gerät nicht speziell für den Motorradeinsatz vorbereitet wurde. Für sehr vibrationsempfindliche Geräte (wie z. B. PDA) sind sie unverzichtbar, damit diese überhaupt auf dem Bike eingesetzt werden können.

- **Kopfhörer:** Die Halterung für den Garmin StreetPilot III ist so gestaltet, dass für die Sprachausgabe ein (ebenfalls lieferbares, helmkompatibles) Headset am Gerät eingesteckt werden kann.
- **Stromversorgung:** An stark vibrierenden Motorrädern und insbesondere bei Geländefahrten sollte man das Gerät nicht mit Batterien betreiben, sondern über ein Kabel und einen Spannungswandler mit dem Bordnetz verbinden – entweder durch einen festen Anschluss oder mit einem wasserdichten Stecker. Da die Batterien ein relativ hohes Gewicht haben, fangen sie bei den Motorvibrationen des Motorrads an zu „schwingen". Dadurch gehen die Kontakte im Gerät kaputt. Geräte mit Batterien sollte man auf jeden Fall immer ans Bordnetz anschließen. Die o. g. Shock-Mount-Halterungen gestatten es allerdings, das Gerät auch mit Batterien zu betreiben, um nicht auf Kabel und Wandler angewiesen zu sein. Geräte mit Akku (auch herausnehmbarem wie z. B. MAP 278) haben da keine Probleme. Die feinen Motorvibrationen (sehr viel intensiver als bei einem Auto) sind vor allem für die sensiblen elektronischen Bauteile gefährlich. Normalerweise schaden Stöße, die vom groben Gelände herrühren, dem Gerät nicht sehr.

*Als „routingfähig" bezeichnet man ein GPS-Gerät, das in Verbindung mit einer geeigneten Digitalkarte die Strecke zwischen Start und Ziel entlang dem Straßenverlauf errechnen kann und diese Route auf der Bildschirmkarte darstellt. Nur dann kann es auch jede Abzweigung kennen und rechtzeitig darauf hinweisen. Andere Geräte mit Kartendarstellung zeigen lediglich den Kurs zwischen den Orten – in Luftlinie!

Outdoor-Geräte im Überblick

Die Auswahl an GPS-Geräten für den Outdoor-Einsatz ist beträchtlich und entwickelt sich ständig weiter. Einfache Einsteiger-Modelle mit vollwertiger GPS-Basisausstattung, SW-Display und ohne allen Schnickschnack bekommt man bereits ab etwa 120 €. Diese Geräte sind für die Grundaufgaben der Outdoor-Orientierung und -Navigation voll ausreichend und stehen hinsichtlich Empfangsleistung, Positionsbestimmung und GoTo-, Routen- und Trac-Back-Navigation hinter den meisten teuren Modellen kaum oder gar nicht zurück.

Andererseits kann man für Modelle mit gutem Farb-Display, Touchscreen, Kartendarstellung, großem Internspeicher, Slot für zusätzliche Speicherkarten, Kompass, Höhenmesser und Routing-Funktion (die dann bereits nahe an ein hochwertiges Autonavigationssystem heranreichen) locker 700 € berappen – und im Bündel mit Software, Kabel, digitaler Landkarte etc. bis über 1000 €.

Was braucht man wirklich? Das hängt von den persönlichen Ansprüchen ab. Für die Grundfunktionen der GPS-Navigation sind auch die günstigsten Geräte gut ausgestattet. Was man zusätzlich wünscht, kostet auch zusätzlich. Im Folgenden gebe ich einen knappen Überblick über die derzeit (Sommer 2013) angebotenen Geräte mit Beschreibung ihrer wesentlichen Eigenschaften und z. T. auch meinen persönlichen Erfahrungen, nachdem ich bislang gut 20 verschiedene Modelle getestet habe.

Garmin Foretrex 201

Garmin

Die bei Weitem umfangreichste Palette mit rund 20 unterschiedlichen Modellen bietet der Marktführer Garmin: von speziellen Trainings-Geräten über verschiedenste Outdoor-Modelle bis hin zu karten- und routingfähigen Modellen, die sich für Outdoor- und Straßennavigation eignen. Von einfachen (aber leistungsstarken) Basismodellen zum günstigen Preis, über gute kartenfähige Geräte mit Kompass und Höhenmesser bis zu großen Touchscreen-Empfängern mit allen Schikanen – inkl. Musicplayer und einer integrierten Kamera, die alle Fotos automatisch mit den Koordinaten des Aufnahmeorts versieht. Alle Geräte bieten gute Qualität, sinnvolle Ausstattung und eine durchdachte Menüführung. Auch die Auswahl an auf die Geräte ladbaren topografischen Karten (viele bereits routingfähig, also mit automatischer Zielführung) wird rasch ausgebaut (s. S. 208f).

Bei den Gerätebezeichnungen bedeutet:

- C (Color) = Farb-Display (nur für ältere Modelle)
- S (Sensor) = Kompass-/Höhenmesser-Funktion
- x (x-treme) = Slot für Speicherkarte
- t (topo) = mit vorinstallierter Freizeitkarte (s. S. 56)
- c (camera) = mit integrierter Kamera

Foretrex

Der nur 86 Gramm wiegende Foretrex ist ein Armband-GPS-Gerät, das wie eine Uhr getragen wird, damit die Hände für andere Dinge frei sind (z. B. beim Paddeln, Segeln, Klettern etc.). Trotz des geringen Gewichts von nur 78 g ist der Foretrex ähnlich leistungsfähig wie ein Handgerät und bietet alle wesentlichen Navigationsfunktionen wie Wegpunktspeicher und umkehrbare Routen und Tracks – 20 Routen zu je maximal 125 Wegpunkten (max. 500 Wegpunkte gesamt) sowie 10.000 Trackpunkte (bis zu 10 Tracks à maximal 500 Punkte). Dank der benutzerfreundlichen Menüfüh-

rung mit sechs seitlichen Tasten ist das robuste und wasserdichte Gerät einfach zu bedienen. Den Foretrex 201 habe ich für die Vorbereitung der letzten Neuauflage erstmals intensiv eingesetzt und war überrascht von seiner Leistungsfähigkeit.

Alle Modelle werden mit zwei AAA-Batterien betrieben, das Modell 201 mit einem integrierten Lithium-Ionen-Akku (mit ca. 16–17 Stunden Standzeit). Das Modell 401 hat gegenüber dem 301 zusätzlich einen elektronischen Kompass, einen barometrischen Höhenmesser und eine ANT+ Schnittstelle zur drahtlosen Datenübertragung auf andere Geräte bzw. zum Empfang der Signale von einem Pulsmesser.

Forerunner

Die Modelle der Forerunner-Reihe (mit einem Gewicht von 50–70 g!) ähneln ganz normalen Armbanduhren. Sie sind aber nicht in erster Linie für die Orientierung gedacht, sondern für Outdoorsportler, die ihre Trainingsgeschwindigkeiten, -dauer und -distanzen messen und dokumentieren wollen. Navigationskenntnisse sind nicht erforderlich. Einfach einschalten, Starttaste drücken und starten, sobald das Gerät seine Position ermittelt hat.

Angezeigt werden u. a. Rundenzwischenzeiten, Durchschnittsgeschwindigkeit, Bestzeiten, Höhen und Kalorienverbrauch. Eine Übertragung der

▷ Garmin Forerunner 910XT

◁ Garmin Foretrex 401 mit Höhenprofil

Daten (bei den meisten Modellen per drahtloser ANT+ Schnittstelle) ermöglicht die Auswertung und Archivierung auf dem Computer. Eine exzellente Plattform dafür bietet Garmin Connect (s. u.). Zudem können die Geräte als virtuelle Trainingspartner genutzt werden (Zeit, Tempo, Strecke vorwählbar) und zeigen dann, wie man gegen das Gerät „im Rennen" liegt. Statt einer festen Tempovorgabe kann auch eine frühere Trainingsaufzeichnung verwendet werden. So werden gelände- oder streckenbedingte Temposchwankungen automatisch berücksichtigt, damit man auch an Steigungen oder Gefällestrecken einen „realistischen" Wettkampfpartner hat. Und schließlich bieten die Geräte auch die Möglichkeit der TracBack- und Wegpunkt-Navigation, um in unbekanntem Gelände wieder zum Ausgangspunkt zurückzufinden oder einen bestimmten (vorher eingegebenen) Punkt anzusteuern.

Die Geräte arbeiten mit einem integrierten Lithium-Ionen-Akku je nach Modell bis zu 20 Stunden im Trainingsmodus; bis zu 3 Wochen im Stromsparmodus. Ein Netzteil zum Aufladen wird mitgeliefert.

Einige Modelle messen zusätzlich die Pulsfrequenz und beziehen sie in die Auswertung mit ein und berechnen den Kalorienverbrauch nach Herzfrequenz; automatische Synchronisierung. Der Forerunner 610 bietet zusätzlich einen Touchscreen, Funkübertragungen, Vibrationsalarme und *Training Effect*. Spitzenmodell ist der Forerunner 910XT, eine erweiterte GPS-fähige Uhr für Multisport-Athleten, Ultra-Läufer und Wassersportler, die auch Schwimmdaten misst und speichert, darunter Distanz, Effizienz und Anzahl der Züge.

Fenix

Das neueste Modell ist eine nur 82 g schwere Outdoor-GPS-Uhr mit Navigationsfunktion, Höhenmesser, Barometer, Trackaufzeichnung und drahtloser Weitergabe von Daten an andere Geräte. Es ist kompatibel mit einem drahtlosen Herzfrequenzsensor, Trittfrequenzsensoren und Temperatur-Funksensor. Dies ist die erste GPS Outdoor-Uhr mit vollwertiger GPS Navigation.

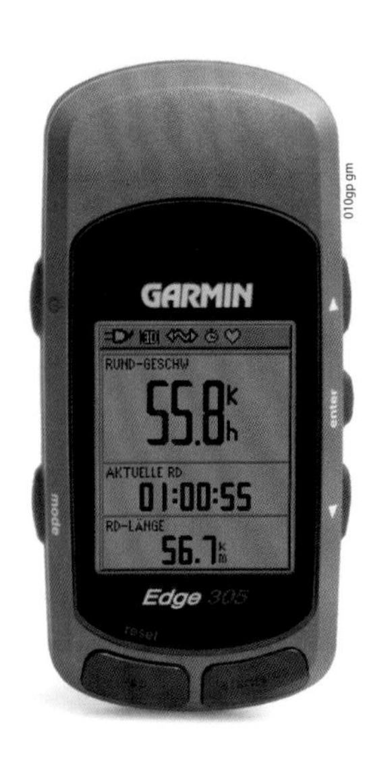

Edge

Die **Edge-Modelle 800, 500 und 200** sind Trainings-Computer, die ähnliche Funktionen wie die entsprechenden Forerunner-Modelle bieten, aber speziell für den Radsport konzipiert sind und am Lenker montiert werden. Beide sind mit dem leistungsstarken SiRFstar III-Empfänger ausgestattet. Der einfachste Edge 200 bietet die Überwachung von Tempo, Distanz, Kalorienverbrauch, durchschnittlichem und maximalem Tempo plus Streckenfunktion, aber keine Trainingsfunktion oder Kartendarstellung.

▲ Garmin Edge 305

◄ Garmin Fenix

Der Edge 500 mit Trainingsfunktion, aber ohne Kartendarstellung zeigt Leistungsdaten von ANT+™-fähigen Leistungsmessern an, misst barometrisch die Höhendaten und ermittelt so das Höhenprofil. Per GPS überwacht er Geschwindigkeit, Distanz sowie durchschnittliche und maximale Geschwindigkeit und optional auch die Herzfrequenz und den Kalorienverbrauch. Das Modell 510 hat einen Touchscreen und starke Trainingsfeatures wie Virtual-Partner.

Das weniger als 100 g leichte, kompakte Spitzenmodell Edge 800 (bzw. 800t oder 810) bietet sogar einen Slot für eine MicroSD-Speicherkarte, Turn-by-Turn-Navigation mit Abbiegehinweisen sowie barometrische Höhenmessung und Höhenprofilermittlung, ein drahtloses Herzfrequenzmessgerät, einen selbstkalibrierenden, drahtlosen Tempo-Sensor, drahtlose Datenübertragung von Gerät zu Gerät und die Anzeige von Leistungsdaten von ANT+Sport™-fähigen Geräten anderer Hersteller.

eTrex

Die eTrex-Familie ist eine Serie sehr kompakter und dennoch absolut vollwertiger und leistungsstarker GPS-Handgeräte. Dank seitlich angebrachter Tasten bieten sie trotz Westentaschenformat ein relativ großes Display. Mit ihren drei Modellen deckt die eTrex-Familie schon ein ganzes Spektrum der Handgeräte ab: vom Einsteigermodell eTrex10 bis hin zu den Modellen eTrex20 und 30 mit hochwertigem TFT-Farb-Display, schneller USB-Schnittstelle, 1,7 GB internem Speicher und Slot für wechselbare Speicherkarten. Diese Geräte können topografische Karten und Straßenkarten brillant darstellen und sind sogar routingfähig; d. h. sie bieten (in Verbindung mit der optionalen City Navigator-DVD) die Möglichkeit vollwertiger Turn-by-Turn Navigation mit Abbiegehinweisen per akustischem Signal und Pfeilanzeige im Display (keine Sprachausgabe).

Selbst der eTrex10 mit SW-Display und ohne Kartenspeicher bietet bereits eine weltweite Basiskarte inklusive Städtedatenbank, erweitertes Tracking und papierloses Geocaching ohne manuelles Eingeben von Koordinaten und lästigen Papierausdrucken: Laden Sie einfach die GPX-Datei für das Geocaching auf das Gerät, und schon kann die Jagd losgehen.

Der eTrex 30 bietet zusätzlich einen integrierten elektronischen 3-Achsen-Kompass mit Neigungskorrektur, der die Richtung auch dann anzeigt, wenn

[<] Garmin eTrex 20

man sich nicht bewegt und den Kompass nicht waagerecht hält. Außerdem enthält er einen barometrischen Höhenmesser, der die genaue geografische Höhe ermittelt und die zurückgelegten Höhenmeter anzeigt (sowohl numerisch als auch grafisch als Höhenprofil). Bei einer aktivierten Tour ist auch das vorausliegende Höhenprofil sichtbar, um unliebsame Überraschungen zu vermeiden.

Ihrer Zeit voraus: Die eTrex-Modelle der letzten Generation sind die ersten Geräte für private Nutzer, die auch GLONASS-Signale empfangen und nutzen und bereits für den GALILEO-Empfang vorbereitet sind!

Die Tasten auf den griffigen, gummiarmierten Seiten sind für den Handheld-Betrieb gut platziert (für die Lenkermontage auf dem Fahrrad weniger günstig) und ermöglichen eine bequeme Einhand-Bedienung. Ein 4-Weg-Mini-Joystick sorgt für noch mehr Komfort.

Bei älteren Versionen hatte ich einige Probleme damit, dass die Anzeige nach der Satellitenerfassung nicht sofort zur Positionsseite umschaltete und die Anzeige der Koordinaten daher nur umständlich zu bewerkstelligen war. Neuere Geräte schalten nach Satellitenerfassung zur Kartenseite, auf der (je nach Benutzerauswahl) u. a. auch die Koordinaten dargestellt werden.

Mit zwei Mignonbatterien (AA) arbeiten die Geräte bis zu 25 Stunden lang. Ein Verbindungskabel zum PC und eins zur externen Stromversorgung von 12 V sind als Zubehör erhältlich.

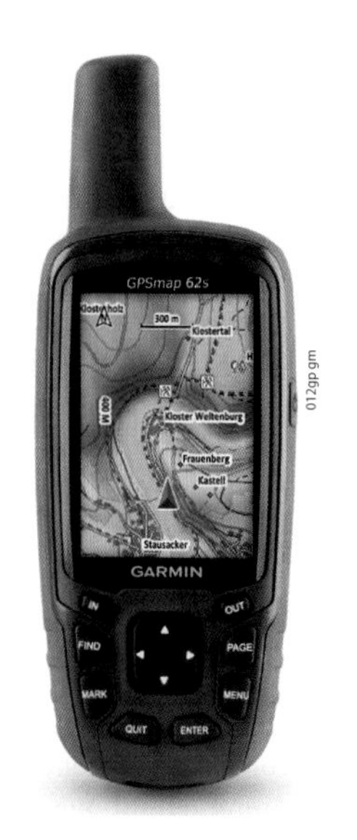

⊡ Garmin GPSmap 62s

GPS Map 62

Die Geräte der GPS Map 62-Serie besitzen ein größeres Display als die eTrex-Modelle, eine unterhalb des Displays angeordnete, umfangreichere Tastatur mit 4-Weg-Wippschalter und Zoom-Tasten für eine sehr komfortable Menüführung, eine Helix-Antenne sowie einen Anschluss für externe Antennen, eine USB- und eine serielle Schnittstelle.

Der **GPS Map 62** ist ein robustes preiswertes Handgerät mit brillantem Farbdisplay, einer Basiskarte, die die gesamte Welt abdeckt und mit einer Städtedatenbank. Er eignet sich sehr gut für alle wesentlichen Grundfunktionen der GPS-Navigation (Standortbestimmung, GoTo-Navigation, Trackaufzeichnung, Backtrack etc.). Zusätzlich bietet er eine Vielfalt von Zusatzanwendungen wie Kalender, Wecker, Rechner, Stoppuhr,

Sonnenaufgangszeiten, beste Jagd-/Angelzeiten etc. Das Modell **GPSmap** 62s (mit Kompass und Höhenmesser) bietet darüber hinaus einen internen 1,7 GB-Speicher und einen Speicherslot für externe SD-Karten (bis 8 GB möglich) sowie einen elektronischen Dreiwege-Kompass und einen barometrischen Höhenmesser für vielseitige Nutzung. Der GPSmap 62st hat außerdem eine vorinstallierte Freizeitkarte von Europa im Maßstab 1 : 100.000. Die Modelle GPSmap 62sc und stc sind mit einer 5 MP Kamera ausgestattet, die die Bilder mit den Koordinaten verknüpft, sodass sie lagerichtig in digitale Karten eingefügt oder in Online-Fotoportale wie Picasa hochgeladen werden können. Auf alle Modelle können topografische und Straßenkarten geladen werden. Sie sind mit den neuen NT-Kartenprodukten kompatibel und autoroutingfähig.

Bereits das Vorgängermodell GPSmap 60 CSx wurde bei der Vorbereitung für die letzte Auflage sofort mein Favorit unter allen getesteten Geräten – insbesondere wegen seines brillanten TFT-Displays, seiner guten Bedienbarkeit und seiner extrem schnellen und sensiblen Satellitenerfassung selbst unter schwierigen Bedingungen.

GPS 72/78 Serie

Die Geräte der GPS 72/78-Serie ähneln in ihren Funktionen und der Tastaturbelegung den entsprechenden Modellen der GPS 60-Serie, sie haben jedoch alle eine integrierte Patch-Antenne, das Display ist geringfügig breiter und die Tasten sind oberhalb davon angeordnet. Da diese Serie besonders für Kanuten und Skipper konzipiert ist, sind die Geräte nicht nur wasserfest, sondern sogar schwimmfähig (!) und verfügen über alle wichtigen akustischen Alarmfunktionen wie Man-Over-Board- (MOB-), Anker- und Annäherungsalarm.

Das Einsteigermodell GPS 72H mit Graustufen-Display ist ein preiswerter, robuster und schwimmfähiger GPS-Empfänger mit hoher Empfindlichkeit, einfacher Ausstattung und einer Batteriestandzeit von 16 Stunden. Der GPSmap 78 bietet zusätzlich ein brillantes Farbdisplay, drahtlose Datenübertragung, eine weltweite Basiskarte und einen Steckplatz für MicroSD-Karten. Das Modell GPSmap78s ist zusätzlich mit einem barometrischen Höhenmesser und einem elektronischen 3-Achsen-Kompass ausgestattet.

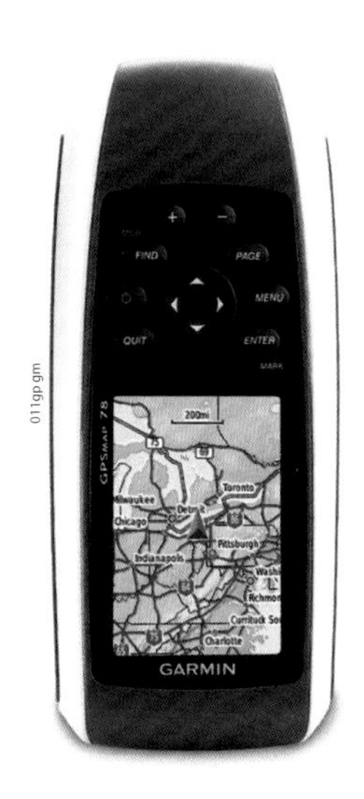

Garmin GPSmap 78

014gp gm

Die kartenfähigen Modelle dieser Serie sind insbesondere bei Skippern und Motorradfahrern für die See- und Straßennavigation sehr beliebt, da sie kompakt und perfekt wasserdicht sind und zudem eine besonders große und selbst unter widrigen Umständen gut ablesbare Display-Darstellung erlauben.

Dakota-Serie

Die kompakten und (inkl. Batterie) nur ca. 190 g schweren Dakota-Modelle sind robuste, vielseitige Einsteiger-Handgeräte mit Touchscreen, integrierter weltweiter Basiskarte, hoher Empfindlichkeit und einem guten Farbdisplay (wenngleich nicht ganz so brillant wie bei den größeren Geschwistern). Sie lassen sich sehr bequem und leicht bedienen und sind gegen Erschütterungen, Staub, Schmutz und Wasser hervorragend geschützt. Schon das kleinere Modell bietet papierloses Geocaching und kann bis zu 2000 Caches mit Informationen zu Position, Gelände, Schwierigkeitsgrad, Tipps und Beschreibung laden. Der interne Speicher ist mit 850 MB nicht sehr üppig, sodass man sich gewöhnlich mit Kartenausschnitten zufriedengeben muss, anstatt komplette Topos zu laden. Wer das möchte, wählt den Dakota 20 mit einem Steckplatz für MicroSD-Speicherkarten. Zudem verfügt er über einen integrierten elektronischen 3-Achsen-Kompass, der die Richtung auch dann anzeigt, wenn Sie stillstehen oder den Kompass nicht waagerecht halten. Der barometrische Höhenmesser zeigt nicht nur die genaue geografische Höhe, sondern auch barometrische Druckänderungen für eine Wetterprognose an. Mit dem empfindlichen, WAAS-fähigen GPS-Empfänger und HotFix™-Satellitenvorhersage kann der Dakota 20 Positionen besonders rasch bestimmen und auch in dichten Wäldern und tiefen Schluchten verfolgen. Beide Modelle gibt es auf Wunsch auch mit einer Region der Topo Deutschland Light; nach Installation steht dann auf dem Display sofort eine recht detaillierte Karte zur Verfügung.

⍓ GarminDakota 20

Oregon-Serie

Die Oregon-Serie umfasst vier unterschiedliche Touchscreen-Modelle mit hochauflösendem Farbdisplay für brillante Kartendarstellung. Alle vier haben die gleichen kompakten Abmessungen, sind wasserdicht (IPX7), wiegen 193 g (inkl. Batterien) und können mit 2 AA-Batterien bis zu 16 Stunden lang betrieben werden. Sie verfügen über einen

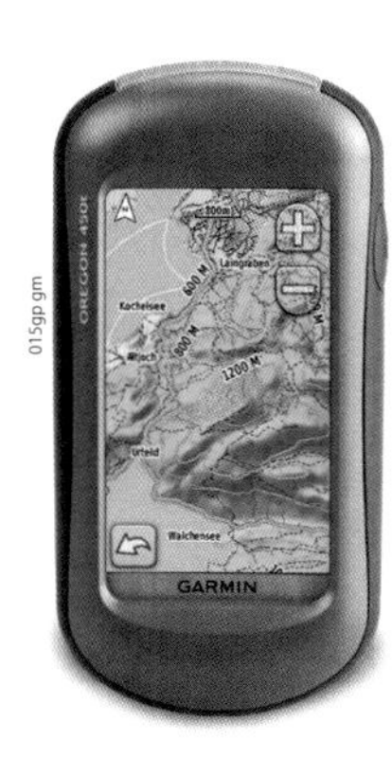

⌃ Garmin Oregon 450t

hochempfindlichen Empfänger, eine USB-Schnittstelle und einen Slot für eine MicroSD-Karte (nicht im Lieferumfang enthalten). Außerdem bieten alle drei Modelle einen transreflexiven Farb-TFT-Touchscreen mit 3-Zoll-Diagonale (7,6 cm), der auch bei Sonne noch recht gut ablesbar ist. Mit nur einem Knopf zum Ein-/Ausschalten und der intuitiven Touchscreen-Benutzerführung sind die Geräte sehr bequem zu bedienen und daher auch bei weniger erfahrenen Nutzern rasch beliebt.

Alle bieten zusätzlich einen elektronischen Kompass, einen barometrischen Höhenmesser und die Möglichkeit des drahtlosen Datenaustauschs mit ähnlichen Geräten. Die Modelle 450t und 550t haben vorinstallierte topografische Karten. Beim Modell 450 Topo ist eine Region der Topo Deutschland Light inklusive; d. h. nach der Installation steht auf dem Display eine detaillierte Karte zur Verfügung. Die Modelle 550 und 550t besitzen zudem eine 3,2 Megapixel Zoomkamera.

Der integrierte Speicher ist mit 650 bzw. 850 MB nicht zu üppig – aber dafür haben die Geräte auch alle einen SD-Karten Steckplatz (bis 8 GB), sodass für alles gesorgt ist. Die Kartendetails der bei den t-Modellen vorinstallierten Europa-Freizeitkarte 1 : 100.000 umfassen Parks und Wälder auf Landes-, Staaten- und regionaler Ebene sowie Geländekonturen, Höheninformationen, Pfade, Flüsse, Seen und Points of Interest. Die 3D-Kartenansicht ermöglicht es, die Umgebung zu visualisieren und sich somit eine bessere Vorstellung von Relief und Steigungen zu verschaffen.

Montana-Serie

Voilà, die Straßenkreuzer unter den GPS-Geräten! Während sonst offenbar unter den GPS-Empfängern nur „small" gleich „beautiful" ist und alles

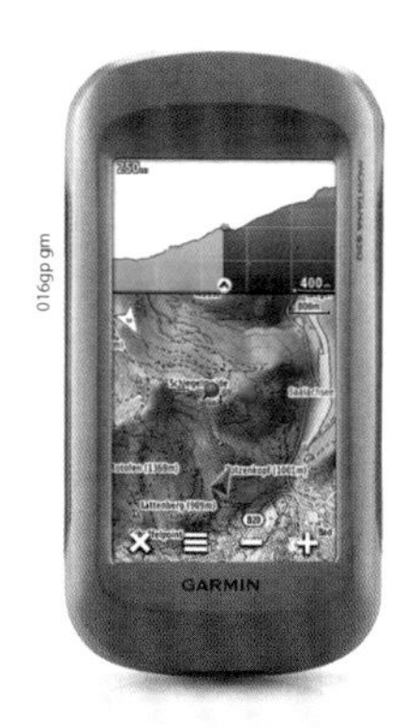

› Garmin Montana 650

immer noch kleiner wird, geht Garmin hier ganz bewusst „voll in die Breite“. Die hochauflösenden 4-Zoll Displays mit brillanten Farben ermöglichen eine optimale Kartendarstellung – und damit nicht genug: Die Geräte schalten auch automatisch zwischen Hoch- und Querformat hin und her. Zudem sind alle Montana-Modelle für starke Energieversorgung mit einem einmaligen dualen Batteriesystem ausgestattet. Sie können je nach Bedarf mit drei Batterien vom Typ AA betrieben werden oder mit dem wiederaufladbaren Lithium-Ionen-Akkupack, der im Lieferumfang enthalten ist. Die Betriebszeit ist mit 16 Stunden für den Akku und bis zu 22 Stunden für die Batterien angegeben – aber Vorsicht: die kräftige Beleuchtung zieht ordentlich Strom und sollte sparsam eingesetzt werden.

Sehr angenehm und benutzerfreundlich ist auch die intuitive Touchscreen-Bedienung, die sich individuell anpassen lässt und Shortcuts für viel genutzte Funktionen erlaubt. Man kann die Menüoptionen nach Bedarf umstellen und das Hauptmenü vollständig den individuellen Wünschen anpassen. Und XXL ist hier nicht nur das Format, sondern auch die satte Ausstattung: WAAS/EGNOS-fähiger GPS-Empfänger mit hoher Empfindlichkeit und HotFix®-Satellitenvorhersage, barometrischer Höhenmesser, elektronischer 3-Achsen-Kompass, drahtlose Übertragung von Daten, papierloses Geocaching, 3 GB bzw. 3,5 GB Internspeicher, MicroSD-Kartensteckplatz, Routing, etc. Das Modell 650 bietet zudem eine 5-Megapixel-Kamera und das Modell 650t außerdem die vorinstallierte Freizeitkarte Europa. Außerdem gibt's den Montana 600 als Motorrad-Bundle mit Halterung, Displayschutzfolie und der umfangreichen Straßenkarte City Navigator Europa. Einschalten und losfahren. Verschiedene Halterungen werden ebenfalls angeboten, sodass man seinen Montana auch im Jeep, auf dem Quad, im Boot oder auf dem Schneemobil betreiben kann. Also nicht nur einfach lang und breit, sondern wirklich „groß“.

Magellan

eXplorer Serie

Mit seiner eXplorer-Reihe bietet Magellan die zweitgrößte Produktpalette und einige sehr interessante Modelle. Sie umfasst sechs Geräte – vom Einsteigermodell bis hin zum Profi-Gerät. Die Touchscreen-Oberfläche der Mittelklasse- bis Spitzenmodelle erleichtert insbesondere Anfängern die Bedienung der Geräte und das Navigieren. Sehr interessant ist auch die Möglichkeit aller Modelle, über die kostenlose Vantage-Point-Software Karten und Multimedia-Anwendungen auszutauschen. Alle

368gp ma

Modelle haben eine Patch-Antenne und erfordern zwei AA-Batterien, mit denen sie bis zu 18 Stunden lang betrieben werden können.

Alle Magellan eXplorer-Modelle sind nach IPX-7 wasserdicht, haben ein Farb-Display und einen leistungsstarken SIRF-Star III Empfänger. Sie bieten vorinstallierte Karten von 15 europäischen Ländern und sind kompatibel mit den Topo-Karten für Europa von Magellan.

Die Einsteigermodelle **eXplorist 110 und 310** bieten alle wichtigen Grundfunktionen: 2,2-Zoll Farb-Display, integrierte Basis-Karten, 500 MB interner Speicher, papierloses Geocaching, Energiesparmodus und die vorinstallierte Karte **World Edition.** Sie umfasst die vollständigen Straßennetze Westeuropas und Nordamerikas sowie die wichtigsten Verkehrsrouten aus allen restlichen Teilen der Welt samt Parks, Flüssen, Seen und anderen Details. Das **Modell 300** besitzt einen 10 MB großen zusätzlichen Speicher und einen serienmäßigen USB-Anschluss. Die Modelle **eXplorist 510, 610 und 710** sind mit einem Touchscreen ausgestattet, der ein sehr gutes Handling bietet und auch Einsteigern den Umgang mit den Geräten erleichtert. Alle drei besitzen neben dem kleinen, internen 500 MB-Speicher (der keine großen Kartenwerke wie die Topo Deutschland laden kann) einen MicroSD Kartenslot. Der **510** hat außerdem bereits eine integrierte 3,2-Megapixel-Kamera, ein Mikrofon und Lautsprecher, um unterwegs Bilder mit GPS-Koordinaten, Sprachnotizen und Videos aufzeichnen zu können. Der **610** besitzt darüber hinaus einen barometrischen Höhenmesser und einen integrierten 3-Achsen-Kompass, um die Richtung auch im Stand oder bei langsamer Bewegung anzeigen zu können.

Durch das vorinstallierte „Summit Series Europe"-Paket bietet der eXplorist 610 detaillierte Karten mit Straßen, Wasserwegen und topografischen Details. Und das Spitzenmodell eXplorist 710 schließlich ist zusätzlich für die Straßennavigation eingerichtet (automatisches Routing) und hat eine vorinstallierte Straßenkarte von Europa. Als siebtes Modell gibt es speziell für Geocacher den **eXplorist GC.**

Zubehör wie Schutzhüllen, Gerätehalterungen für Fahrräder, Motorräder und Autos sind separat erhältlich. Recht knapp ist bei Magellan bislang leider das Angebot an europäischen Karten, die man direkt auf die Geräte laden kann. Im Programm ist aber wenigstens eine hochauflösende Topo-Karte von Deutschland, die **Summit Series Germany.**

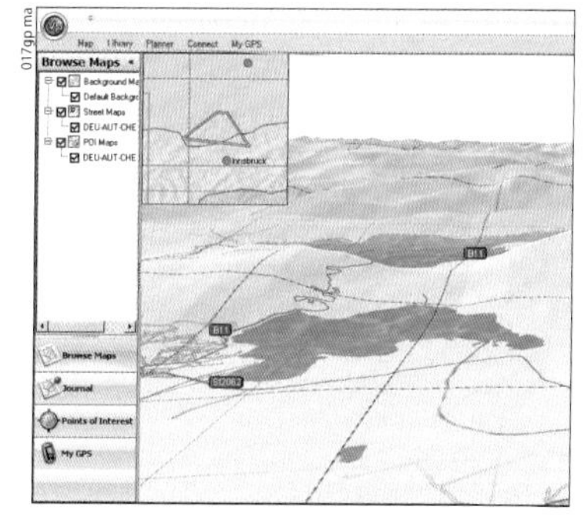

[>] VantagePoint-Software von Magellan

[<] Magellan eXplorist GC

VantagePoint

VantagePoint ist eine bewährte Software, die Magellan speziell für seine Outdoor-Geräte entwickelt hat. Sie ist mit gängigen Outdoor- und Fahrzeugnavigationssystemen von Magellan kompatibel und erleichtert die Verwaltung verschiedenster Inhalte. Karten, Wegpunkte, Geocaches, Fotos, Audio-Aufnahmen etc. lassen sich damit schnell und einfach herunterladen, bearbeiten und zwischen dem GPS-Gerät und dem PC austauschen. Außerdem kann man mit VantagePoint Karten und Sonderziele (POIs) zwei- oder dreidimensional auf dem PC darstellen, nach Inhalten suchen sowie Trips und Geocaches planen. Eine spezielle Funktion unterstützt bei der Planung von Touren; mithilfe des Track Analysis Tools kann der Trip wiedergegeben und mit anderen ausgetauscht werden. Und mit dem Multimedia Data Manager lassen sich Musik- und andere Audio-Dateien auf dem Empfänger synchronisieren oder Fotos herunterladen, die mit der eingebauten Kamera gemacht wurden.

Die Software steht zum kostenlosen Download unter www.magellangps.com zur Verfügung. VantagePoint ist kompatibel mit allen Modellen der eXplorist-Serie (außer eXplorist 110) und mit den (derzeit nur für die USA produzierten) Triton-Modellen.

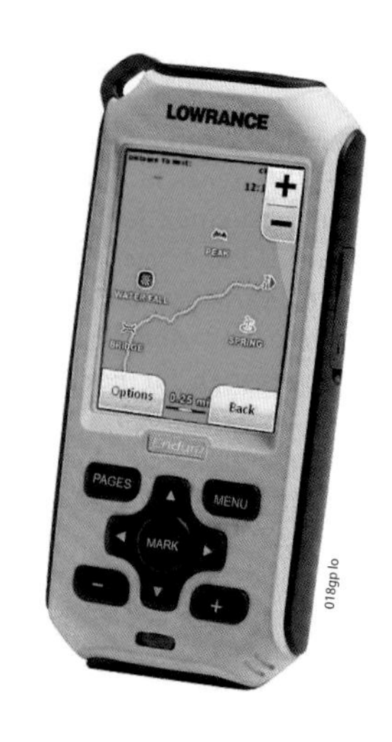

⊡ Endura Out&Back EMEA

Lowrance

Obwohl die amerikanische Firma Lowrance mit ihrer Endura-Serie nach Garmin und Magellan seit vielen Jahren eine gute Auswahl an hochwertigen GPS-Geräten für den Outdooreinsatz bietet, sind diese bei uns kaum bekannt. Das ist vielleicht nicht allzu verwunderlich, da sowohl die Geräte als auch Informationen darüber offenbar schwer zu bekommen sind.

Lowrance Endura

Die ausgereiften Geräte der Endura-Serie überzeugen durch einfache und intuitive Bedienung per brillantem, hochauflösendem Touchscreen mit zusätzlicher Tastatur für schnellen Zugriff auf die Hauptfunktionen, guten Empfang und durchdachte Ausstattung. Alle drei Modelle besitzen vorinstallierte Basis-Topos und einen Slot für MicroSD-Karten bis 32 GB. Topos für Deutschland und Österreich sind erhältlich – insgesamt ist das Kartenangebot allerdings noch knapp. Dafür lassen sich einige Navigationsprogramme anderer Anbieter und deren Karten auf die Geräte laden – z. B. MagicMaps, Kompass und die routingfähigen Topos von MyNav. Auch Daten im GPX-Format können direkt geöffnet werden. Schon das Basismodell Out&Back ist ein vollwertiges, gut ausgestattetes Outdoor-Gerät. Das Endura Safari bietet darüber hinaus einen elektronischen 3-Achsen-Kompass und einen barometrischen Höhenmesser, Multimedia-Funktionen mit eingebautem Lautsprecher, MP3-Player und Bildbetrachter sowie Routing-Navigation mit Abbiegehinweisen und Sprachausgabe für den Einsatz im Auto, auf dem Motorrad oder per Quad. Mit geeigneten Topos (z. B. MyNav) lässt sich die Routing-Funktion aber auch per Fahrrad oder zu Fuß nutzen. Und das Spitzenmodell Endura Sierra schließlich punktet mit einem 4 GB Internspeicher, auf den bereits hochauflösende europäische Topos aufgespielt sind. Eine MicroSD-Karte mit der Deutschland-Topo wird mitgeliefert.

Falk

Der Hersteller hochwertiger Auto-Navis ist seit kurzem mit zwei Outdoor-Geräten auf dem Markt, denen man ihre Herkunft anmerkt: Mehr Navi als GPS-Gerät. Das spricht vor allem für

das einfache Handling und die Benutzerfreundlichkeit der Modelle: Ziel eingeben und losnavigieren. Das für Radfahrer und Wanderer innovative Bedienkonzept freut vor allem Einsteiger, die sich die Handhabung eines herkömmlichen GPS-Geräts mit Wegpunkten, Koordinaten und Routen nicht so recht zutrauen.

Dem entspricht auch die einfache Touchscreen-Bedienung mit nur drei zusätzlichen Knöpfen: Ein/Aus, Streckenaufzeichnung starten (Trackmodus) sowie ein Regler für Lautstärke und Displaybeleuchtung.

Eine routingfähige Rad- und Wanderkarte für Deutschland ist im Internspeicher bereits vorinstalliert. Weitere routingfähige Karten sind erhältlich: Österreich, Schweiz, Südtirol, Mallorca, TransAlp, BeNeLux und Italien Nord. Ein Plus sind die zahlreichen Sonderziele (POI) wie Berghütten, Bett-und-

⌃ Falk Lux 40

Bike-Hotels, Biergärten oder Freibäder und Sonderfunktionen (z.B. Bus- und Bahnfahrpläne). Zur Auswahl stehen zwei ganz ähnlich ausgestattete Modelle (in unterschiedlichen Varianten): der kompaktere IBEX 30 mit 2GB Internspeicher und der geringfügig größere LUX30 mit 4GB Speicher. Beide gibt es auch als Cross Version mit routingfähigen Straßenkarten von Deutschland, Österreich, der Schweiz und dem Leistungsumfang eines vollwertigen Autonavi samt Spurassistent, TMC-Stauumfahrung und Tempowarner.

Satmap

Der Active 10 des britischen Herstellers Satmap wird alle begeistern, die den Detailreichtum von Papierkarten lieben. Das Gerät ist zwar weder leicht noch klein, überzeugt aber mit einem großen, brillanten und sehr gut auflösenden Display, auf dem sich viele hochwertige Rasterkarten darstellen lassen, darunter die Top 25 und die AV-Karten. Abgesehen vom fehlenden Höhenmesser und dem Verzicht auf Routing lässt die Ausstattung kaum Wünsche offen. Weiteres Plus: die gut strukturierte, intuitive Menüführung. Die Landkarten werden auf Speicherkarten geliefert, die einfach in das Gerät eingesteckt werden können und gleich nach dem Auspacken funktionieren. Es gibt über 300 Kartentitel von mehr als 10 Ländern: Belgien, Deutschland, Frankreich, Österreich, Großbritannien, Italien, Niederlande, Nordirland, Republik Irland, Schweiz und Spanien. Weitere Stärken sind eine effiziente Energieversorgung mit bis zu 16 Stunden Autonomie (3 AA-Batterien oder Akku-Pack) und ein austauschbarer Bildschirmschutz. Routenplanung direkt am Display gestattet das Modell Active 10 EU **PLUS,** das mit einer regionalen Topokarte ausgeliefert wird.

Satmap Active 10

CompeGPS

Das spanische Unternehmen bietet nicht nur eine interessante Auswahl sehr vielseitiger GPS-Geräte für die Straßen- und Outdoor-Navigation, sondern zudem eine sehr gute Karten- und Navigationssoftware (s. S. 244) und eine große Auswahl digitaler Karten (überwiegend Rasterkarten), von denen man nach Bedarf auch einzelne Kacheln aus dem Internet laden kann. Außerdem können auf die Geräte auch verschiedene andere Karten geladen werden – z.B. TomTom Vektorkarten, OS Vektorkarten, Alpenvereins- und Kompasskarten.

Schon das seit Januar 2013 in verbesserter Version erhältliche TwoNav Sportiva2 mit nur 124 g (inkl. Batterien für 15 Std. Standzeit) bietet eine beachtliche Ausstattung wie z. B. ein hochauflösendes 3-Zoll Touchscreen-Display, ein schnelles MTK 3339 GPS-Chipset, einen 3-Achsen Kompass und einen barometrischen Höhenmesser, einen internen Speicher von satten 4 GB und einen Slot für MicroSD-Karten bis zu 32 GB. Der TwoNav Sportiva2+ ermöglicht dank ANT+™-Technologie zusätzlich den drahtlosen Datentransfer von kompatiblen Peripheriegeräten an das GPS; z. B. Herzfrequenz-Monitor, Trittfrequenz-Sensor, Geschwindigkeits-Sensor und Kombi-Sensoren für Fahrräder. Etwas größer ist der **TwoNav Aventura** mit einem 3,5-Zoll Touchscreen-Display und 8 zusätzlichen Tasten und einem Joystick. Auch er ist mit Kompass und Höhenmesser ausgestattet und bietet eine Standzeit von 15 Stunden. Er hat keinen internen Kartenspeicher, dafür aber einen Slot für MicroSD-Karten bis zu 32 GB.

Schließlich bietet Compe GPS seit Anfang 2013 den **TwoNav Ultra,** ein weniger als 100 g schweres Kompaktmodell, das in der Fahrradhalterung ebenso wie als Armbandgerät getragen werden kann (Armband wird mitgeliefert). Er ist nicht nur kartenfähig, sondern kann zudem eine erstaunliche Ausstattung vorweisen: einen GLONASS-fähigen Empfänger, bis zu 12 Stunden Betriebszeit, ANT+™-Technologie, Bluetooth, 3D-Kompass, barometrischer Höhenmesser, Beschleunigungsmesser und ebenfalls einen MicroSD-Slot für bis zu 32 GB.

Mitgeliefert werden bei den TwoNav-Geräten u. a. topografische und Straßenkarten je nach ausgewählter Region, ein Halter für den Fahrradlenker, eine Handschlaufe, ein Bedienstift und ein USB-Kabel.

⌃ Compe TwoNav Sportiva2+

⟩ TwoNav Navigationsgerät Aventura

Checkliste: Worauf beim Kauf eines GPS-Gerätes zu achten ist

Empfänger:

- Empfindlichkeit von Antenne und Empfänger (funktioniert das Gerät auch im Wald? Neue Geräte müssen das leisten)
- Wie schnell hat man bei Kalt-/Warmstart eine Position? (Dabei spielt insbesondere die Leistungsfähigkeit des Chips eine wichtige Rolle)
- Kann das Gerät Signale von GLONASS/GALILEO empfangen? (manche neuen Modelle sind darauf bereits vorbereitet)
- Ist es WAAS-/EGNOS-fähig?

076 gp rh

Vor dem Kauf sollte man ein GPS-Gerät einmal ausprobiert haben und wissen, was man braucht

Gehäuse:

- Größe, Gewicht? Wie liegt es in der Hand?
- Ist es wasserdicht (IPX7) oder sogar schwimmfähig (evtl. wichtig für Bootstouren)
- Ausreichend stoß- und schlagfest sind eigentlich alle bekannten Geräte

Display:

- Wie groß soll das Display sein? Wer viel mit Karten arbeitet, wird ein etwas größeres Display bevorzugen
- Für die Arbeit mit Karten ist ein möglichst fein auflösendes, kontrastreiches und helles Farbdisplay entscheidend (vergleichen Sie mehrere Geräte nebeneinander – möglichst auch bei Sonnenlicht)
- Wie gut ist das Display entspiegelt? Wie lässt sich die Anzeige im Dunkeln ablesen?
- Gibt es evtl. eine Schutzfolie für das Display?
- Wie übersichtlich sind die Elemente der Anzeige angeordnet? Lässt sich die Anordnung individuell anpassen?
- Wie empfindlich ist die Anzeige gegen Hitze und Kälte?

Bedienung:

- Touchscreen und/oder Tastatur (erstere Modelle sind meist bequemer zu nutzen)
- Sind die Tasten groß genug?
- Haben sie einen klaren Druckpunkt?
- Lässt sich der Cursor flüssig und ruckelfrei bewegen?
- Einfache Bedienung auch bei Dunkelheit und mit Handschuhen möglich?

- Anzeige, ob das Gerät im 2D- oder 3D-Modus arbeitet (s. S. 40, S. 16)
- Sind die Inhalte klar gegliedert und erschließen sich intuitiv ohne viel Sucherei?
- Ist eine Kurzanleitung für unterwegs dabei?

Funktionen:

- Erstellen Sie eine Liste der Funktionen, die Sie von Ihrem Gerät erwarten, und überprüfen Sie, ob es das alles bietet (z. B. Routen, Tracks, ggf. Routing, Wegpunkt-Projektion, papierloses GeoCaching, rasche Wegpunktspeicherung)
- Kann es genügend Wegpunkte/Routen (bzw. Wegpunkte pro Route) speichern?
- Kann es Landkarten auf dem Display darstellen?
- Bietet es ausreichend internen Speicher für Landkarten und/oder hat es einen Slot für Speicherkarten?
- Welche Koordinatensysteme und Kartenbezugssysteme sind verfügbar? (Hier sind praktisch alle Modelle gut ausgestattet)

Zusatzausstattung:

- Kompass (3- oder 2-Achsen?) und Höhenmesser (heute fast schon Standard)
- Wie wichtig sind Ihnen Zusatzfunktionen wie Kamera, MP3-Player, Bildbetrachter, Diktiergerät etc.?

Die Ausstattung des Geräts hängt auch vom geplanten Einsatz ab

404gp rh

- Drahtloser Datenaustausch (ist vor allem dann interessant, wenn Sie Routen, Tracks, GeoCaches o. Ä. mit Freunden austauschen wollen, die ein ähnliches Gerät haben)

Karten:

- Sind Karten vorinstalliert? Basemap oder Topos? Sind es die Karten, die Sie brauchen?
- Welche Karten können mit dem Gerät genutzt werden? Wie groß ist das Angebot? (Es ist ärgerlich, wenn man erst hinterher feststellt, dass es für das gekaufte Modell kaum Landkarten gibt)
- Raster- oder Vektorkarten oder beides?
- Eignen sich die Karten auch für die Tourenplanung am PC?
- Sind Karten im Bundle mit dem Gerät günstiger zu erwerben? Sind das auch Karten, die Sie wirklich brauchen?
- Kann man auch kostenlose Karten anderer Anbieter auf dem Gerät nutzen?
- Wie groß ist der interne Kartenspeicher (die Topo Deutschland braucht über 3 GB, aber man kann auch Ausschnitte laden)?

405gp rh

- Ist ein Slot für auswechselbare Speicherkarten vorhanden? Bis zu welcher Größe? (für heutige Geräte eigentlich ein Muss, wenn man mit Karten arbeiten will)

Anschlüsse:

- Sind Anschlussmöglichkeiten für externe Antenne und Stromversorgung vorhanden?
- Ist eine Computer-Schnittstelle (USB-Schnittstelle) vorhanden?
- Welche Daten (Wegpunkte, Tracks, Routen, Geocache-Infos) lassen sich vom/auf den Computer laden?

Stromverbrauch:

- Wie lange funktioniert das Gerät mit einem Batteriesatz? (Achtung: Die Herstellerangaben beziehen sich meist auf eine sehr stromsparende Nutzung)
- Hat das Gerät einen Akku oder funktioniert es (auch) mit normalen Batterien?
- Ist der Akku fest eingebaut oder auswechselbar?
- Verfügt das Gerät über einen Strom-spar-Modus?

Zur Minimal-Ausstattung, die mit nur wenigen Einschränkungen fast alle neueren GPS-Geräte bieten, gehören:

- WAAS-/EGNOS-fähiger 12-Kanal-Empfänger (oder mehr)
- Schneller Chip (z. B. Sirf III)
- Hochauflösendes Farbdisplay
- Kartengitter: UTM, Gauß-Krüger, Schweizer, geografisch
- Bezugssysteme: WGS84, Potsdam, Austria, CH 1903
- Wegpunkt-, GoTo- und Routennavigation
- Track-Aufzeichnung und Backtracking
- Wegpunkt-Projektion
- Computer-Schnittstelle (USB)
- Interner Kartenspeicher und oder Steckplatz für (Micro-)SD-Karten
- Kompass und Höhenmesser sind kein Muss, aber heute beinahe schon Standard

Vor dem Kauf sollte man alle Möglichkeiten nutzen, um mehrere Geräte auch praktisch kennenzulernen und testen zu können – beispielsweise bei Bekannten und Freunden, bei einem Verleih oder im Rahmen von Kursen.

[<] Für längere Touren in entlegenen Regionen den Stromverbrauch beachten und an Ersatzbatterien denken!

GPS
GPSmap 60CSx
Geschwindig
0.0
Entf z nächst
10.1
Ank am Ziel
7:50
Zeit b nächst
07 38
S
21
24
15
W
12
30
E
33
6
3
N
GARMIN
IN
OUT
FIND
PAGE
MARK
MENU
QUIT
ENTR

GPS-Software und Funktionen

Was kann GPS?

Im Grunde macht das GPS-Gerät nur eins: Es errechnet aus den Satellitensignalen jede Sekunde seine aktuelle Position, die es dann am Display auf verschiedene Weise anzeigen kann. Da das Gerät aber einen kleinen Computer enthält, kann es mit der heute üblichen Software eine Fülle weiterer Informationen liefern, z. B.:

- Kurswinkel und Entfernung zu beliebigen, im Gerät gespeicherten Punkten
- momentane Geschwindigkeit und Kursrichtung
- Abweichung vom Soll-Kurs
- Höhe über dem Meer
- zurückgelegte Strecke
- Durchschnittsgeschwindigkeit und Höchstgeschwindigkeit
- Zeit in Bewegung und Zeit im Stillstand
- geschätzte Ankunftszeit am Ziel und verbleibende Reisezeit bis zum Ziel
- Entfernung vom Ziel
- Leitsysteme zur Zielfindung
- Wegaufzeichnung und automatische Rückverfolgung
- Speicherung von Wegpunkten, Routen und Tracks
- Darstellung von Routenskizzen und Landkarten
- Darstellung von Position, Kurs, Wegpunkten etc. auf einer Kartenskizze oder Karte
- Anzeige der Satellitenpositionen und Empfangsstärke
- Umrechnung zwischen verschiedensten Koordinatensystemen und Bezugssystemen
- Umrechnung zwischen Magnetisch-Nord, Geografisch-Nord und Gitternord
- Datum und präzise Uhrzeit
- Aufgangs- und Untergangszeiten von Sonne und Mond an beliebigen Orten

GPS-Terminologie

Leider sind die GPS-Terminologie und ihre gängigen Abkürzungen manchmal etwas verwirrend, zumal verschiedene Hersteller für identische Funktionen z. T. unterschiedliche Begriffe verwenden. Zur Erläuterung einzelner Begriffe oder Abkürzungen können Sie jederzeit im Glossar bzw. im Kapitel „GPS-Abkürzungen und -Terminologie" am Ende des Buches nachschlagen.

Durch intuitive Menüführung lassen sich bei den guten Geräten die meisten Funktionen aufrufen und nutzen, ohne dass man lange im Handbuch nachschlagen muss. Etwas Einarbeitungszeit wird man aber schon brauchen. Allerdings können sich die Menüs der verschiedenen Geräte deutlich voneinander unterscheiden. Jedes Modell hat seine Vorteile und Extras, aber die Grundfunktionen sind bei allen weitgehend identisch.

[>] Links: Die Koordinaten der aktuellen Position werden bei neueren Garmin-Geräten auf der Satellitenseite angezeigt (siehe auch S. 95)

[>] Rechts: Der Pfeil weist stets die Richtung zum angesteuerten Ziel

Grundfunktionen

Die wesentlichen Funktionen des GPS-Geräts lassen sich in fünf Gruppen unterteilen:

1. Orientierung: Wo bin ich?

Die aus je zwei Ziffersequenzen bestehenden Koordinaten (s. S. 19f) bezeichnen einen bestimmten Punkt auf der Landkarte und im Gelände. Das kann sowohl der aktuelle Standort sein als auch jeder beliebige andere Punkt auf der Landkarte. Diese Koordinaten sind die Grundlage für fast alle übrigen GPS-Funktionen, denn auf Basis dieser Zahlenpaare berechnet das Gerät eine Fülle weiterer Informationen.

Der ermittelte Standort kann am Display auf einer Kartenskizze lagerichtig in Bezug auf Ziel, weitere Wegpunkte, aufgezeichnete Tracks und umliegende Ortschaften angezeigt werden. Geräte mit Kartenspeicher können sogar spezielle topografische Karten laden und darauf dann am Display den Standort exakt darstellen.

Nähere Informationen zum Ermitteln der Koordinaten s. S. 127f, zum Übertragen von Koordinaten zwischen Gerät und Karte s. S. 148.

2. Navigation: Wie erreiche ich mein Ziel?

Aus den Koordinaten zweier Punkte kann das Gerät die Entfernung (DST = Distance) und den Kurswinkel (BRG = Bearing) zwischen diesen beiden Punk-

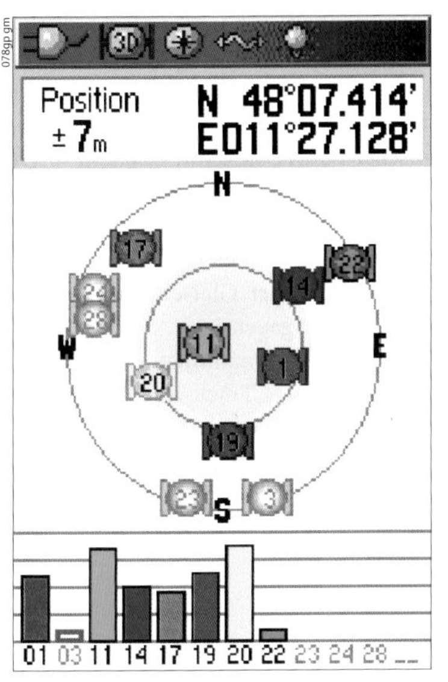

ten berechnen, z. B. zwischen dem momentanen Standort und dem Ziel. Hierzu müssen die Koordinaten des Ziels als Wegpunkt (Waypoint, WPT) im Gerät gespeichert sein; diejenigen des Standorts kann es jederzeit selbst ermitteln – und das machen die Geräte, solange sie eingeschaltet sind, etwa im Sekundentakt automatisch.

Der Kurs kann als **Richtungswinkel** in Grad angegeben werden (ähnlich wie beim Kompass) – vor allem aber (und das kann kein Kompass!) mittels eines **Richtungspfeils,** der stets zum Ziel hin weist – ganz egal, wie man sich bewegt (s. u. „Navigationsseite").

Und das Schöne: Solange das Gerät Satellitenkontakt hat, wird der Kurs laufend vom momentanen Standort aus neu berechnet. Wenn Sie also vom Kurs abweichen, um einem Hindernis aus dem Weg zu gehen, so wird sofort der neue Kurs zum angesteuerten Ziel ermittelt und angezeigt. Das leistet kein Kompass!

Zudem kann das Gerät mehrere Wegpunkte (meist bis zu 250) zu **Routen** kombinieren, auf denen es Sie dann von einem Punkt zum nächsten führt.

Nähere Informationen dazu finden Sie im Kapitel „Track-Navigation" auf S. 156.

3. Aufzeichnung: Wo war ich?

Alle Wegpunkte können im Gerät gespeichert und später (zu Hause oder auf der nächsten Tour) mit vielfältigen Zusatzinformationen erneut angezeigt und genutzt werden. Aber mehr noch: Wenn das Gerät unterwegs eingeschaltet bleibt, kann es den gesamten Weg mit jeder Richtungsänderung als sogenannten „Track" präzise aufzeichnen. Das ist nicht nur interessant, um die Tour später nachverfolgen zu können, sondern u. U. auch, um den Rückweg zu finden: per „Backtrack" lotst Ihr elektronischer Führer Sie dann genau in Ihren Spuren wieder zurück zum Ausgangspunkt! Das kann lebenswichtig sein, um bei schlechter Sicht Hindernissen wie Abgründen oder Gletscherspalten aus dem Weg zu gehen.

Nähere Informationen dazu finden Sie im Kapitel „Track-Navigation" auf s. S. 156.

Menüseite für Trackaufzeichnugen

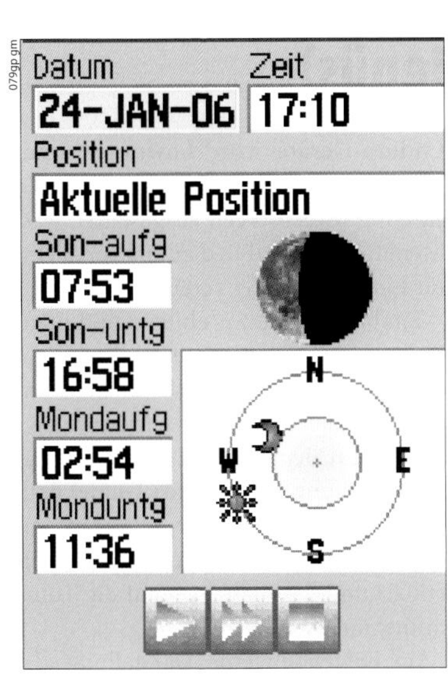

Mondphasen

4. Trip-Computer: Wie komme ich voran?

Da das Gerät – solange es Satellitenkontakt hat – ständig seine Position ermittelt, kann es aus der Positionsveränderung den **aktuellen Kurs** (TRK = Track oder COG = Course Over Ground) und die **zurückgelegte Strecke** (DST = Distance) bestimmen. Mittels der eingebauten Uhr lassen sich aus diesen Daten noch weitere Informationen errechnen:

- momentane Geschwindigkeit (SPD = Speed oder SOG = Speed Over Ground),
- Geschwindigkeit, mit der Sie sich dem Ziel nähern (VMG = Velocity Made Good),
- geschätzte Ankunftszeit (ETA = Estimated Time of Arrival) und
- verbleibende Reisezeit (ETE = Estimated Time Enroute oder TTG, = Time to Go).

Der Trip-Computer liefert vielfältige Informationen

5. Extras

Neben den bisher genannten wichtigen Funktionen bieten heutige Geräte eine Fülle mehr oder weniger interessanter Extras, die ganz nützlich sein können (z. B. Höhenprofile, Wettertendenz, Sonnenauf- und -untergangszeiten, Taschenrechner). Teilweise wurden sie aber für spezielle Anwendungen (Seenavigation, Jagd, Fischerei) entwickelt und sind für Wanderungen weniger wichtig, z. B. Man-Over-Board (MOB)-Funktion, Warnsignale, Mondphasen, beste Jagd-/Angelzeit etc.

Außerdem finden sich auf neueren Geräten zusätzlich kleine Spiele, die ganz amüsant sein können, wenn einen das Wetter den ganzen Tag im Zelt festnagelt.

Display-Anzeigen (Menüs)

Wie der Computer hat das GPS-Gerät eine Tastatur und einen Bildschirm (Display). Da nicht für jeden Befehl ein eigene Taste zur Verfügung stehen kann, werden die verschiedenen Funktionen und Befehle auf dem Display dargestellt, per Cursor ausgewählt und dann aktiviert. Für Übersichtlichkeit und um sich bequem zurechtzufinden, sind die Funktionen und Aufgabenbereiche nach Gruppen sortiert auf einzelnen Bildschirmseiten **(Menüs)** zusammengefasst, die man per Tastendruck durchblättern kann – für gewöhnlich mit der Taste **„Page"** (Seite) in die eine Richtung und mit **„Quit"** (verlassen) wieder zurück. Anstelle der Maus (bzw. der Pfeiltasten am Keyboard) hat das GPS-Gerät einen Wippschalter oder einen Mini-Joystick, um die einzelnen Funktionen und Befehle anzusteuern. Dann werden sie per **„Enter"**-Taste oder Druck auf den Joystick angeklickt. Alles wie gehabt.

Immer mehr neue Geräte, z. B. Montana (Oregon-Serie von Garmin), Magellan eXplorist 510, 610 und 710, die Endura-Geräte von Lowrance und die TwoNav Modelle von CompeGPS sind mit Touchscreen ausgestattet, was Menüführung und Bedienung vor allem für Einsteiger weiter vereinfacht

Ein bisschen rumprobieren und man findet sich schnell zurecht. Sollte es nicht so rasch klappen, kann man im ausführlichen Handbuch nachschlagen. Außerdem liegt den Geräten oft eine Kurzanleitung (Quick Start Guide) bei, ein Faltblatt auf robustem, wasserfestem Papier, das die wichtigsten Funktionen erklärt und das man auch auf die Tour mitnehmen kann.

Im Folgenden eine Darstellung aller wichtigen Menüseiten mit den jeweiligen Funktionen und zusätzlichen Erläuterungen.

Bewegungsabhängige Informationen

Alle Informationen, die auf Positionsveränderungen beruhen, können natürlich nur angezeigt werden, solange das Gerät sich bewegt. Im Stillstand bleiben diese Felder leer oder zeigen die zuletzt errechneten Werte an.

[>] Satellitenseite: Die Signalstärkebalken im unteren Bereich zeigen die Empfangsstärke der Satelliten: 22 - schwacher Empfang, 3 - wird gerade erfasst, 23, 24, 28 - noch kein Kontakt

Satellitenseite (Satellitenstatus)

Nach dem Einschalten zeigt das Display mancher Geräte zunächst die Meldung „Locating Satellites“ (Satelliten orten) oder „Acquiring Satellites“ (Satelliten erfassen) und eine Darstellung des Himmels über dem aktuellen Standort (**Skyview**) mit den Positionen der über dem Horizont befindlichen Satelliten. Bis vor einigen Jahren war das der Standard. Bei anderen Geräten (Tendenz zunehmend) muss man die Seite „Satelliten“ zunächst im Menü auswählen.

Der Punkt in der Mitte markiert die Stelle senkrecht über dem Standort (Zenit), der äußere Kreis stellt den Horizont dar, der mittlere Kreis umfasst alle Punkte in einer Höhe von 45° über dem Horizont.

Außerdem sind auf dem äußeren Kreis die vier Himmelsrichtungen markiert und Geräte mit Kompass zeigen darauf mit einem Punkt an, nach welcher Himmelsrichtung der Empfänger orientiert ist (Geräte ohne Kompass markieren mit diesem Punkt die Bewegungsrichtung). Die eXplorist-Geräte von Magellan zeigen nicht die Skyview-Perspektive von der Erde, sondern von „oben“, sozusagen aus dem Weltall gesehen, was aber die Satellitenpositionen weniger genau erkennen lässt.

Diese Darstellung der momentanen Satellitenpositionen kann sehr hilfreich sein, um das Gerät für den Empfang optimal auszurichten und um zu vermeiden, dass bestimmte Satelliten durch den Körper oder andere Hindernisse abgeschattet werden. Eine kleine Positionsänderung kann den Empfang gleich deutlich verbessern.

Dies erkennt man dann sofort an dem unter der Skyview-Anzeige dargestellten **Balkendiagramm,** das den Signalempfang der einzelnen Satelliten anzeigt. „Kein Balken“ bedeutet: der Satellit wird noch gesucht. „Transparenter Balken“ (oder wachsender Balken) bedeutet, dass die Daten erfasst werden (das dauert meist 30–60 Sekunden). „Gefüllter Balken“ (oder kompletter Balken) bedeutet: Die Daten sind aufgenommen und werden zu Berechnungen verwendet. Bei den meisten Modellen zeigt die Länge der Balken wie stark die Signale empfangen werden.

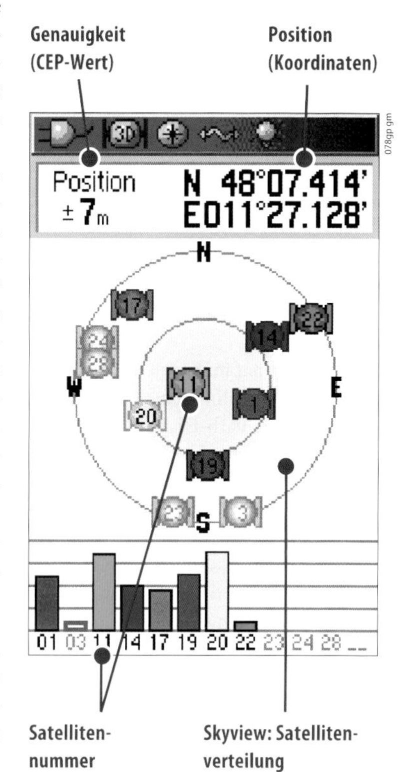

Anzeige der Genauigkeit

Das GPS-Gerät kann nicht genau in Meter und Zentimeter angeben, wie präzise seine Positionsberechnung ist (würde es den Fehler exakt kennen, könnte es ihn ja berücksichtigen und korrigieren!). Es gibt jedoch verschiedene Möglichkeiten, den geschätzten Rahmen anzugeben, in dem die Fehlergröße liegt.

- **DOP:** Die durch ungünstige Satellitenkonstellation (s. S. 38) verursachte Fehlergröße wird als **Dilution of Precision** (Verschlechterung der Genauigkeit) bezeichnet. Da das Gerät die Satellitenkonstellation kennt, kann es die Größe dieses Fehlers berechnen. Man erhält jedoch keinen konkreten Fehler in Metern. Vielmehr verstärken hohe DOP-Werte die anderen Fehler. Die meisten Geräte zeigen jedoch keine DOP-Werte an, sondern einen Fehlerbereich in Metern, der sich aus verschiedenen Faktoren berechnet.
- **EPE:** Viele Geräte (z. B. Magellan und Lowrance) zeigen den **Estimated Position Error** (wahlweise in Metern oder Fuß) an, der sich weitgehend aus dem DOP-Wert ergibt. Er bezeichnet wiederum nicht einen konkreten Fehler, sondern die geschätzte maximale Fehlergröße.
- **CEP:** Der **Circular Error Probable,** den neuere Garmin-Modelle anzeigen (in Metern oder Fuß), darf nicht mit dem EPE verwechselt werden. Er bezeichnet keinen maximalen Fehler, sondern besagt, dass sich 50 % aller Messungen in einem Kreis mit dem angegeben Radius befinden. Das bedeutet aber auch, dass die andere Hälfte der Messpunkte außerhalb davon liegt! Weiterhin bedeutet der angezeigte CEP-Wert, dass sich 95 % aller Messpunkte innerhalb eines Kreises mit dem doppelten Radius befinden und sogar fast 99 % in einem Kreis mit dem 2,5-fachen Radius. Wird also z. B. ein Wert von 5 m angezeigt, so kann man davon ausgehen, dass man sich mit einer Wahrscheinlichkeit von 95 % höchstens 10 m vom angezeigten Punkt entfernt befindet – und mit 99 %iger Sicherheit nicht mehr als 12,5 m.

Jeder Satellit hat im Skyview eine Nummer, durch die ihm sein Balken zugeordnet ist. Bei Farb-Displays verbessert zudem eine farbliche Zuordnung den Überblick. Nummern über 32 bezeichnen übrigens WAAS-/EGNOS-Satelliten. Falls Sie sich wundern, wie das GPS-Gerät die Position eines Satelliten anzeigen kann, von dem es noch gar keine Signale empfangen hat, so finden Sie die Lösung unter dem Stichwort „Almanach" im Glossar bzw. auf s. S. 276.

Und schließlich zeigen gute Geräte hier eine Statusleiste mit Datum, Uhrzeit und Ladezustand der Batterien (bzw. Anschluss an eine externe Stromquelle) – sowie mit Angaben zur Funktion im 2D- oder 3D-Modus (s. S. 40, S. 16); bei anderen (z. B. eTrex) muss die Statusleiste durch ein kurzes Drücken der „Ein-/Aus-Taste" aufgerufen werden. Und schließlich blenden einige Modelle nach Erfassen der Satelliten auf dieser Seite auch sofort die Koordinaten der aktuellen Position und die geschätzte Genauigkeit der Positionsbestimmung (siehe Exkurs S. 96) ein. Die Darstellungen sind leider weit davon entfernt, bei allen Herstellern ähnlich zu sein. Bei Lowrance, Magellan und an-

Tipp

Manche Garmin-Modelle wie z. B. eTrex zeigen in der Werkseinstellung auf der Kartenseite nur eine grafische Markierung der Position, nicht aber die Koordinaten! Man kann diese Seite jedoch individuell anpassen, sodass sie automatisch auch die Koordinaten anzeigt (allerdings zu Lasten der Kartengröße).

deren zeigt ein grüner Balken bzw. ein grün markierter Satellit, dass er für die Positionsermittlung genutzt wird. Manche Geräte (z. B. die Modelle von Falk) haben eine vereinfachte Satellitenseite, die nur die Zahl der empfangenen Satelliten und die relative Genauigkeit der Positionsbestimmung anzeigen.

Positionsseite

Sobald das Gerät genügend Daten gesammelt hat, berechnet es seine aktuelle Position und zeigt sie am Bildschirm an. Einige Modelle tun dies direkt auf der Satellitenseite – andere schalten dazu automatisch zu einer eigenen Positionsseite um (z. B. ältere Garmin-Modelle), die gleichzeitig einen ganzen Trip-Computer darstellt. Sie zeigt nicht nur die Koordinaten der momentanen Position (je nach Benutzervorgabe in geografischer Länge und Breite, UTM oder einem anderen Koordinatensystem), sondern zusätzlich die Höhe über dem Meer, die bisher zurückgelegte Entfernung und die Distanz oder Zeit zum angesteuerten Ziel, den momentanen Kurs und die aktuelle Geschwindigkeit (u. U. auch Höchst- und Durchschnittsgeschwindigkeit), Uhrzeit, Zeit in Bewegung, Pausen u. v. m. Daten wie aktuelle Geschwindigkeit und Kurs können natürlich nur berechnet werden, wenn man sich mit eingeschaltetem Gerät bewegt.

Geräte, die nicht automatisch auf diese Seite umschalten, haben sie natürlich trotzdem im Menü; man muss dann nur mit der „Page"-Taste dorthin blättern. Die Positionsseite gestattet übrigens bei vielen Geräten – wie andere Menüseiten auch – eine individuelle Anpassung, d. h. der Benutzer kann auswählen, welche Informationen automatisch darauf angezeigt werden.

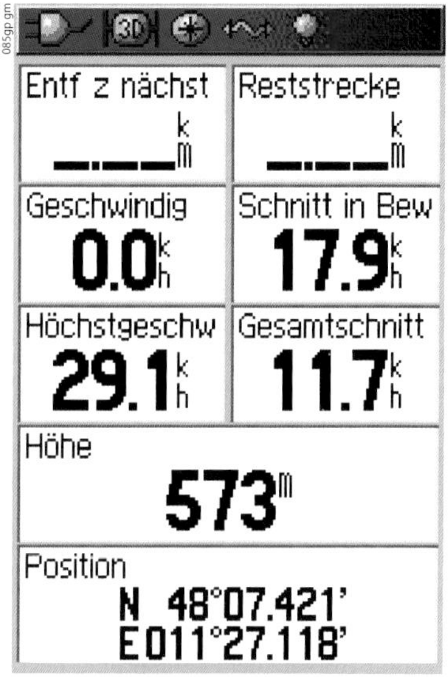

085gp gm

Die Positionsseite mancher Geräte zeigt zahlreiche Zusatzinformationen wie Höhe, Geschwindigkeit, Entfernung zum Ziel etc. an

Kartenseite

Die meisten neueren Geräte schalten nach dem Erfassen der Satellitendaten gleich zur Kartenseite weiter, um die Position darzustellen.

Hochwertige, kartenfähige Geräte (wie sie zunehmend zum Standard zählen) können auf dem Display tatsächlich Straßenkarten und sogar detailreiche, topografische Karten anzeigen. Bei einfacheren Geräten hingegen wird keine echte Landkarte dargestellt, sondern eine Art vereinfachte **Wegskizze.** Sie zeigt die momentane Position und deren relative Lage zu Start, Ziel und Wegpunkten sowie den bisher zurückgelegten Weg (Track) und als gerade Linie die Kursrichtung zwischen Standort und Ziel bzw. dem angesteuerten Wegpunkt (Track-Aufzeichnung nur, solange das Gerät eingeschaltet ist). Der Track wird mit einzelnen Punkten in bestimmten Zeit- oder Entfernungsabständen markiert und kann später gespeichert oder gelöscht werden.

Diese Wegskizze lässt sich verschieben und per **Zoom** in sehr verschiedenen Maßstäben darstellen. Außerdem kann man sie je nach Bedarf unterschiedlich ausrichten:

- **„Norden oben"** (North Up) ist vorteilhaft, wenn man die Display-Anzeige mit dem Kartenbild vergleicht und zudem stromsparend,
- **„Marschrichtung oben"** (Track Up) erleichtert die Orientierung im Gelände (was auf dem Display links liegt, liegt auch im Gelände links), kann aber bei kurviger Route verwirren, da sich das Bild ständig dreht. Außerdem erhöht der ständige Neuaufbau der Karte den Stromverbrauch,

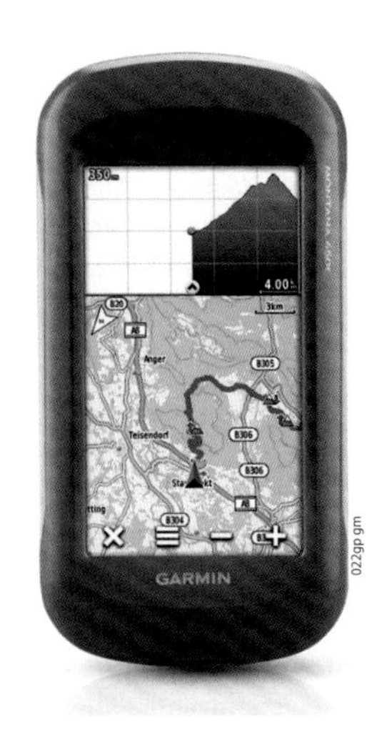

- **„Ziel oben"** (Course Up) ist daher die sinnvollere Einstellung auf Serpentinenstrecken.

Meist bietet die Kartenseite einen Cursor, mit dem man den Bildausschnitt verschieben kann, z. B. um sich eine Gegend abseits der aktuellen Position anzusehen. Mit diesem Cursor kann man oft auch einzelne Punkte auf der Karte markieren, um sich ihre Koordinaten und weitere Informationen darüber anzeigen zu lassen oder um sie per „Enter" als „Active to Waypoint" auszuwählen (d. h. als nächstes Ziel anzusteuern). Anschließend kann man bei vielen Geräten per „Esc" oder „Zurück" wieder zu der Kartendarstellung zurückkehren, bei der die aktuelle Position in der Displaymitte angezeigt wird.

Garmin Montana 650t:
Kartenseite mit Route und Höhenprofil

Geräte mit **Städtedatenbank** zeigen auf der Kartenskizze auch alle Städte in ihrer tatsächlichen Position (teilweise sogar kleinste Dörfer). Und bei integrierter **Basemap** (s. S. 56) werden sogar einfache Straßenkarten dargestellt, die jedoch für die Outdoor-Navigation höchstens eine grobe Orientierung bieten können. Aber auch die bloße Routenskizze kann sehr hilfreich sein, um den Verlauf des zurückgelegten Weges und die Lage des Ziels sowie aller Wegpunkte der Umgebung zu erkennen. Inzwischen gibt es zudem ein rasch wachsendes Angebot **topografischer Karten** für geeignete GPS-Handgeräte (teilweise sind beim Kauf schon Topos einer bestimmten Region vorinstalliert und bei manchen Garmin-Modellen sogar eine Europa-Topo, allerdings mit dem Maßstab 1 : 100.000), sodass man direkt mit der Karte auf dem Display losnavigieren kann!

Da die Nutzung digitaler Karten direkt am Display der Geräte rasch an Bedeutung gewinnt, wird die Kartenseite für die Navigation immer wichtiger. Viele Geräte mit installierten Topos bieten bereits die Möglichkeit, mit der Karte auf dem Display fast so zu navigieren wie mit der Papierkarte. Der Nachteil ist natürlich der winzige Ausschnitt und die dadurch fehlende Übersicht (was sich auch durch Zoomen nicht ganz ausgleichen lässt). Der enorme Vorteil hingegen ist, dass man genau sieht, an welchem Punkt auf der Karte man sich befindet und die Karte stets automatisch auf diesen Punkt zentriert wird – ganz wie beim Auto-Navi. Zudem gibt es bereits routingfähige Topos, auf denen nicht einfach der direkte Kurs von Punkt zu Punkt angezeigt, sondern eine Route entlang der Wege berechnet wird, über die das Gerät einen dann mit Abbiegehinweisen führt – genau so wie man es von der Navigation im Auto gewohnt ist. Mehr zum Thema digitale Karten und GPS finden Sie in einem eigenen Kapitel auf s. S. 181ff.

Hauptmenü

Um mit den Angaben des GPS-Geräts effizient arbeiten zu können, muss es zunächst den Anforderungen des Nutzers angepasst werden. Hierzu dient das Hauptmenü, das meist mit einer eigenen Taste „MENU“ aufgerufen werden kann und eine Vielzahl verschiedener Untermenüs umfasst, etwa zu Routen, Tracks, Anzeige, Einheiten etc. (Näheres dazu s. Kap. „Vor dem Start“ S. 111f.) Allerdings sind die Hauptmenüs nicht nur bei verschiedenen Herstellern, sondern auch bei verschiedenen Modellen des gleichen Herstellers oft sehr unterschiedlich aufgebaut und selbst vom Inhalt her nicht einheitlich. Bei den klassischen Tastengeräten blättert man sich gewöhnlich von der Startseite (oft Kartenseite) durch das Menü bis zum „Hauptmenü“, in dem man dann die Unterpunkte wie Systemeinstellungen, Wegpunkt, Track- und Routenmanager und sonstige Einstellungen findet. Bei vielen Touchscreen-Modellen hingegen (z. B. Dakota, Montana und Oregon von Garmin aber auch bei den Tastengeräten eTrex) erscheint nach dem Einschalten zunächst eine Art Desktop mit verschiedenen Icons, die neben den üblichen Seiten des Hauptmenüs (Setup, Einstellungen, Wegpunktliste etc.) auch alle weiteren Menüseiten umfassen: von der Kartenseite über Tripcomputer, Satelliten- und Navigationsseite bis zu Höhenprofil, Mondphasen, Kalender, Stoppuhr und Wecker. Wer nur die erstgenannte Art gewöhnt ist, muss sich zunächst etwas umstellen – aber dann zeigt diese Darstellung rasch auch ihre Vorteile.

Navigationsseite (Leitsystem)

Um mithilfe des GPS-Geräts nicht nur den Standort ermitteln, sondern auch ein bestimmtes Ziel ansteuern zu können, bieten moderne Geräte mindestens eine Navigationshilfe (= Leitsystem): gewöhnlich einen Richtungspfeil. Bis vor wenigen Jahren, als es noch keine Handgeräte mit Topo-Darstellung gab, war dies die eigentliche Navigationsseite. Heute kann man zunehmend auch mit der Kartenseite navigieren (s. S. 98).

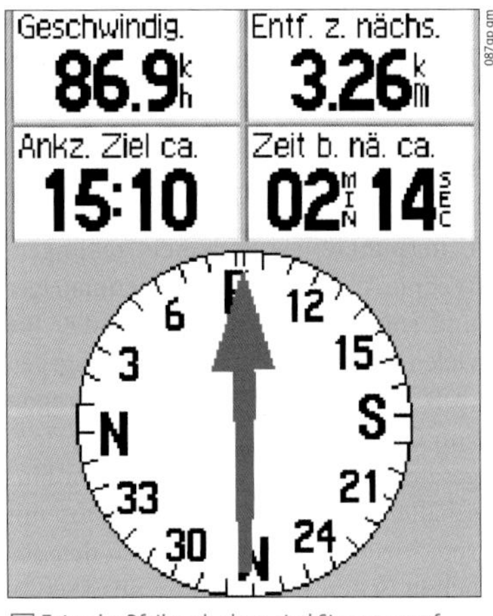

Zeigt der Pfeil nach oben, sind Sie genau auf dem richtigen Kurs

Kompass-Seite

Für Outdoorzwecke meist am hilfreichsten ist die „Kompass-Seite", die der grafischen Darstellung eines Kompasses ähnelt, aber keinen wirklichen Kompass darstellt. Der abgebildete Pfeil zeigt nicht nach Magnetisch-Nord (und auch sonst keine Nordrichtung), sondern stets die Richtung zum angesteuerten Wegpunkt (Ziel). Diese Richtung wird bei einfacheren Geräten in Bezug auf die Bewegungsrichtung angezeigt – also nur solange Sie sich mit eingeschaltetem Gerät auch bewegen, denn im Stillstand hat das Gerät keine Bezugsrichtung; d. h. im Stand kann der Pfeil in jede beliebige falsche Richtung weisen. Erst nachdem man ein paar Schritte gegangen ist, wird die genaue Richtung zum Ziel (relativ zur Bewegungsrichtung) angezeigt. Bewegt man sich genau auf das Ziel zu, zeigt der Pfeil nach oben; weicht man nach rechts davon ab, zeigt er zunehmend nach links etc. Modelle, die einen integrierten elektronischen Kompass besitzen und daher die Nordrichtung als Bezug nutzen können, zeigen die Richtung auch im Stillstand an.

Weist der Pfeil nach oben, befinden Sie sich genau auf dem richtigen Kurs. Zeigt er nach links oder rechts, müssen Sie ihm „folgen", also so weit nach links bzw. rechts schwenken, bis er wieder nach oben zeigt. Das heißt: Solange Sie mit eingeschaltetem Gerät marschieren, brauchen Sie sich nicht an den direkten Kurs zu halten. Sie können beliebig davon abweichen, um beispielsweise Hindernisse zu umgehen, da das Gerät ständig die neue Kursrichtung zum Ziel errechnet und Ihnen mit dem Pfeil jederzeit anzeigt, in welcher Richtung es

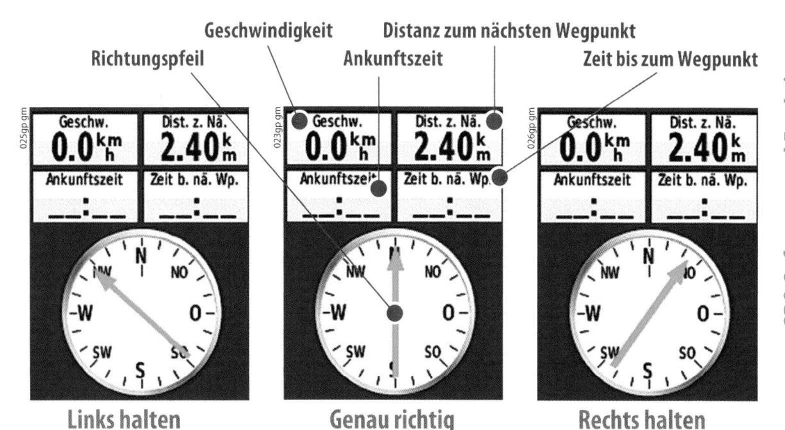

Links halten
Sie sind nach rechts vom Kurs abgekommen

Genau richtig
Bewegungsrichtung und Richtung zum Ziel stimmen überein

Rechts halten
Sie sind nach links vom Kurs abgekommen

GPS-Geräte können meist drei verschiedene Kurse anzeigen:
1. Sollkurs (Course) – die direkte Richtung vom Start zum Ziel
2. Peilung (Bearing) – direkte Richtung vom aktuellen Standpunkt zum Ziel
3. Kurs (Heading) – aktuelle Bewegungsrichtung (s. auch Kasten S. 102)

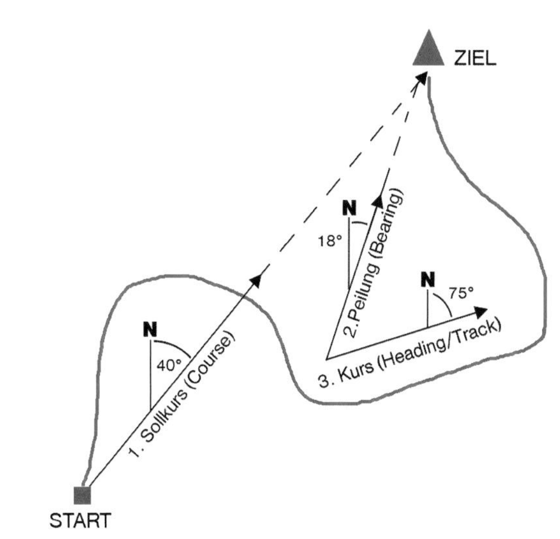

liegt. Das ist ein ganz enormer Vorteil gegenüber dem Kompass, der die genaue Richtung zum Ziel verliert, sobald man auch nur ein paar Schritte vom Kurs abgekommen ist.

Der Unterschied zwischen SPD und VMG

SPD bedeutet einfach die „aktuelle Geschwindigkeit" unabhängig von der Richtung. VMG hingegen ist die „Geschwindigkeit, mit der man dem Ziel näher kommt". Nur wenn man sich direkt auf das Ziel zubewegt, sind SPD und VGM identisch.

Welche Richtung, bitte?

Alles auf der Welt ist relativ, so auch der Kurs, weshalb es nicht nur einen, sondern gleich mehrere davon gibt:

1. Soll-Kurs (Course, CRS) – der Kurswinkel zwischen Nordrichtung und der Linie Start-Ziel, der sich nicht verändern kann.

2. aktueller Kurs (Heading, HDG oder True Course, TRK) – der Kurswinkel zwischen Nordrichtung und der aktuellen Bewegungsrichtung, der sich laufend verändert, sofern man nicht in einer schnurgeraden Linie zum Ziel geht.

3. Peilung (Bearing, BRG) – der Kurswinkel zwischen Nordrichtung und der momentanen Richtung zum Ziel, der sich in dem Maße verändert, wie man vom Soll-Kurs abweicht.

(Beachten Sie hierzu auch den Exkurs „Wo bitte ist Norden?" auf Seite 119)

Die auf vielen Geräten zusätzlich dargestellte **Kompassrose** zeigt ebenfalls nicht die Nordrichtung, sondern die Himmelsrichtung, in die Sie sich bewegen. Sie dreht sich bei allen Richtungsänderungen mit, sodass der aktuelle Kurs stets genau oben angezeigt wird. Meist werden auf der gleichen Bildschirmseite zusätzlich eine Reihe weiterer Informationsfelder eingeblendet (ihre Belegung kann oft individuell ausgewählt werden), z. B: der Name des angesteuerten Ziels (beispielsweise „Camp"), aktueller Kurs (BRG) und Entfernung (DST) zum Ziel (in Luftlinie!). Manchmal auch der tatsächliche Kurs (TRK) und die aktuelle Geschwindigkeit (SPD), die Geschwindigkeit, mit der man sich dem Ziel nähert (VMG), die geschätzte Ankunftszeit (ETA) sowie eine Skala (CDI oder XTE), die anzeigt, in welche Richtung und wie weit man vom Zielkurs abgewichen ist (s. u.).

Straßenseite (Autobahn/Highway)

Eine zweite Navigationshilfe vieler Geräte, die Straßenseite, ist dann interessant, wenn man das Ziel in einigermaßen gerader Linie erreichen kann (z. B. auf dem Wasser oder auf weiten Ebenen). Es zeigt eine stilisierte Straße, die genau nach oben weist, wenn man sich auf Soll-Kurs befindet. Weist sie nach links oder rechts, muss man den Kurs

[>] Kartenseite mit Wege-Routing, Abbiegepfeil und Höhenprofil

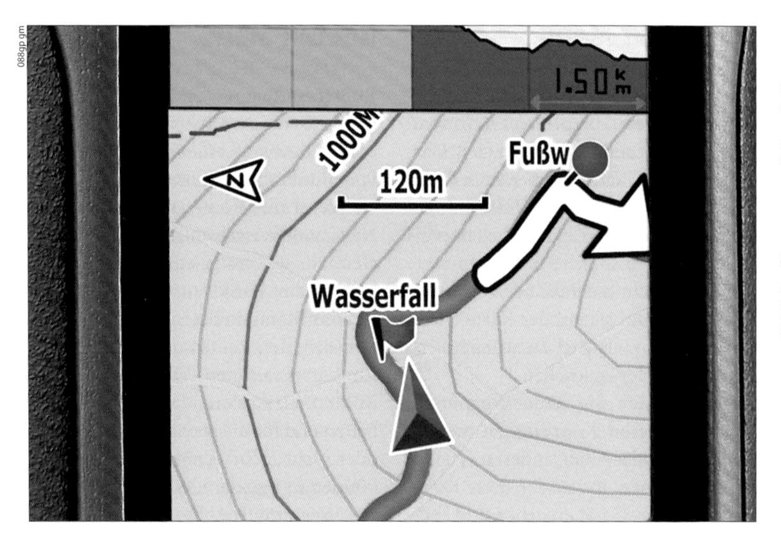

entsprechend korrigieren. Zwingen Hindernisse zu stärkeren Kursabweichungen, so verschiebt sich die „Straße" aus dem Bildbereich und man kann sich nur anhand der **Kursabweichung** (CDI oder XTE) orientieren.

An die Stelle der Kompassrose für die Anzeige der aktuellen Kursrichtung tritt hier oft ein **Kompass-Band** am oberen Rand des Displays.

Nützlich ist diese Navigationshilfe beispielsweise, wenn man bei schlechter Sicht eine weite Schneefläche, einen zugefrorenen See oder eine Wüsten- oder Steppenebene in möglichst gerader Linie durchqueren will oder wenn man mit dem Kanu über einen See setzt.

Mit beiden Navigationsseiten ist bei vielen Geräten eine Nachrichtenanzeige verbunden, die sich automatisch meldet, sobald man sich dem Wegpunkt auf eine bestimmte, vom Anwender einstellbare Distanz angenähert hat (siehe „Nachrichten, Alarm", S. 106).

Kursabweichung: Der **Cross Track Error** (XTE) oder **Course Deviation Indicator** (CDI) ist eine Skala (meist am unteren Rand der „Straßen-Navigationsseite"), die anzeigt, in welcher Richtung und wie weit man vom Soll-Kurs abgewichen ist. Die Größeneinheit der Anzeige kann man im Setup-Menü selbst einstellen. Um zurück auf den richtigen Kurs zu gelangen, muss man sich einfach entgegengesetzt der Anzeige bewegen – aber oft ist es sinnvoller (und der Weg ist kürzer), wenn man direkt dem angezeigten Kurs zum Wegpunkt folgt, der unabhängig von der Abweichung jede Sekunde neu berechnet und angezeigt wird.

XTE bzw. CDI sind – ebenso wie die „Straßenseite" – vorwiegend dann interessant, wenn man das Ziel einigermaßen geradlinig ansteuern kann und keinen größeren Hindernissen ausweichen muss. Andernfalls ist der momentane, direkte Kurs zum Zielpunkt wichtiger.

Wegpunkt-Menü

Diese Seite ist bei vielen Geräten ebenfalls unter dem Hauptmenü aufrufbar; bei einigen neueren Modellen (z. B. Garmin GPSmap) kann sie aber auch direkt durch eine eigene Taste (FIND) geöffnet werden. Sie umfasst ein Verzeichnis aller im Gerät gespeicherten Wegpunkte und ermöglicht es, einzelne Wegpunkte aufzurufen, um sie auf der Karte anzeigen zu lassen, als Ziel anzusteuern, zu bearbeiten oder zu löschen.

Hier können Sie neue Wegpunkte erzeugen, deren Koordinaten Sie aus der Karte (oder einer anderen Quelle) ermittelt haben, indem Sie diese Koordinaten in das Gerät eingeben und speichern. Bei Geräten mit Kartendarstellung können Sie auch beliebige Punkte auf der Karte per Cursor auswählen und als Wegpunkte abspeichern. Um die aktuelle Position als Wegpunkt zu speichern, haben die Geräte meist eine eigene Taste (z. B. MARK).

Alle Wegpunkte können mit Namen und einem Symbol bezeichnet und mit zusätzlichen Infos (Notiz) abgespeichert werden. Datum und Uhrzeit werden automatisch mitgespeichert. Jeden im Wegpunktverzeichnis (oder Wegpunkt-Manager) gespeicherten Punkt kann man einzeln mit allen Zusatzinfos aufrufen.

Das Gerät zeigt dann in der Regel auch die Höhe des Punktes über dem Meer sowie Entfernung und Richtung von der aktuellen Position aus an. Man kann den ausgewählten Wegpunkt per Knopfdruck am Display auf der Karte anzeigen lassen und per „GoTo" als Zielpunkt auswählen, um sich vom Gerät dorthin führen zu lassen.

Routen-Menü

Routen sind eine Verknüpfung mehrerer im Gerät gespeicherter Wegpunkte, die den Ablauf einer Tour festlegen: von Punkt 1 zu Punkt 2, zu Punkt 3 etc. Wird eine Route aktiviert (d. h. zur Navigation ausgewählt), so lotst Sie das Gerät in der festgelegten Reihenfolge von einem Punkt zum nächsten. Im Routen-Menü finden Sie eine Liste aller gespeicherten Routen und können neue Routen zusammenstellen, bestehende Routen auswählen, ändern, nachbearbeiten und für die Navigation aktivieren oder nicht mehr benötigte löschen. Sie können in bestehende Routen zusätzliche Wegpunkte einfügen, ihre Reihenfolge ändern – oder die Route komplett umkehren (vom Ziel zum Start), um auf dem gleichen Weg zurückzukehren. Die Routen bleiben im Gerät archiviert und können jederzeit wieder genutzt, auf den Computer übertragen oder an Freunde weitergegeben werden.

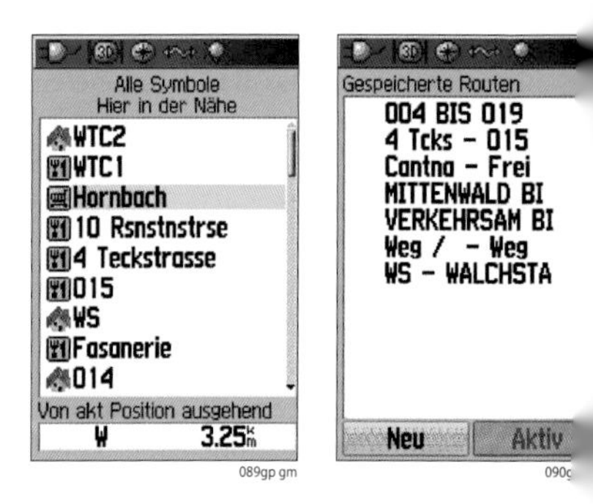

Links: Wegpunkt-Menü Garmin GPSmap

Rechts: Routen-Menü Garmin GPSmap

Route oder Track?

Sowohl Routen als auch Tracks bezeichnen einen Weg. Was ist der Unterschied? Die Route wird für die Planung einer Tour am GPS-Gerät oder Computer erstellt und umfasst einige wenige bis einige Dutzend Wegpunkte, zwischen denen meist einige hundert Meter bis mehrere Kilometer liegen. Der Track wird in der Regel unterwegs aufgezeichnet: Das Gerät markiert dann den zurückgelegten Weg sehr präzise mit dicht zusammenliegenden Trackpunkten (Hunderte oder Tausende), sodass man später genau der gleichen Spur wieder folgen kann. Es ist aber auch möglich, einen Track mit dem Mauszeiger auf einer Karte am Computer zu erzeugen und ihn auf das GPS-Gerät zu übertragen, um ihn anstelle der weniger präzisen Route für die Navigation zu nutzen. Wegpunkte können einzeln aufgerufen und als Ziel angesteuert werden; bei Trackpunkten ist dies gewöhnlich nicht möglich.

Track-Menü

Auf dieser Menüseite können Sie die Track-Aufzeichnung (s. S. 157) ein- und ausschalten, Tracks löschen und speichern und die Funktion „Backtrack" (s. S. 158) aufrufen. Weiterhin können Sie verschiedene Einstellungen vornehmen, die festlegen, wie ein Track aufgezeichnet wird:

Aufzeichnungsart: In der Einstellung „Auto" speichert das Gerät bei jeder Richtungsänderung automatisch einen Wegpunkt. Dadurch wird der Speicher optimal genutzt und man erhält die beste Aufzeichnung für ein späteres Backtracking (s. u.). Bei **automatischer Aufzeichnung** hat man teilweise noch die Wahl, ob die Punkte minimal, seltener, normal, häufiger oder maximal gesetzt werden.

Sie können aber auch selbst festlegen, in welchem **Zeit- oder Entfernungsintervall** die Wegpunkte abgespeichert werden.

Da die **Speicherkapazität** begrenzt ist, hat man meist zwei Optionen, wie das Gerät bei vollem Speicher reagieren soll: Bei **Fill** erhält man eine Meldung, kurz bevor die Kapazität erschöpft ist, und das Gerät hört dann mit der Aufzeichnung auf. Bei **Wrap** wird die Auf-

Track-Menü Garmin GPSmap

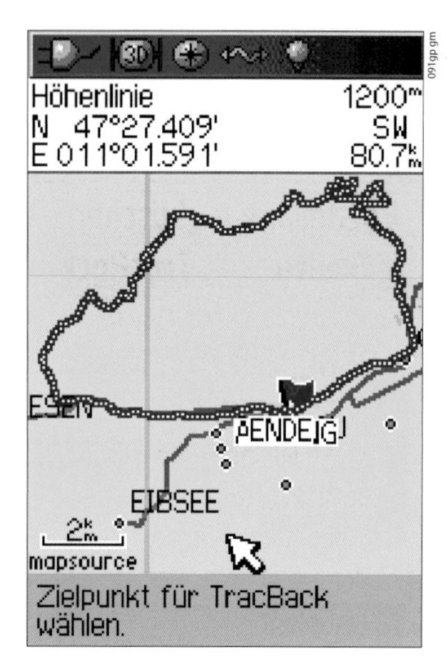

091gp gm

zeichnung permanent fortgesetzt, wobei laufend die ältesten Wegpunkte überschrieben werden; d.h. auf dem Display verschwindet der Anfang der aufgezeichneten Strecke (bei manchen Modellen wird dazu die Funktion „Überschreiben" aktiviert).

Und schließlich zeigt dieses Menü gewöhnlich eine Liste der gespeicherten Tracks und wie viel Prozent des Trackspeichers belegt bzw. noch frei sind. Die Tracks können ebenso wie Routen mit Namen bezeichnet und archiviert werden, damit man sie bei Bedarf wieder aufrufen und aktivieren kann, um den gleichen Weg wieder oder in umgekehrter Richtung zu gehen.

Beachten Sie, dass bei einigen älteren Magellan-Modellen, die über kein eigenes Track-Menü verfügen, diese Einstellungen im Routen-Menü vorgenommen werden.

Nachrichten, Alarm

Heutige Geräte blenden in bestimmten, z.T. vom Benutzer auswähl- und einstellbaren Situationen eine Nachrichtenanzeige oder Warnmeldung (Alarm) mit entsprechenden Hinweisen ein. Alle diese Meldungen können natürlich nur angezeigt werden, solange das Gerät in Betrieb ist.

Schlechter Empfang (Poor Coverage)

Wichtig ist eine Warnung, sobald das Gerät durch Hindernisse den **Kontakt zu einigen Satelliten verliert** und daher keine Position mehr im 3D-Modus errechnen kann. Bei den meisten Geräten ertönt dann ein Warnsignal und es wird entweder die Warnung selbst eingeblendet oder ein Hinweis, der dazu auffordert, die Nachricht zu öffnen.

Da der Empfänger z.B. bei Wanderungen im Wald immer wieder kurzzeitig den Kontakt verlieren kann, wäre es mehr verwirrend als hilfreich, wenn jedes Mal sofort die Warnmeldung erfolgen würde. Viele Geräte interpolieren daher kurzzeitig (d.h. sie rechnen für einige Minuten auf Basis der letzten ermittelten Werte für Kurs und Geschwindigkeit weiter) und warnen erst, wenn der Kontakt für längere Zeit unterbrochen ist. Dieses Interpolieren ist daran erkennbar, dass man sich der Anzeige zufolge weiter seinem Ziel nähert, selbst wenn man stehen bleibt!

[>] Bei ständig eingeschaltetem Gerät kann die Länge der zurückgelegten Strecke exakt gemessen werden

Ankunft (Approaching)

Nähert man sich dem als (Zwischen-) Ziel angesteuerten Wegpunkt (Active To Waypoint), so benachrichtigt das Gerät mit Signalton und Textmeldung darüber, dass dieser Punkt erreicht ist. Im Alarm-Setup kann man einstellen, ab welcher räumlichen oder zeitlichen Entfernung vom Wegpunkt der Hinweis erfolgen soll.

Gefahrenzone

Diese Funktion stammt eigentlich aus der Seenavigation, wo man rechtzeitig vor Untiefen o. Ä. gewarnt werden muss, kann aber u. U. auch in der Landnavigation hilfreich sein. Man gibt dazu im Alarm-Setup die Koordinaten einer gefährlichen Stelle (Moor, Schlucht, Felsen o. Ä.) ein und eine Distanz, ab der das Gerät bei einer Annäherung an die Risikostelle warnen soll.

Bei größeren Gefahrenstellen müssen unter Umständen die Koordinaten von mehreren Punkten eingegeben werden, um die Gefahrenstelle einzugrenzen, oder ein entsprechend großer Warn-Radius.

Kursabweichung (Off Course Alarm)

Sie können einstellen, ab welcher Abweichung vom Soll-Kurs das Gerät mit einem Signalton und einer Warnmeldung auf diese Kursabweichung hinweisen soll.

092gp rh

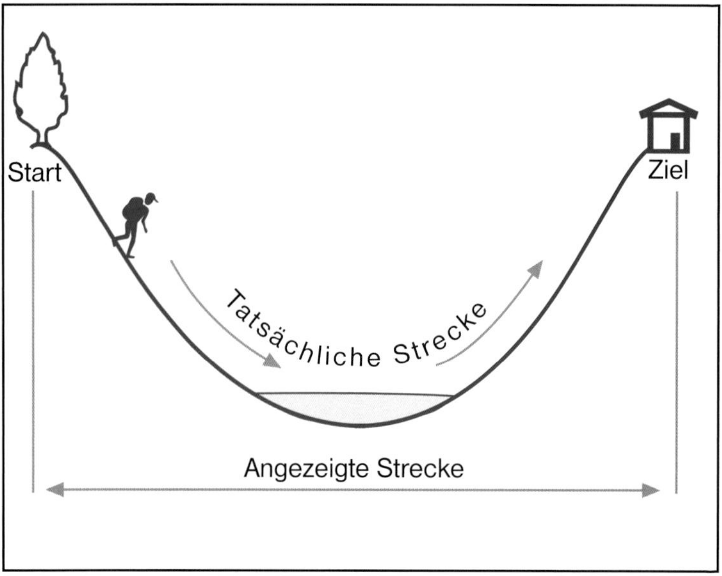

Weitere Alarmfunktionen

Außerdem verfügen viele Geräte über eine Batterieanzeige, die automatisch warnt, wenn die Batterien nahezu erschöpft sind, und über zeitliche Alarmfunktionen wie z. B. Countdown-Alarm (Signal nach Ablauf einer eingestellten Zeitspanne) oder Weckerfunktion.

Entfernungen

Das GPS-Gerät kann nicht nur die Entfernung zwischen zwei einzelnen Wegpunkten anzeigen, sondern auch die Länge der zurückgelegten Strecke exakt messen – unabhängig von Schrittlänge, Zeit und Windungen des Wegs. Dies funktioniert aber nur bei ständig eingeschaltetem Gerät, da dann jede Sekunde die momentane Position bestimmt wird und aus den einzelnen Positionsveränderungen die exakte Weglänge berechnet werden kann. Beachten Sie jedoch, dass das Gerät alle Entfernungen nur in der Ebene misst – also entsprechend den Entfernungen auf der Karte. Eine Strecke wird aber naturgemäß um so länger, je steiler das Gelände ist. Diese zusätzliche Distanz wird vom GPS-Gerät nicht registriert.

Da GPS-Geräte auch die Höhe ermitteln, könnten sie theoretisch anhand der Höhendifferenz auch die **tatsächliche Weglänge im Gelände** errechnen. Bisher ist die Software allerdings nicht darauf ausgelegt. Andererseits darf die Differenz auch nicht überschätzt werden: Bei 10 % Steigung ist der Weg laut Pythagoras nur um 0,5 % länger; bei 20 % Steigung sind es 2 %. Wesentlich

spürbarer wird der zusätzliche Kraftaufwand: 100 Höhenmeter werden gewöhnlich einem zusätzlichen Kilometer in der Ebene gleichgesetzt. Eine Wanderung von 20 km mit 1000 m Aufstieg entspricht also leistungsmäßig etwa einer Wanderung von 30 km in der Ebene.

GPS-Navigation zwischen den Vulkanen von Kamtschatka

ЗИЛ
К 685

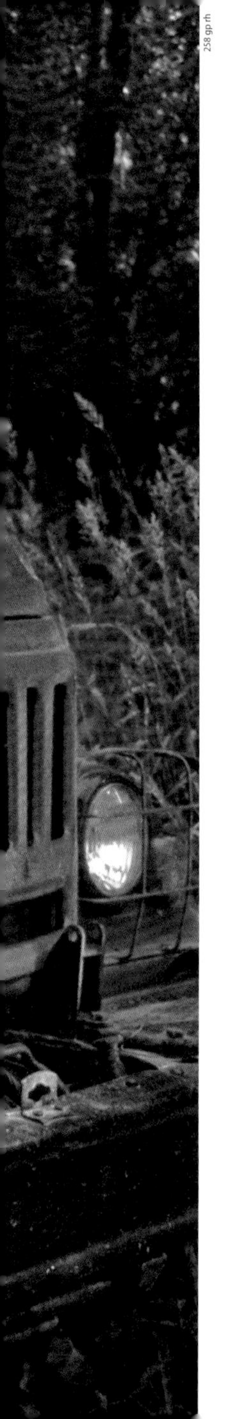

258 gp rh

Vor dem Start

So fantastisch die Leistungsfähigkeit der Geräte auch sein mag, eines darf man sicher nicht erwarten: dass man sich so ein Ding kauft, es in die Tasche steckt, loszieht und unterwegs (nachdem man sich ordentlich verfranst hat) wieder herauszieht und fragt: So, liebes GPS-Gerät. Wo bin ich denn nu? Und wie finde ich wieder nach Hause oder zum nächsten Biergarten?

Ganz so einfach ist es nicht. Vor dem Start gibt es ein paar „Hausaufgaben" zu erledigen – die sich aber rasch und ohne große Mühe bewältigen lassen.

Zur Vorbereitung des GPS-Empfängers auf die praktische Arbeit gehören:

- Initialisierung
- Anpassung an Karte und Kompass.

Beides ist für jede Tour nur einmal erforderlich, solange man Landkarten mit identischen Bezugssystemen (Datum und Gitter) verwendet. Und wenn man dann noch die richtigen Wegpunkte gespeichert hat bzw. im POI-Verzeichnis findet, dann kann das Gerät die o. g. Fragen tatsächlich beantworten.

Initialisierung

Wenn Sie das neu erworbene Gerät zum ersten Mal einschalten, werden Sie sich vielleicht fragen, ob es überhaupt richtig funktioniert. Wahrscheinlich starren Sie minutenlang gespannt auf das Display und lesen immer nur „Acquiring" oder „Satelliten erfassen". Sie warten und warten – aber keine Position erscheint. Keine Sorge! Das ist völlig normal und wird sich rasch ändern.

Um die verfügbaren Satelliten schnell zu finden, braucht das Gerät Informationen darüber, zu welchem Zeitpunkt es welche Satelliten wo suchen muss. Diese Informationen sendet jeder Satellit als sogenannte **Almanach-Daten.** Almanach-Daten (auch Almanac ge-

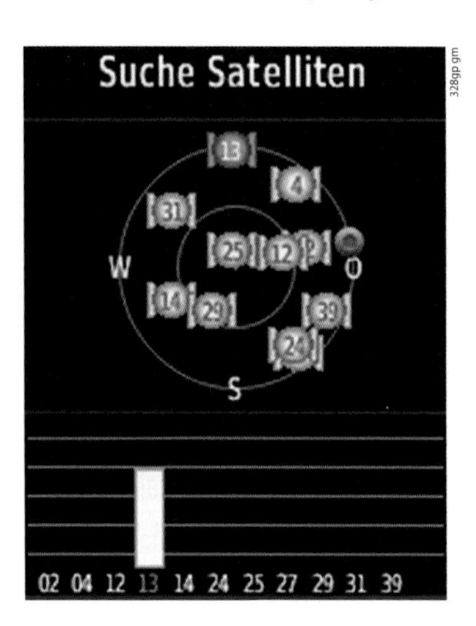

Satelliten erfassen: Bei initialisiertem Gerät dauert das meist nur einige Sekunden

nannt) sind ein Datensatz, der die Informationen über die Umlaufbahnen aller Satelliten enthält. Sie sind für ca. 1–2 Monate aktuell. Sie werden im GPS-Gerät gespeichert, können aber nur dann genutzt werden, wenn das Gerät ungefähr weiß, wo es sich befindet, denn der Himmel über dem Nordkap ist natürlich ein ganz anderer als der über dem Kongo.

Moderne Geräte sind zwar dazu in der Lage, ihre Position selbst herauszufinden, benötigen für diese **Initialisierung** aber etwa 5–10 Minuten, da sie mühsam den ganzen Himmel nach Satellitensignalen absuchen müssen. Falls sich das Gerät selbst initialisieren soll, achten Sie darauf, dass Sie es an einer Stelle einschalten, an der keine größeren Hindernisse den Empfang beeinträchtigen. Viel schneller geht es, wenn man das Gebiet eingibt, in dem man sich befindet. Bei älteren Geräten müssen hierfür noch Koordinaten eingetippt werden. Viele neuere Geräte blenden dazu nach dem Start einen Bildschirm ein, auf dem man auswählen kann, ob der Standort vom Gerät selbst ermittelt werden soll **(Autolocate)** oder nicht **(Select Country)**. Da die Übertragung der Almanach-Daten über 12 Minuten dauern kann, sollte das Gerät bei der Initialisierung **mindestens eine Viertelstunde ununterbrochen eingeschaltet** bleiben, damit es die kompletten Almanach-Daten erfasst.

Wählt man Select Country, so erscheint eine Liste von Ländern, die man durchscrollt, um das richtige Land auszuwählen (manche Geräte bieten auch eine vereinfachte Weltkarte, auf der man mit dem Cursor einfach die ungefähre Region anklickt).

Starke Abschattung

Bei starker Abschattung erhält man u. U. ebenfalls die Meldung „Schlechter Satellitenempfang" und die genannten Optionen. In diesem Fall jedoch nicht „Autolocate" wählen, da das Gerät wegen des schlechten Empfangs nicht dazu in der Lage sein wird. Bei vielen Garmin-Modellen kann man bei der Meldung „Schlechter Satellitenempfang" die Optionen „Neue Position" und „Auf der Karte" anklicken, worauf eine Weltkarte eingeblendet wird, auf der man nur noch grob auf den momentanen Aufenthaltsort klicken muss. Fertig!

Die Initialisierung ist nur erforderlich:
- Wenn man das Gerät neu gekauft hat und zum ersten Mal benutzt.
- Wenn man sich mit ausgeschaltetem Gerät über 300 km von der zuletzt berechneten Position entfernt hat.
- Wenn das Gerät längere Zeit (2–3 Monate) nicht benutzt wurde.
- Falls der Empfängerspeicher gelöscht wurde.

In diesen Fällen stehen keine ausreichend aktuellen Almanach-Daten zur Verfügung.

Autolocate

Bei automatischer Initialisierung durch das Gerät ist hindernisfreier Satellitenempfang besonders wichtig. Sonst kann die Initialisierung entweder sehr lange dauern oder gar unmöglich sein.

Kalt-/Warmstart

Wenn das Gerät einmal initialisiert ist und über aktuelle Almanach-Daten verfügt, dauert die exakte Positionsbestimmung meist höchstens 1–2 Minuten – und moderne Geräte mit schnellem Empfänger schaffen eine Positionsbestimmung unter idealen Bedingungen innerhalb einer Sekunde, also buchstäblich mit dem Einschalten. Wie schnell es geht, hängt von der Aktualität der Almanach- und **Ephemeris-Daten** ab. Als Ephemeris-Daten bezeichnet man die Vorhersage der Satellitenpositionen zu einem bestimmten Zeitpunkt, die mit den GPS-Daten übermittelt wird. Diese Daten sind exakter als die Almanach-Informationen, aber nur für max. vier Stunden aktuell.

Von einem **Warmstart** spricht man, wenn Almanach- und Ephemeris-Daten aktuell sind, d.h. wenn das Gerät innerhalb der letzten 4 Stunden in der gleichen Region eine Position ermittelt hat. Dann erfordert eine Positionsbestimmung mit älteren Empfängern etwa 15 Sekunden, mit heutigen Geräten, die leistungsstarke Empfänger besitzen, nur etwa 4 Sekunden.

Wenn die letzte Positionsbestimmung länger als 6 Stunden zurückliegt, sind die Ephemeriden veraltet, aber die Almanach-Daten noch aktuell. Dann spricht man von einem **Kaltstart,** der etwa 45 Sekunden erfordert (mit heutigen Empfängern ca. 5–10 Sekunden). Je mehr neue Satelliten seit dem letzten Einschalten über den Horizont gekommen sind, desto länger dauert es. Egal ob Kalt-, Warm- oder Heißstart, die Nase vorn haben immer Geräte, die mehr Informationen zur Verfügung haben – z.B. die neuen Garmin Modelle eTrex 10, 20 und 30 oder der TwoNav Ultra, die auch die Signale der GLONASS-Satelliten nutzen.

Sind weder Ephemeriden noch Almanach-Daten bekannt, muss das GPS-Gerät **neu initialisiert** werden (s.o.).

Temperaturverschiebung?

Manche Autoren bezeichnen die Neu-Initialisierung als „Kaltstart", den von mir als Kaltstart bezeichneten Vorgang als „Warmstart" und das, was ich Warmstart nenne, als „Heißstart". An den Fakten ändert das nichts.

Assisted GPS, A-GPS, Quickfix, Hotfix etc.

Für eine exakte Positionsberechnung muss das GPS-Gerät die Bahnen der Satelliten genau kennen. Leider sind diese Bahnen aber nicht so fest, dass man sie unbegrenzt lange vorhersagen könnte. Deshalb senden alle Satelliten neben den Signalen für die Positionsermittlung ständig auch ihre aktuellen Bahndaten, sodass die Geräte stets die genaue Bahn bzw. Position kennen und zur Berechnung verwenden können.

Allerdings sind diese Bahndaten (Ephemeriden) nur ca. 4–6 Stunden lang aktuell. Falls das GPS-Gerät nicht länger als 4 Stunden ausgeschaltet war, kann es mit den vorhandenen Daten sofort weiterrechnen und hat – bei idealen Empfangsbedingungen – innerhalb von wenigen Sekunden eine gültige Position

(Warm- bzw. Heiß-Start). War das Gerät länger ausgeschaltet, sind die Bahndaten veraltet und es müssen zunächst neue Daten empfangen werden. Dieser Vorgang verzögert die erste Positionsbestimmung (bei idealen Empfangsbedingungen) auf ca. 45 Sekunden (Kaltstart). Um die Bahndaten vollständig zu empfangen, benötigt der Empfänger etwa eine Minute und muss in dieser Zeit ohne Unterbrechung ein ausreichend starkes Signal empfangen (etwa doppelt so stark wie für die Positionsberechnung). Diese Verzögerung ist eigentlich nicht weiter schlimm – aber manchmal doch recht lästig, wenn man nicht sofort starten kann, sondern erst eine Minute oder auch länger dasteht und wartet. Zusätzliche Informationen können die Wartezeit verkürzen. Dafür gibt es zwei Wege: **1. Unterstützung von außen (Assisted oder A-GPS)**

Hierzu können bestimmte Geräte über das Internet oder über das Handy-Netz Bahndaten empfangen, die mehrere Tage lang gültig sind – und in dieser Zeit dann stets einen flotten Warmstart hinlegen: Einschalten und los geht's!

2. Eigene Berechnung (Autonomous GPS oder Self-Assisted GPS)

Da nicht jeder sein Gerät einmal pro Woche ans Internet hängen will bzw. kann, setzen Hersteller wie Garmin auf *Self-Assisted GPS;* d. h. die Geräte berechnen die Bahndaten für 5–10 Tage im Voraus und können sie dann bei jedem Einschalten sofort zum Warmstart nutzen (sofern das Gerät in der Zwischenzeit nicht zu weit von der letzten ermittelten Position entfernt wurde). Die Berechnung selbst kann zwar sehr lange dauern (mehrere Stunden), läuft aber im Hintergrund ab und danach sind die Daten für bis zu 10 Tage aktuell.

Setup: die richtige Einstellung

Solange man ausschließlich mit dem GPS-Gerät arbeitet (was gewöhnlich nur bei kürzeren Touren der Fall ist), spielen die Einstellungen des Geräts keine wesentliche Rolle. Will man aber Koordinaten zwischen Gerät und Karte übertragen oder vom Gerät angezeigte Kurswinkel am Kompass einstellen, dann müssen beide die gleichen Grundlagen verwenden, damit es nicht zu „Missverständnissen“ (sprich: Fehlern) kommt.

Die Einheiten müssen zusammenpassen! Tun sie das nicht, dann ist es, als würde man Meilen und Kilometer verwechseln.

Die „Einheiten“ der Landkarte sind das Koordinatensystem und das Kartendatum (s. S. 30). Das bedeutet: Am Gerät müssen im Menü „Setup“ zunächst das Koordinatensystem und das Kartendatum der verwendeten Landkarte eingestellt werden (z. B. UTM und WGS84 oder Gauß-Krüger und Potsdam-Datum).

Und um einen vom Gerät ermittelten Kurswinkel direkt auf den Kompass übertragen zu können, müssen die Bezugsrichtungen zusammenpassen, d. h. am Gerät muss dann unter „Kursreferenz“ (Heading) die passende Option ausgewählt sein (s. u.).

Diese Möglichkeiten bietet das **Setup-Menü** („Einstellungen"), das teilweise mehr als ein Dutzend Untermenüs umfasst – u. a. für Datum und Uhrzeit, Bildschirmkontrast, Hintergrundbeleuchtung und Signaltöne, Kartendarstellung, Maßeinheiten, Speicherkriterien und Schnittstellen. Besonders wichtig sind die **Navigationseinstellungen** im Untermenü **„Einheiten"** oder „Positionsformat" (bei älteren Geräten „NAV SETUP").

System-Menü

Im System-Menü kann der Benutzer zunächst einige Einstellungen zur Arbeitsweise des Geräts selbst auswählen. Dabei stehen meist einige (aber nicht immer alle) der folgenden Optionen zur Verfügung:

- **GPS/Betriebsart:** „Normal" (Positionsberechnung im Sekundentakt), „Energiesparmodus" (Positionsberechnung in größeren Zeitintervallen), „GPS aus" (spart Strom, solange man keine Positionsberechnung braucht) und „Vorführmodus" oder „Simulation" (um wesentliche Funktionen auch ohne GPS-Empfang auszuprobieren).
- **WAAS/EGNOS:** „aktivieren" oder „deaktivieren", je nachdem, ob man die Korrekturinformationen dieser Systeme (s. S. 43) nutzen will oder nicht.
- **Batterietyp:** „Alkaline-Batterien", „NiMH-Akku" – manchmal auch „Lithium".
- Außerdem können Sie hier beispielsweise die **Textsprache** auswählen, **externe Stromversorgung** und **Annäherungsalarme** ein- bzw. ausschalten.

Einheiten

Hier müssen unbedingt das richtige **Koordinaten- und Kartenbezugssystem** (Datum) ausgewählt sein, wenn man Informationen zwischen Gerät und Karte übertragen will.

⌃ Über die Startseite kommt man ins Setup-Menü (Einstellungen) und von dort in die Systemeinstellungen (System)

› Auswahl von Positionsformat und Kartendatum beim eTrex

Positionsformate (Koordinatensystem)

In diesem Untermenü wird das Format des Koordinatensystems (s. S. 19) eingestellt, in dem das Gerät die Position anzeigen soll. Voreingestellt ist oft die Angabe der geografischen Länge und Breite in Grad und Dezimalminuten; man kann aber auch die Angabe in Grad, Minuten und Sekunden, in Grad mit Dezimalstellen sowie in verschiedenen geodätischen Gittern (z. B. in UTM/UPS, Gauß-Krüger, Schweizer, MGRS und anderen Gitternetzformaten) einstellen. Arbeitet man ohne Landkarte, spielt die Formateinstellung keine Rolle, da die Koordinaten dann ohnehin nicht abgelesen oder übertragen werden. Will man jedoch Koordinaten zwischen Karte und GPS-Gerät übertragen, müssen die Formate natürlich übereinstimmen, d. h. das eingestellte Positionsformat muss dem Gitter der benutzten Karte entsprechen, damit die Punkte korrekt übertragen werden. Um mit verschiedenen Gitterformaten arbeiten zu können, sollte das GPS-Gerät über alle gängigen Koordinatensysteme verfügen. Am wichtigsten sind Länge/Breite, UTM und Gauß-Krüger (German Grid). Dann rechnet es alle eingegebenen Koordinaten automatisch in das jeweils ausgewählte System um.

Stromsparen im Wald?

Unter schwierigen Empfangsbedingungen, wie z. B. im Wald, ist der Stromsparmodus nicht zu empfehlen, da wegen der größeren Abstände zwischen den Messungen vielleicht gerade dann nicht gemessen wird, wenn genügend Satelliten empfangen werden könnten. Daher ist es besser, **vorher auf Normalmodus umzuschalten.** Bei Geräten mit neuerem Chipsatz (etwa ab einem Baujahr zwischen 2008 und 2010) ist dies nach meinen Erfahrungen nicht erforderlich, da sie auch im Wald ausreichend empfangsstark sind.

Kartenbezugssysteme (Kartendatum)

Wenn man Koordinaten zwischen GPS-Gerät und Karte übertragen will, muss als zweite Information neben dem Positionsformat auch das Bezugssystem oder Kartendatum (s. S. 30) der verwendeten Karte eingestellt werden. Arbeitet das GPS-Gerät mit einem an-

372gp gm

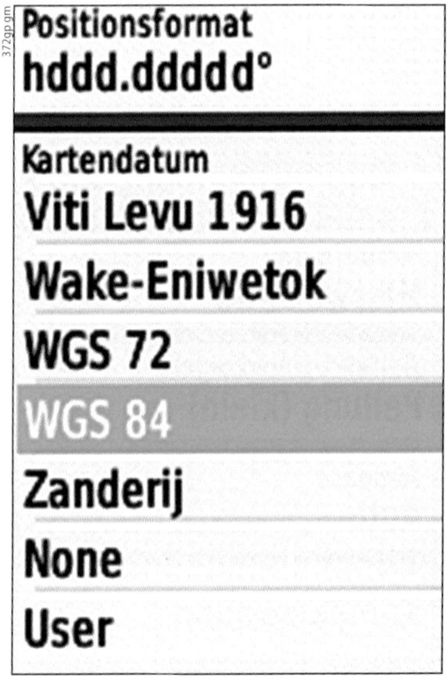

Positionsformat
hddd.ddddd°

Kartendatum
Viti Levu 1916
Wake-Eniwetok
WGS 72
WGS 84
Zanderij
None
User

deren Datum als die Karte, können sich beim Übertragen der Position auf die Karte Fehler ergeben (s. Abb. S. 32). Falls auf der Karte kein Datum angegeben ist, kann man versuchen, dieses vom Herausgeber zu erfahren. Im Zweifelsfall behalten Sie die Einstellung WGS84 bei. Arbeitet man nur mit dem GPS-Gerät ohne Karte, spielt das eingestellte Kartendatum keine Rolle. Derzeit werden alle neuen Karten für die vereinfachte GPS-Arbeit auf WGS84 und UTM-Gitter umgestellt.

Maßeinheiten (Units)

Alle Entfernungen und Geschwindigkeiten können in britischen, nautischen oder metrischen Maßeinheiten angezeigt werden, die Winkel meist in Grad oder mil. Die gewünschten Einheiten, in denen die Informationen angezeigt werden sollen, kann man im Unterpunkt „Units“ oder „Einheiten“ des Setup-Menüs auswählen. Für die Outdoor-Navigation sind metrische Maße und Grad am sinnvollsten.

Kursreferenz/Nordreferenz/Steuerkurs (Heading)

Um Kurswinkel anzugeben, bezieht sich das Gerät (wie ein Kompass) auf die Nordrichtung. Dummerweise gibt es aber mehrere verschiedene Nordrichtungen (siehe Exkurs „Wo bitte ist Norden?“ S. 119). Im Gegensatz zum Kompass kann das GPS-Gerät die Kurswinkel nicht nur in Bezug auf die magnetische Nordrichtung (AUTO MAG oder „missweisend“) angeben, sondern wahlweise auch in Bezug auf die geografische Nordrichtung (TRUE oder „wahr“ oder „rechtweisend“) oder auf Gitternord (GRID). Arbeiten Sie nur mit dem GPS-Gerät, spielt auch die Einstellung der Nordrichtung keine Rolle. Der Pfeil auf der Navigationsseite weist stets die genaue Richtung zum ausgewählten Ziel – ganz unabhängig von der eingestellten Nordreferenz, Nadelabweichung oder Deklination. Verlangen Sie das einmal von einem Kompass! Sobald jedoch der vom Gerät ermittelte Kurswinkel am Kompass eingestellt werden soll, müssen wiederum die „Einheiten“ (Bezugsgrundlagen) zusammenpassen. Das Gleiche gilt, wenn Sie für die Wegpunkt-Projektion (s. S. 142) Winkel zwischen Karte und Gerät übertragen wollen.

333gp gm

Einstellen von Kursreferenz und weiteren Kompass-Parametern beim eTrex

Wo bitte ist Norden?

„Norden ist auf der Landkarte immer oben", das hat man ja schon in der Grundschule gelernt. Denkste! Das stimmt (wie so viele Schulweisheiten!) nur grob. Tatsächlich gibt es drei verschiedene Nordrichtungen:

- **Geografisch-Nord** (GeN) ist die Richtung zum geografischen Nordpol und wird daher auch als rechtweisend Nord bezeichnet. In dieser Richtung verlaufen die Längengrade (Meridiane).
- **Magnetisch-Nord** (MaN) ist, etwas vereinfacht gesagt, die Richtung zum magnetischen Nordpol, also die Richtung, in die gewöhnlich die Kompassnadel weist. Nun liegt der Magnetpol aber leider nicht am geografischen Pol, sondern über tausend Kilometer davon entfernt, weshalb die Kompassnadel nur an wenigen Stellen der Erde genau die geografische Nordrichtung anzeigt. Hinzu kommt, dass der Magnetpol seine Lage laufend verändert, dass seine Bewegungen längerfristig schwer vorherzusagen sind und dass örtliche Störungen das Magnetfeld zusätzlich beeinflussen. In manchen Regionen (z. B. Mitteleuropa) sind die Abweichungen so gering, dass man sie vernachlässigen kann, aber im Norden Kanadas oder auf Grönland können sie so extreme Werte annehmen, dass die Kompassnadel nach Osten oder Westen weist anstatt nach Geografisch-Nord.
- **Gitter-Nord** (GiN) ist die Richtung, in die auf Karten die geodätischen Gitterlinien weisen. Da sie im Gegensatz zu den Längengraden parallel verlaufen, kann nur eine Gitterlinie mit der geografischen Nordrichtung zusammenfallen. Die Abweichung der übrigen Gitterlinien ist jedoch meist so gering, dass man sie für die Orientierung vernachlässigen kann.

Entsprechend den unterschiedlichen Nordrichtungen gibt es auch drei verschiedene Arten von Nordlinien:

- **geografische Nordlinien** entsprechen den Längengraden und weisen exakt die geografische Nordrichtung
- **geodätische Nordlinien** (Gitter für die Landvermessung) verlaufen parallel, aber nicht genau in der geografischen Nordrichtung
- **magnetische Nordlinien** (Magnetfeld der Erde) verlaufen in der Nordrichtung, die der Kompass zeigt, also zum magnetischen Nordpol (sie werden auf Landkarten sehr selten dargestellt).

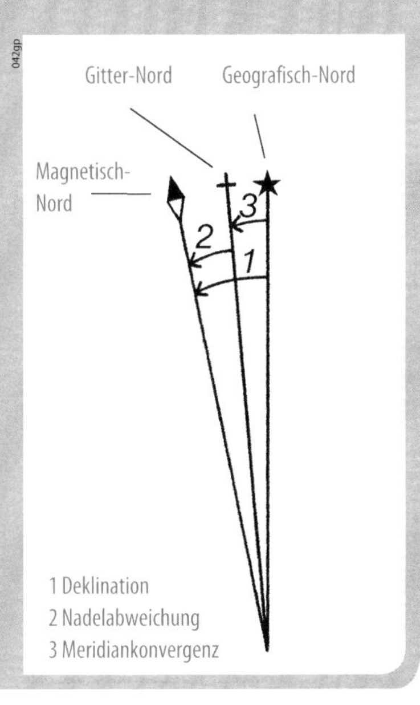

Benutzer-Bezugssystem

Sollte Ihre Karte ein Bezugssystem (Kartendatum oder Map-Datum) verwenden, das sich am Gerät nicht einstellen lässt (was höchst selten vorkommen dürfte!), so haben Sie die Möglichkeit, es unter „Benutzer-Bezugssystem" (User Map Datum) selbst einzugeben. Dies war früher recht kompliziert und erfahrenen Nutzern vorbehalten. Heute findet man die erforderlichen Parameter zur Umrechnung aus WGS84 für über 200 Bezugssysteme auf der sehr hilfreichen Website von Kowoma unter www.kowoma.de/gps/geo/mapdatum/mapdatums.php.

Wählen Sie als **Kursreferenz** eine der folgenden Einstellungen:

- **Magnetische Nordrichtung (AUTO MAG, Magnetisch, Missweisend)** – wenn Winkel zwischen dem Gerät und einem Kompass **ohne Missweisungsausgleich** übertragen werden sollen. Heutige GPS-Geräte enthalten in ihrem Speicher Informationen über die **Deklination** für jedes Gebiet der Erde und können daher diese Differenz berücksichtigen. Als Deklination bezeichnet man die Differenz zwischen Geografisch- und Magnetisch-Nord. Sie ist veränderlich und in Mitteleuropa derzeit nahe Null, sodass man sie hier ignorieren darf. In anderen Regionen (z. B. Skandinavien, Alaska, Neuseeland) kann sie jedoch erhebliche Werte annehmen. Mit der Einstellung „Magnetisch-Nord" brauchen Sie beim Übertragen von Kurswinkeln vom Gerät auf den Kompass die Deklination nicht zu beachten. Und sollte die Abweichung zwischen Magnetisch- und Geografisch-Nord sich im Verlauf der Tour verändern (meist nur bei sehr langen Strecken), so berücksichtigt das Gerät jeweils die Deklination am aktuellen Standort.
- **Geografische Nordrichtung (TRUE, Wahr, Rechtweisend)** – wenn Sie einen Kompass mit Missweisungsausgleich verwenden. Dann können die Kurswinkel der GPS-Anzeige nicht nur direkt auf den Kompass, sondern auch direkt auf eine Karte mit geografischem Netz übertragen werden, ohne etwas umrechnen zu müssen.
- **Gitter-Nord (GRID, Gitter)** – wenn Sie Winkel zwischen Gerät und Karte übertragen wollen (beispielsweise für die Wegpunkt-Projektion).
- **Benutzer (USER, USER MAG)** – wenn Sie die Größe der Deklination (in Grad) und ihre Richtung (Ost

334gp gm

Geografisch = Gitter?

Die Abweichung zwischen Geografisch- und Gitter-Nord ist außerhalb der Polarregionen so gering (in unseren Breiten ca. 2°), dass sie im Rahmen der Kompass-Ungenauigkeit liegt und daher für die meisten Orientierungszwecke ignoriert werden kann. Eine Abweichung von 2° entspricht dem Winkel, den der Minutenzeiger der Uhr in 20 Sekunden zurücklegt, und bewirkt eine Kursabweichung von ca. 35 m auf einen Kilometer. **Achtung:** Für die Wegpunkt-Projektion auf mehrere Kilometer und für polnahe Regionen muss diese Differenz beachtet werden!

Missweisung per GPS ermitteln

Falls Sie am Kompass die Missweisung (Deklination oder Nadelabweichung) ausgleichen wollen, aber auf der Karte keine aktuellen Informationen dazu finden, so kann Ihnen auch hier das GPS-Gerät weiterhelfen. Wenn Sie bei einigen Garmin-Modellen (z. B. bei GPSmap; aber nicht bei eTrex) unter „Steuerkurs", „Nordbezug" die Einstellung „Gitter" bzw. „Magnetisch" wählen, so zeigt das Gerät darunter die entsprechende Missweisung am aktuellen Standpunkt an!

oder West) manuell **selbst eingeben** wollen. Das kann nützlich sein, wenn man sich in Regionen mit starken magnetischen Schwankungen befindet, die das Gerät nicht gespeichert hat. Dann müssen Sie diese Werte aber auch selbst ermitteln (gewöhnlich auf der Kartenlegende angegeben) und unter Umständen regelmäßig aktualisieren, da sie sich von Ort zu Ort verändern können.

Kompass-Einstellung

Bei manchen Geräten mit elektronischem Kompass (z. B. GPSmap60 CS) kann man auf dieser Seite einstellen, wann der Kompass automatisch zu- bzw. abgeschaltet werden soll, um Strom zu sparen. Da das Gerät in Bewegung keine Kompasshilfe braucht, um die Zielrichtung zu weisen, kann man einstellen, dass der Kompass erst im Stillstand zugeschaltet wird bzw. erst nach einem Stillstand von einer bestimmten Dauer – sonst wird er jedes Mal sofort aktiviert, wenn man nur kurz stehen bleibt, um zu schauen.

Kompass-Kalibrierung

Ein elektronischer Kompass ist sehr empfindlich gegen elektromagnetische Störungen und kann leicht verstellt werden, z. B. schon durch einen Transport im Fahrzeug oder den Batteriewechsel. Damit er wieder zuverlässig funktioniert, muss er neu geeicht (kalibriert) werden – sicherheitshalber vor jeder Tour. Zum Glück ist das rasch und einfach zu bewerkstelligen: Achten Sie darauf, dass keine Fahrzeuge, Stromleitungen etc. in der Nähe sind, wählen Sie im Menü die Funktion „Kompass kalibrieren", legen Sie den Kompass auf eine waagerechte Fläche und drehen Sie ihn langsam zwei ganze Umdrehungen in die gleiche Richtung. Fertig! Bei einem 3-Achsen-Kompass muss die Prozedur entsprechend in drei Ebenen (bzw. um drei Achsen) wiederholt werden.

Gewöhnlich wird am Bildschirm sogar angezeigt, ob Sie zu langsam, zu schnell oder richtig drehen. Außerdem erhält man anschließend eine Meldung, ob die Kalibrierung erfolgreich war oder nicht.

Höhenmesser

Ein **barometrischer Höhenmesser** ist kein Muss, gehört aber bei vielen modernen GPS-Geräten zum Standard. Doch was nützt er, wenn die Höhe schon per GPS ermittelt wird? Zweierlei: Erstens ist er oft präziser als die GPS-Höhenangabe. Und da er nicht direkt die Höhe misst, sondern den Luftdruck (aus dem er dann die Höhe errechnet), kann er zweitens auch als Barometer für die Wettervorhersage genutzt werden.

An Punkten bekannter Höhe (z. B. Gipfel, See) kann man den barometrischen Höhenmesser seines GPS-Geräts genau wie den klassischen Höhenmesser justieren (= kalibrieren). Außerdem kann man bei den meisten GPS-Geräten mit barometrischem Höhenmesser im entsprechenden Menü die **automatische Kalibrierung** aktivieren, damit die Höhe stets gemäß den GPS-Daten justiert wird. Das ist aber nicht unbedingt die genauere Variante! Manche Geräte mit integrierter Landkarte können den Höhenmesser auch automatisch anhand der Höhendaten aus der Karte kalibrieren bzw. justieren – was sicherlich die einfachste und genaueste Lösung darstellt.

Weitere Optionen (z. B. der neuen eTrex-Modelle) sind die Wahl zwischen **Höhenmesser- und Barometermodus** (bei den GPSmap-Modellen entspricht dieser Einstellung die Wahl zwischen „Feste Höhe" und „Variable Höhe"). Solange man sich bewegt, wird man „Höhenmesser" bzw. „Variable Höhe" wählen; über Nacht kann man auf „Barometer" bzw. „Feste Höhe" umschalten, damit das Gerät die Luftdruckveränderung misst und man daraus eine Wetterprognose ableiten kann. Bei den eTrex-Geräten kann man außerdem wählen, ob die Luftdruckveränderung nur bei eingeschaltetem oder auch bei ausgeschaltetem Gerät gespeichert werden soll sowie verschiedene Optionen für die Erstellung eines Höhenprofils; z. B. Darstellung in Relation zur Distanz oder zur verstrichenen Zeit und ob das Gerät den „Umgebungsdruck" (tatsächlichen Druck) oder den barometrischen (auf Meereshöhe bezogenen) Druck anzeigen soll.

Seitenfolge

Manche Garmin- und Lowrance-Geräte bieten die Möglichkeit, individuell festzulegen, welche Menü-Seiten in welcher Reihenfolge angezeigt werden sollen. Sie können damit auch Seiten hinzufügen, die sonst beim Durchblättern des Menüs nicht automatisch erscheinen (beim eTrex z. B. die Satellitenseite), und Sie können die Reihenfolge der Seiten verändern.

Kurzbefehle

Bei neueren Touchscreen-Geräten wie dem Montana kann man außerdem häufig benutzten Funktionen einen Kurzbefehl zuweisen, mit dem diese sich rasch aufrufen bzw. aktivieren lassen. Wer z. B. die Trackaufzeichnung häufig ein- und ausschalten muss, kann dies über einen Kurzbefehl tun, damit er dazu nicht jedes Mal erst ins Setup-Menü gehen muss. Sie können sogar einen Kurzbefehl mit mehreren Aktionen verknüpfen, sodass z. B. ein Befehl die Trackaufzeichnung startet und zugleich die Kartenseite öffnet.

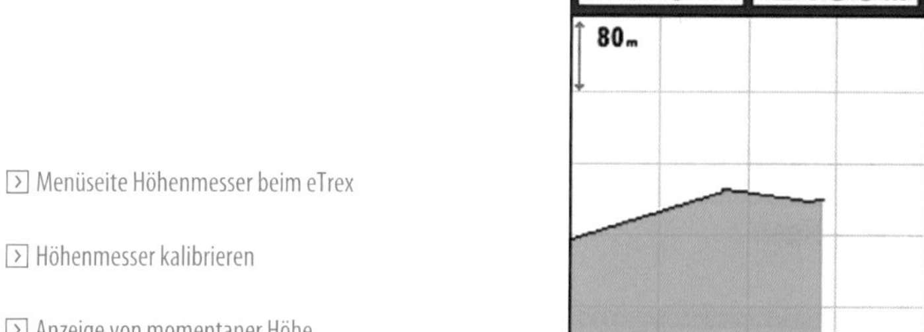

[>] Menüseite Höhenmesser beim eTrex

[>] Höhenmesser kalibrieren

[>] Anzeige von momentaner Höhe, Aufstieg und Höhenprofil

Routing

Was man bisher nur von den Auto-Navis her kannte, hält zunehmend auch bei der Outdoor-Navigation Einzug: routingfähige Karten. Und wie beim Auto-Navi können Sie dann im entsprechenden Menü Ihre Präferenzen, Optionen und Vermeidungen festlegen. Beispielsweise können Sie zunächst festlegen, ob die Route für „Auto/Motorrad", „Fahrrad" oder „Fußgänger" berechnet werden soll. Bei „Routenpräferenz" können Sie gewöhnlich zwischen „Luftlinie", „kürzeste Zeit" und „kürzeste Strecke" wählen. Weiter können Sie die üblichen „Vermeidungen" auswählen (Kehrtwenden, Mautstraßen, Autobahnen, ungeteerte Straßen, Fahrgemeinschaftsspuren etc. Mein eTrex bietet mir diese Optionen auch, wenn ich als Profil „Fußgänger" ausgewählt habe, während ich in dem Fall hier eher Optionen wie „weniger anstrengend", „geringere Höhendifferenz" o. Ä. erwarten würde. Und schließlich kann man noch auswählen, wie „Luftlinienübergänge" zu handhaben sind; d. h. wie das Gerät verfahren soll, wenn man einen Wegpunkt der Route nicht exakt erreicht, sondern in einigem Abstand passiert. Das Gerät kann dann automatisch auf den nächsten Wegpunkt umschalten (Auto), es kann Sie auffordern, manuell umzuschalten (Manuell) oder Sie können unter „Distanz" vorher festlegen, ab welcher Distanz zum Wegpunkt das Gerät auf den nächsten weiterschalten soll.

Anzeige

Hier können Sie die Display-Einstellungen festlegen: bei Schwarz-Weiß- und Graustufen-Displays den Kontrast, bei Farb-Displays verschiedene Farbeinstellungen. Wichtig ist auch die Regulierung der Hintergrundbeleuchtung (Helligkeit und Dauer), da sie viel Strom kostet.

376gp gm

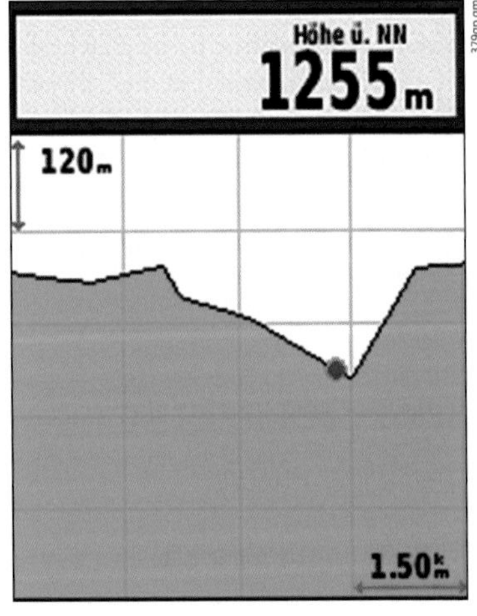

379gp gm

Checkliste vor der Tour

- Sind Koordinatensystem und Kartendatum richtig eingestellt?
- Ist die richtige Nordreferenz ausgewählt?
- Sollten Kilometerzähler, max. Geschwindigkeit, Höhendaten etc. auf Null gesetzt werden?
- Ist der Tracklog-Speicher gelöscht und die Funktion Tracklog aktiviert?
- Müssen Kompass/Höhenmesser kalibriert/justiert werden?
- Soll eine Route aktiviert werden?

Zeit

Das GPS-Gerät zeigt neben dem Datum die exakte Uhrzeit an. Da es sich dabei um die UTC-Zeit (Universal Time Coordinated = Koordinierte Weltzeit) handelt, die sich auf die GMT (Greenwich Mean Time) bezieht, müssen Sie die entsprechende Zeitdifferenz eingeben, damit es die korrekte Ortszeit anzeigt. Für die Mitteleuropäische Zeit (MEZ) ist dies +1, für die Osteuropäische Zeit +2 etc. Manche Menüs gestatten auch die Auswahl nach der Zeitzone (z. B. MEZ) oder sogar nach der nächsten größeren Stadt. Außerdem kann man hier das Zeitformat (12 oder 24 Stunden) auswählen und die Einstellungen für Sommer- und Winterzeit vornehmen.

◁ Linke Seite: Auswahl der Routing-Einstellungen und Anzeige des Höhenprofils und der aktuellen Höhe beim eTrex

▽ Auswahl der Routing-Einstellungen und Einstellen der Seitenfolge beim Montana

etrex
VISTA
GARMIN

Koordinaten ermitteln und speichern

Wie das Kapitel „GPS-Software und Funktionen“ gezeigt hat, können moderne GPS-Geräte weit mehr als nur eine Position ermitteln. Tatsächlich unterscheiden sie sich immer weniger von den aus Autos bekannten Navis und deren Komfort. Sie bieten so vielfältige Möglichkeiten, dass die Bezeichnung GPS (Global Positioning System) eigentlich längst durch GNS (Global Navigation System) ersetzt werden müsste. Doch nach wie vor sind Koordinaten das A und O jeder GPS-Arbeit. Ohne sie geht praktisch gar nichts. Deshalb muss man zunächst wissen, wie man sie ermittelt und ins Gerät eingibt und was man damit anfangen kann.

Koordinaten können auf zwei verschiedene Arten ermittelt werden:

- **Koordinaten des aktuellen Standorts** (Position Fix) bestimmt man mit dem GPS-Gerät.
- **Koordinaten von Wegpunkten** (Waypoints) liest man aus der Karte oder anderen Quellen ab.

335gp gm

Koordinaten der aktuellen Position

Ermitteln: Nichts einfacher als das. Dazu braucht man das initialisierte Gerät nur unter freiem Himmel einzuschalten. Innerhalb von einigen Sekunden oder maximal 1–2 Minuten ermittelt es die aktuelle Position und zeigt sie im ausgewählten Koordinatensystem an. Zusätzlich werden meist Höhe über dem Meer sowie Datum und Uhrzeit angezeigt. Die „nackten“ Koordinaten sind allerdings für die Orientierung noch nicht sehr hilfreich. Um etwas damit anfangen zu können und den aktuellen eigenen Standort in Relation zum Gelände zu kennen, müssen sie auf die Landkarte übertragen werden (s. u. „Koordinaten übertragen“, S. 148). Es gibt jedoch zunehmend auch Handgeräte, die topografische Karten darstellen können und dann auf dem Display den Standort direkt auf der Karte anzeigen.

Beim Ermitteln der Koordinaten mit dem GPS-Gerät müssen Sie darauf achten, dass keine Hindernisse (Bäume, Felsen oder der eigene Körper) einzelne Satelliten abschatten!

< Bestimmen der Koordinaten des Standorts mit Garmin eTrex

Speichern: Die Koordinaten jedes vom Gerät ermittelten Standorts lassen sich durch simplen Knopfdruck (z. B. „MARK“, „WPT“ oder „ENTER“-Taste) abspeichern und mit einer Bezeichnung versehen.

Beim Speichern eines vom GPS-Empfänger ermittelten Standorts spielt es keine Rolle, welches Koordinatensystem und welches Kartendatum ausgewählt ist – wichtig ist dies nur für die Übertragung der Koordinaten auf die Papierkarte.

Höhere Genauigkeit durch Mitteln der Position

Mehr Genauigkeit durch Mitteln

Sofort nach Ermittlung der ersten Position kann diese Angabe aufgrund verschiedener Faktoren noch relativ ungenau sein. Die meisten Geräte zeigen einen ungefähren Schätzwert für die Fehlergröße. Beobachtet man das Display einige Momente, so merkt man, dass sich die angezeigten Koordinaten ständig leicht verändern und die Fehlergröße gleichzeitig abnimmt.

Da das Gerät jede Sekunde eine Positionsberechnung durchführt, kann es die Streuung berücksichtigen und einen Mittelwert bilden, der sich der tatsächlichen Position zunehmend annähert. Warten Sie daher ca. 20 Sekunden bis die Schwankungen nachlassen und eine geringe Fehlergröße angezeigt wird.

Viele Modelle bieten im Menü „Wegpunkt speichern“ die Option „Position mitteln“, die man für mehr Genauigkeit anklicken kann. Danach etwa 20 Messungen abwarten.

Koordinaten von Punkten, die leicht wiederzufinden sind, müssen nicht unbedingt mit maximaler Präzision gespeichert sein (obwohl man auch daran denken sollte, dass selbst eine weithin sichtbare Hütte im ungünstigen Fall im Nebel plötzlich erst auf wenige Meter erkennbar sein kann). Besonders wichtig ist die maximale Präzision bei schlecht erkennbaren Punkten in unübersichtlichem Gelände – wie z. B. eine kleine Quelle im dichten Wald.

Beim Mitteln kann der Stromsparmodus lästig werden, da das GPS-Gerät dann erheblich langsamer arbeitet, weil es die Positionen nur im Abstand von 5 oder 10 Sekunden berechnet.

Bezeichnung gespeicherter Punkte

242 gp gm

Wegpunkte kann man vor dem Speichern mit einem Namen versehen. Wählt man gar nichts aus, so erhält jeder Wegpunkt vom Gerät automatisch eine fortlaufende Nummer und ein einheitliches Standardsymbol zugewiesen. Dadurch wird der Wegpunktspeicher allerdings rasch unübersichtlich und es wird einem bald nicht mehr gelingen, bestimmte Punkte wiederzufinden. Für mehr Übersicht wählen Sie besser eine aussagekräftige Bezeichnung (z. B. „Start", „Camp", „Hütte" etc.), die Ihnen hilft, den Punkt einer bestimmten Stelle auf der Karte zuzuordnen. Für längere Touren oder umfassendere Wegpunkt-Archive reichen solch einfache Bezeichnungen allerdings nicht mehr aus, immerhin speichern heutige Geräte oft mehrere 1000 Wegpunkte. Gleichzeitig sollen die Bezeichnungen aber kurz gehalten werden, um z. B. die Kartenseite nicht zu „überfüllen". Ein guter Kompromiss ist daher eine Buchstaben-/Ziffern-Kombination, die es erlaubt, die Wegpunkte einzelnen Touren, Pfaden oder Regionen zuzuordnen: SA01, SA02 für „Schwäbische Alb, Wegpunkt 1", „Wegpunkt 2" etc. oder WCT01, WCT02 etc. für „West Coast Trail Wegpunkt 1", „Wegpunkt 2" etc. Das schafft Ordnung und lässt sich dennoch rasch eingeben. Zusätzlich kann man die Wegpunkte mit einem **Symbol** (Parkplatz, Hütte, Gipfel, Kreuzung, See, Camp) kennzeichnen.

242gp gm

Wegpunkte können mit Namen versehen werden, indem man die Buchstaben und Ziffern am Display auswählt

Den Wegpunkt „Gipfel" mit einem Symbol speichern

Standort und Wegpunkte ermitteln und speichern

	Standort	Wegpunkte
Koordinaten	werden vor Ort vom Gerät ermittelt	müssen aus der Karte oder anderen Quellen abgelesen werden
Beachten	Satellitenempfang im 3-D-Modus	Einstellungen von Koordinatensystem und Datum müssen denen der Karte entsprechen
Eingabe	per Knopfdruck (z.B. „Mark")	durch Eingabe der einzelnen Buchstaben und Ziffern per Tastatur
Koordinatensystem/ Kartendatum	beeinflussen nicht die gespeicherte Position, aber die angezeigten Koordinaten	beeinflussen den gespeicherten Wegpunkt, aber nach der Eingabe können beide beliebig konvertiert werden

Vorsicht „Fremd"sprachen

Die Zahl der Hersteller von GPS-Geräten nimmt zu und jeder scheint das Bedürfnis zu haben, seiner Kreativität bei der Prägung neuer Begriffe freien Lauf zu lassen. Bei manchen heißt ein gespeicherter Wegpunkt nicht nüchtern „Wegpunkt", sondern „Lieblingsort" oder „Lieblingsstandort" (Xplova) oder „GeoNotiz" (MyNav). Und bei Satmap heißen sie gar „POI", was im allgemeinen Sprachgebrauch eine völlig andere Bedeutung hat (nämlich: Point of Interest, Sonderziel). Zu „Wegpunkten" werden die Satmap-"POI" erst, wenn man sie in eine Route integriert. **Machen Sie sich also mit der Sprache Ihres Geräts vertraut,** um es richtig zu verstehen.

Zusätzlich kann man den gespeicherten Wegpunkt mit der entsprechenden Bezeichnung auf der Karte vermerken und/oder mit Bezeichnung und Koordinaten in einem kleinen Notizbuch festhalten. In der Regel können zusammen mit den Koordinaten des Punktes auch noch weitere Informationen (Kommentar, Bild, Sprachnotiz o. Ä.) gespeichert werden (s. u.).

Wegpunkte

Koordinaten von Wegpunkten ermitteln

Bereits bei der Planung kann man die Position wichtiger Punkte entlang der Route im Gerät abspeichern, indem man deren Koordinaten eingibt.

Ermitteln: Diese Koordinaten kann man beispielsweise aus der Karte ermitteln (s. u.) und über die Tastatur eingeben. Das war früher die übliche und oft die einzige Möglichkeit, doch heute geht es meist bequemer. Zunehmend werden Positionen von Berghütten, Gipfeln etc.

aber bereits mit Koordinaten angegeben. Außerdem kann man zu Hause auf dem Computer mit einer digitalisierten Karte arbeiten, die zu jeder Mausposition die Längen- und Breitenkoordinaten anzeigt (s. S. 182).

Speichern: Die Koordinaten werden auf der entsprechenden Menüseite über die Tastatur des Geräts eingegeben (bzw. bei den Touchscreen-Modellen über eine eingeblendete Tastatur) und abgespeichert. Da GPS-Geräte keine Ziffern-/Buchstabentastatur besitzen, wird ein Ziffern- und Buchstabenblock auf dem Display angezeigt. Darauf werden sie mit dem Cursor angesteuert und per „Enter" ausgewählt. Deutlich schneller und komfortabler arbeitet man mit Touchscreen-Geräten, die eine übliche QWERTZ-Tatstatur, einen Ziffernblock und sogar Sonderzeichen einblenden, sodass man beliebige Namen und Bezeichnungen rasch eintippen kann. Noch bequemer ist es, Wegpunkte oder ganze Routen mithilfe digitaler Karten und Wegpunkt-Programme (s. S. 246) am Computer per Mausklick zu erstellen und dann per Datenkabel auf das GPS-Gerät zu übertragen.

Per Touchscreen lassen sich die Namen rasch eingeben (links); rechts: Speichern der Position mit Namen und Notiz (beides mit Garmin Montana)

Die gespeicherten Wegpunkte können – genau wie die der aktuellen Position – mit Namen versehen, zu Routen kombiniert, später bearbeitet und wieder gelöscht werden. Die meisten Geräte speichern zusätzlich zu jedem Punkt das Datum und die Uhrzeit, zu der er gespeichert wurde. Viele bieten außerdem die Möglichkeit, den Wegpunkt mit einem Symbol (z. B. für Camp, Parkplatz, Brücke, Angelstelle etc.) zu verbinden, das man aus einer Liste von Optionen auswählt und das dann auf der Kartenseite an der tatsächlichen Position erscheint.

Für die korrekte Eingabe eines Wegpunkts müssen am GPS-Gerät das Koordinatensystem und Datum der benutzten Karte bzw. der einzugebenden Koordinaten ausgewählt sein!

Das Speichern vom Gerät errechneter Positionen und die Eingabe aus der Karte oder anderen Quellen ermittelter Koordinaten gehört zu den wichtigsten Aufgaben der GPS-Arbeit. Beides sollte man vor der ersten Tour ausprobieren und ggf. üben, bis man die Prozedur mühelos beherrscht, ohne im Handbuch nachschlagen zu müssen.

Koordinaten aus der Karte ermitteln

Koordinaten aus der Papierkarte zu ermitteln (bzw. „herauszumessen"), war bis vor wenigen Jahren das tägliche Brot der GPS-Arbeit, da es kaum andere Möglichkeiten gab, um Wegpunkte für eine Route zu erstellen. Heute lädt man komplette Routen aus dem Internet oder erstellt sie rasch mit ein paar Mausklicks am Computer. Wie man Koordinaten aus der Papierkarte ermittelt, ist fast schon vergessen. Aber was, wenn man unterwegs einen Abstecher zu einem Gipfel einbauen will oder gezwungen ist, die eigentliche Route aufzugeben und eine **Alternativroute** zu planen? Dann ist man froh, wenn man auf diese Basics zurückgreifen kann. Zudem ist das kein Hexenwerk, denn man macht eigentlich nichts anderes, als den Abstand zu den zugehörigen Gitterlinien zu messen. Voraussetzung ist, dass die Karte ein aufgedrucktes Gitter hat. Alle neueren Topos sollten ein UTM-Gitter aufweisen. Anfangs kann der „Zahlensalat" unterschiedlicher Bezifferungen am Kartenrand verwirren, denn oft sind nicht nur die UTM-Gitterlinien beziffert, sondern auch noch am Rand angerissene geografische Koordinaten und sonstige Gitter. Zudem ist der Kartenrand manchmal recht weit vom gesuchten Punkt entfernt, sodass es (vor allem draußen im Gelände) nicht ganz einfach ist, die zugehörigen Gitterlinien zu verfolgen. Und schließlich ist es schlicht ein Stück Arbeit, besonders wenn die Koordinaten vieler Punkte zu ermitteln sind. Aber mit etwas Übung hat man sich rasch daran gewöhnt.

Karten ohne Gitter

In manchen älteren Karten ist das Gitter nur am Rand angerissen. Dann muss man zunächst die zusammengehörenden Markierungen mit einem langen Lineal verbinden und die Gitterlinien mit einem feinen Stift einzeichnen. Das sollte man auf jeden Fall zu Hause erledigen und nicht erst unterwegs!

Im UTM-Gitter (mit Planzeiger, Ecklineal, Lineal)

Im UTM-Gitter lässt es sich – wie in jedem geodätischen Gitter – bequem arbeiten, da die Gitterlinien rechtwinklig und parallel verlaufen, sodass ihre Abstände überall identisch sind. Man könnte daher einfach mit einem beliebigen Lineal oder Geodreieck hergehen und die Abstände messen (s. u.). Kein Problem! Es gibt aber auch Möglichkeiten, rascher und präziser zu arbeiten: den **Planzeiger** oder das **Ecklineal.** Beide Hilfsmittel bestehen aus zwei rechtwinklig zueinander angeordneten Linealen aus durchsichtigem Kunststoff, die es gestatten, Rechts- und Hochwert gleichzeitig abzulesen. Außerdem lassen sie sich durch ihre Form präziser parallel bzw. rechtwinklig zu den Gitterlinien anlegen als ein einfaches Lineal. Der einzige Unterschied besteht darin, dass beim Planzeiger die beiden Skalen an der Innenseite der Schenkel angebracht sind, beim Ecklineal an der Außenseite.

Planzeiger bzw. Ecklineal unterteilen die Gitterfelder (bei Topos meist 1-km-Gitter) weiter in 100-m- oder noch feinere Segmente und erlauben (je nach Maßstab) das Abschätzen bis in den 10-m-Bereich. Das heißt: Jeder Maßstab erfordert eine eigene Skala. Dafür können Sie die Werte aber auch **direkt ablesen** und müssen **nichts umrechnen.** Die 100-m-Skala ist mit den Ziffern 1–9 beschriftet, dazwischen muss (evtl. mithilfe der feineren Unterteilung) geschätzt werden.

Bezugsquellen für Planzeiger/Ecklineal

Ecklineale für die gängigen Maßstäbe findet man auf den Grundplatten guter Kompasse. Planzeiger bekommt man in geografischen Buchhandlungen. Beides kann man auf stabiler Klarsichtfolie auch selbst herstellen – oder Vorlagen aus dem Internet herunterladen und auf Folie ausdrucken. Ein Ecklineal mit Skalen für verschiedene Maßstäbe ist unter www.maptools.com erhältlich. Den AV-Planzeiger mit vielen Zusatzfunktionen gibt es beim DAV-Shop: www.dav-shop.de.

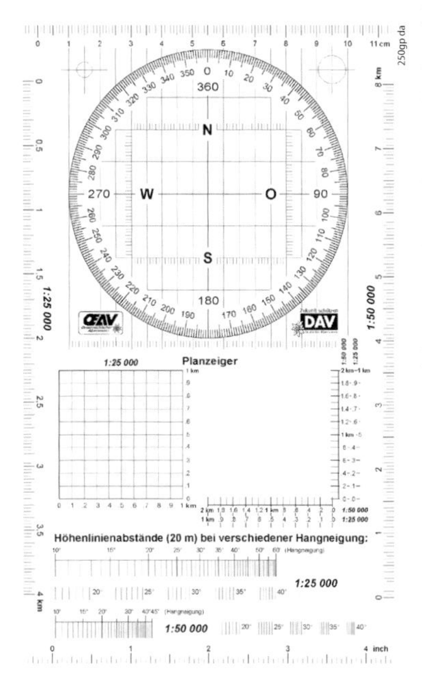

◁ Planzeiger des Deutschen Alpenvereins (DAV)

▷ Das Herausmessen mit dem Ecklineal

Ecklineale für verschiedene Maßstäbe

Auf der hinteren inneren Umschlagseite sind mehrere Ecklineale abgedruckt.

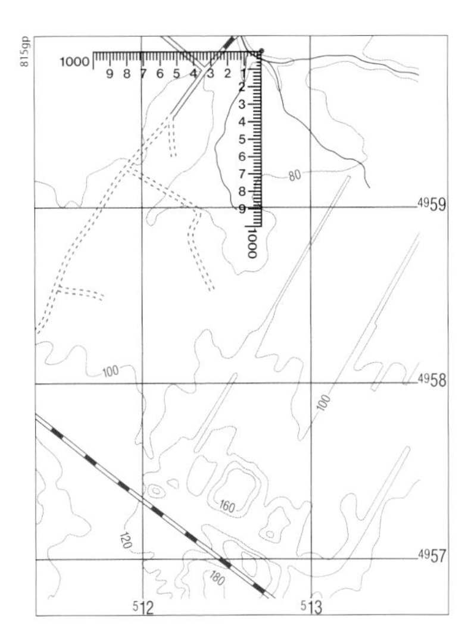

Herausmessen mit dem Ecklineal (siehe Beispielskizze oben): Legen Sie das Ecklineal so auf die Karte, dass seine Kanten parallel zu den Gitterlinien laufen und die Ecke (Nullpunkt) genau den Punkt berührt, dessen Koordinaten Sie ermitteln wollen. Nun können Sie Rechts- und Hochwert an den Gitterlinien ablesen, die das Ecklineal schneiden, zunächst den Rechtswert an der waagerechten Skala (im Beispiel 710), dann den Hochwert an der senkrechten Skala (im Beispiel 890). Die zugehörigen Kilometer-Werte sind am Kartenrand abzulesen und hinzuzufügen:

Rechtswert:
5**12**000 plus 710 gleich 5**12**710mE
Hochwert:
49**59**000 plus 890 gleich 49**59**890mN

Ecklineal bzw. Planzeiger müssen grundsätzlich so angelegt werden, dass der Punkt, um dessen Koordinaten es geht, rechts und oberhalb der Gitterlinien liegt, an denen man abliest. Das ist einfach zu merken, da man ja den Rechts- und Hochwert ermitteln will.

Herausmessen mit dem Planzeiger (siehe Beispielskizze S. 136): Der Planzeiger wird mit der waagerechten Skala an der Gitterlinie unterhalb des zu bestimmenden Punktes angelegt und zwar so, dass seine senkrechte Skala den Punkt schneidet. Nun kann man wiederum beide Werte ablesen: zunächst den Rechtswert am Schnittpunkt der waagerechten Skala mit der senkrechten Gitterlinie, dann den Hochwert an der senkrechten Skala – dort wo sie den Punkt berührt. Die dazugehörigen Kilometer-Werte sind wiederum am Kartenrand abzulesen und hinzuzufügen:

Rechtswert:
5**12**000 plus 710 gleich 5**12**710mE
Hochwert:
49**59**000 plus 890 gleich 49**59**890mN

Herausmessen mit dem Lineal: Hat man weder Planzeiger noch Ecklineal, so kann man sich mit einem simplen Lineal behelfen. Dann muss man allerdings beide Werte nacheinander messen – und ggf. auch umrechnen. Einfach ist das Umrechnen beim Maßstab 1:100.000, da dann 1 km in der Natur genau einem Zentimeter auf der Karte entspricht und die Millimeter-Skala am Lineal genau den Meter-Angaben. Doch dieser Maßstab ist für Wanderungen zu ungenau. Meist benutzt man Karten im Maßstab 1:50.000 oder 1:25.000 und muss dann die abgelesenen Millimeter-Werte mit 50 bzw. 25 multiplizieren, um die richtigen Werte zu erhalten (und dann durch Multiplikation mit 1000 die Millimeter- in Meter-Angaben umzurechnen, denn beim Maßstab 1:50.000 entspricht 1 mm auf der Karte 50 m in der Natur, bei 1:25.000 1 mm 25 m).

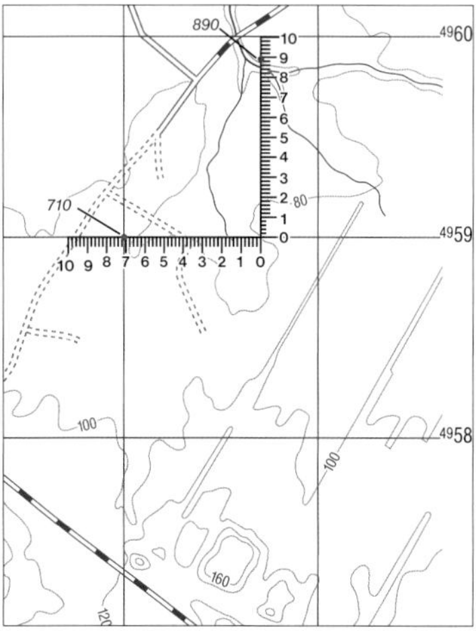

Für den Punkt in obigem Beispiel, für den mit Planzeiger bzw. Ecklineal die Werte 710 und 890 ermittelt wurden, würden sich mit dem Lineal folgende Messungen ergeben (die dann entsprechend der Klammer umgerechnet werden müssen, s. Tabelle 1). Für Kopfrechnungen kann es einfacher sein, zunächst durch 2 bzw. 4 zu teilen und dann die mm-Werte in Meterangaben zu konvertieren (s. Tabelle 2).

Das richtige Zonenfeld

Heutige Topos sollten eigentlich das Zonenfeld am Kartenrand angeben – insbesondere, wenn der Herausgeber die Karte als „GPS-fähig" bezeichnet. Leider ist dies trotzdem nicht immer der Fall. Dann kann man das Zonenfeld mithilfe einer entsprechenden Übersichtskarte ermitteln (z.B. in diesem Buch S.24/25 oder im Internet unter http://commons.wikimedia.org/wiki/File: Utm-zones.jpg).

< Das Herausmessen mit dem Planzeiger

> GPS-Arbeit in der Vulkanwüste der Kamtschatka-Halbinsel

Tabelle 1		1:100.000	1:50.000	1:25.000
Rechtswert	710	7,1 mm ≙ 710 m	14,2 mm (x 50 ≙ 710 m)	28,4 mm (x 25 ≙ 710 m)
Hochwert	890	8,9 mm ≙ 890 m	17,8 mm (x 50 ≙ 890 m)	35,6 mm (x 25 ≙ 890 m)

Tabelle 2		1:100.000	1:50.000	1:25.000
Rechtswert	710	7,1 mm ≙ 710 m	14,2 mm (:2 ≙ 710 m)	28,4 mm (:4 ≙ 710 m)
Hochwert	890	8,9 mm ≙ 890 m	17,8 mm (:2 ≙ 890 m)	35,6 mm (:4 ≙ 890 m)

Eingabe ins GPS-Gerät: Eigentlich muss man nun einfach nur die ermittelte Ziffernfolge (Rechtswert 5**12**710mE und Hochwert 49**59**890mN) zusammenfügen (5**12**71049**59**890), das richtige Zonenfeld davorsetzen (z. B. 31T) und diese Buchstaben-/Ziffernkolonne (31T5127104959890) in das Gerät eingeben. Allerdings ist die richtige Seite für das Einfügen der Koordinaten bei verschiedenen Modellen auf sehr unterschiedliche Weise zu finden und auch die Art der Eingabe ist nicht immer gleich. Bei älteren Garmin-Geräten etwa gab es einfach eine Seite „Waypoint", auf der man dann eine leere Schablone erhielt, die recht mühsam und zeitaufwendig auszufüllen war. Bei neueren Modellen drückt man einfach die MARK-Taste (bzw. wählt „Zieleingabe" und dann „Koordinaten"), worauf das Gerät die Koordinaten des aktuellen (oder zuletzt ermittelten) Standorts anzeigt. Anstatt diese zu speichern, ändert man nun einfach die vorgegebenen Koordinaten entsprechend ab. Das hat den Vorteil, dass beim Eingeben von

Koordinaten-Eingabe

Bei geodätischen Gittern muss die ganze Ziffernfolge der Koordinaten eingegeben werden inkl. Bezeichnung des Zonenfeldes (z. B. 32U) bzw. der Zonennummer (bei Magellan), die am Rand vermerkt sein sollte. Achtung: Am Ende der Gitterlinien steht nicht immer die komplette Ziffernfolge! Dort findet man nur die km-Angaben (Tausender); weitere Werte muss man herausmessen (s. S. 136). Außerdem ist auf die richtige Reihenfolge zu achten (erst Rechts- dann Hochwert). Beispiel: 32U 0506205, UTM 5330023 bzw. bei Magellan: 32506205 O 5330023 N.

264gp rh

Punkten nahe dem zuletzt ermittelten Standort das Zonenfeld und die jeweils ersten Ziffern erhalten bleiben können. Ältere Magellan-Geräte verlangen vor den Koordinaten nur die Eingabe der Zonennummer; das Breitenband wird nicht eingegeben!

Will man vor der Reise Wegpunkte einer weit entfernten Region eingeben, so ist darauf zu achten, dass auch das **richtige Zonenfeld** (angegeben auf der Landkarte) eingegeben wird. Einen Fehler im Breitenband (Buchstabe) wird das Gerät anhand des Hochwertes erkennen und korrigieren – sofern man auf der gleichen Halbkugel bleibt (s. UTM-Gitter S. 23). Die Zonennummer hingegen kann es nicht korrigieren – und wer sich hier vertut, den wird es um Hunderte von Kilometern vom gewünschten Ziel verschlagen.

Bei Geräten ohne eigene MARK-Taste (z. B. eTrex-Modelle) muss man zunächst zur Kartenseite gehen und dort mit dem Cursor einen beliebigen Punkt (möglichst nahe dem gesuchten Wegpunkt) anklicken. Man erhält dann die Frage „Anwenderpunkt anlegen“ eingeblendet, klickt auf „Ja“ und bekommt die Koordinaten des angeklickten Punktes angezeigt, die man nur noch entsprechend zu korrigieren braucht. Weitere Details zu einzelnen Geräten finden Sie im Handbuch zum jeweiligen Gerät

Im geografischen Netz

Im geografischen Netz ist das Übertragen der Koordinaten etwas schwieriger, da senkrechte und waagerechte Linien sich nicht exakt im rechten Winkel schneiden und der Abstand der senkrechten Linien nicht konstant ist, sondern um so geringer wird, je weiter man sich vom Äquator entfernt. Die Gitterlinien bilden daher keine gleichbleibenden Quadrate, sondern Trapeze, die mit zunehmender Polnähe immer schmaler und höher werden. Man braucht also **zwei verschiedene Lineale** – und das nicht nur für jeden Maßstab, sondern zusätzlich für jede geografische Breite. Weiterhin kommt es darauf an, in welchem Abstand die Gitterlinien auf der Karte eingezeichnet sind: in Europa je nach Maßstab meist im Abstand von einer Minute (1’) oder von zehn Minuten (10’), in Amerika meist 7,5’ oder 15’.

Diese Klippe kann man umschiffen, indem man vor der Tour für die verwendete(n) Karte(n) einen **eigenen Netzteiler herstellt,** der dem Planzeiger für rechtwinklige Gitter entspricht. Am einfachsten geht dies mithilfe eines auf Gitterpapier aufgezeichneten Strahlenbüschels (siehe Umschlagklappe). Die Zahl der Strahlen richtet sich nach dem Abstand der Gitterlinien und danach, wie fein man sie unterteilen will (z. B. in Dezimalminuten oder Sekunden). Da man die Art der Anzeige am GPS-Gerät beliebig auswählen kann, ist es sinnvoll, mit Dezimalminuten zu arbeiten und bei Karten im Maßstab 1 : 25.000 oder 1 : 50.000 mit einer Genauigkeit von einer Stelle hinter dem Komma.

> Netzteiler für das geografische Netz. Nicht zu verwechseln mit dem „Netzteiler“ für Karten des Alpenvereins, der für geodätische Quadrate geschaffen wurde

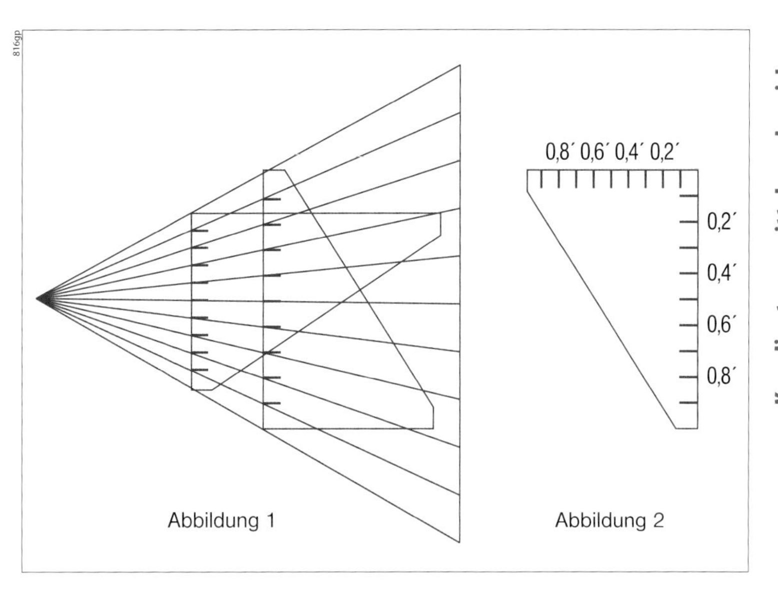

Abbildung 1 Abbildung 2

Beachten Sie bitte, dass sich im geografischen Gitter (anders als im geodätischen Gitter!) für westliche Längen und südliche Breiten die Zählrichtung umkehrt (nicht mehr von links nach rechts bzw. von unten nach oben, sondern von rechts nach links bzw. von oben nach unten) – und der Netzteiler für diese Hemisphären daher entsprechend umgekehrt angelegt werden muss.

Bei den gängigen Karten mit Minutenfeldern (Abstand der Gitterlinien je 1') muss das Strahlenbüschel aus 11 Strahlen bestehen. Übertragen Sie nun das Minutenfeld der Karte auf Transparentpapier oder noch besser mit einem feinen Permanentstift auf dicke, durchsichtige Plastikfolie und legen Sie es einmal mit der Längs- und einmal mit der Querseite parallel zum Kästchengitter so zwischen die äußeren Strahlen, wie auf der Abbildung 1 oben gezeigt. Dann markieren Sie die Schnittpunkte der Strahlen mit der Folien-(bzw. Papier-)kante, die hierdurch in zehn gleich große Abschnitte unterteilt wird. So erhalten Sie einen Netzteiler (Abb. 2), der auf der Karte, für die er gefertigt wurde, genau wie ein Planzeiger angelegt und abgelesen werden kann und die Position im Minutenfeld auf 0,1 Minuten (also 6 Sekunden) genau anzeigt. Die Anzeige am GPS-Gerät muss dann auf Dezimalminuten eingestellt sein (also z. B. 66° 30,2'N 16° 0,4'E).

Eine andere gute Möglichkeit, Koordinaten eines Punkts im geografischen Netz zu ermitteln, bietet ein **Länge-/ Breite-Lineal** (Abb. S. 141), wie man es für gängige Maßstäbe bekommt. Die Breite wird ermittelt, indem man das Lineal senkrecht zwischen zwei aufgedruckte Breitenlinien legt, sodass es mit der richtigen Skala den Punkt berührt.

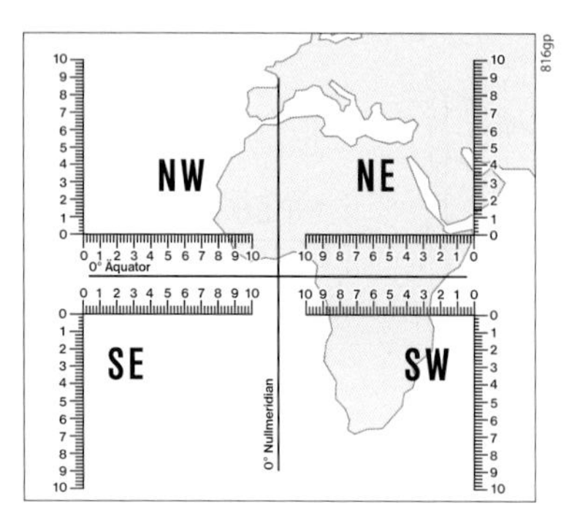

Anlegen des Netzteilers entsprechend der Hemisphäre

Dann wird am Punkt abgelesen. Zur Längenermittlung muss man das Lineal schräg zwischen zwei Längenlinien legen, sodass es von diesen begrenzt wird und zugleich den gesuchten Punkt berührt. Ein geeignetes Lineal erhält man z.B. im Lieferumfang des Kompass-Modells Eclipse 96GPS von Silva, das speziell für die Kombination mit GPS-Navigation entwickelt wurde.

Koordinaten bei unklarem Bezugssystem

Selbst wenn auf der Karte kein Bezugssystem (Map-Datum) angegeben ist, kann diese Karte unterwegs für die GPS-Arbeit genutzt werden – nur ist die Arbeit dann etwas mühsamer.

Im geodätischen Gitter: Bestimmen Sie beim Start an einem auf der Karte klar identifizierbaren Punkt (Parkplatz, Abzweigung, Hütte) per GPS die Koordinaten und übertragen Sie den ermittelten Punkt auf die Landkarte. Jetzt können Sie die Differenz zwischen beiden Angaben ermitteln:

UTM Koordinaten auf der Karte	31 T 683580	4974646
Per GPS ermittelte Koordinaten	31 T 683631	4974164
	-51	+482

Das heißt: Wenn Sie auf der weiteren Tour eine vom GPS-Gerät ermittelte Position auf die Karte übertragen wollen, so müssen Sie vom Rechtswert zunächst 51 m abziehen und zum Hochwert 482 m addieren, um die Differenz auszugleichen. Umgekehrt müssen Sie, um auf der Karte ermittelte Koordinaten ins Gerät einzugeben, zunächst zum Rechtswert 51 m addieren und vom Hochwert 482 m abziehen.

Beachten Sie jedoch, dass diese Differenz über große Distanzen nicht gleich bleiben muss. Bei längeren Touren müssten Sie sie daher gelegentlich überprüfen bzw. neu ermitteln.

Im geografischen Netz: Prinzipiell funktioniert die oben beschriebene Methode auch im geografischen Netz, da sich jedoch mit Grad und Minuten schlecht rechnen lässt, kann man hier auch anders vorgehen. Übertragen Sie wie oben beschrieben die per GPS ermittelten Koordinaten auf die Karte. Dann messen Sie Kurswinkel und Distanz zwischen dem bekannten Punkt auf der Karte und dem per GPS ermittelten Punkt. Im genannten Beispiel: 8° und 485 m (siehe Abb. S. 142 unten).

Das heißt: Wenn Sie auf der weiteren Tour eine vom GPS-Gerät ermittelte Position auf die Karte übertragen

Nicht verzagen

Die Ermittlung von Koordinaten im geografischen Netz mag sich recht kompliziert anhören.

Da aber neue Karten zunehmend auf das international einheitliche UTM-Gitter umgestellt werden, wird man nach kurzer Übung **keine Probleme** damit haben und nur wenig Zeit dafür benötigen.

Genauigkeit

Vorausgesetzt, am GPS-Gerät sind das von der Karte verwendete Gitter und Datum korrekt eingestellt und man arbeitet sorgfältig, so kann man die Koordinaten eines Punktes auf der Karte bei Maßstab 1:25.000 bis auf etwa 25 m (also ±12,50 m) genau bestimmen, was einem Kreis von 1 mm Durchmesser entspricht. Beim Maßstab 1:50.000 ist entsprechend eine Genauigkeit von ca. 50 m (also ±25 m) zu erreichen.

Das GPS-Gerät ermittelt unter normalen Bedingungen die Koordinaten seiner Position mit einer Genauigkeit von ±10–15 m (mit WAAS/EGNOS sogar ±1–3 m). Es kann sich daher lohnen, die Koordinaten von aus der Karte ermittelten Wegpunkten während der Tour vor Ort zu korrigieren, um später präzisere Angaben zu haben.

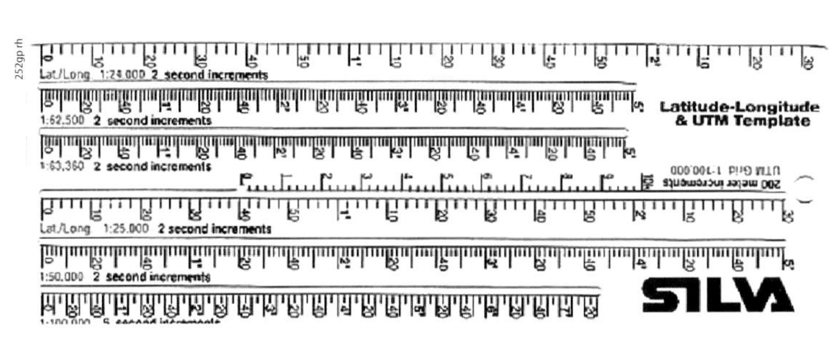

Länge-/Breite-Lineal für verschiedene Maßstäbe

wollen, so müssen Sie den GPS-Punkt um 485 m (bei Maßstab 1:50.000 also 9,7 mm, bei 1:25.000 entspr. 19,4 mm) in Gegenrichtung (also 8° + 180° = 188°) verschieben, um den richtigen Kartenpunkt zu finden.

Umgekehrt müssen Sie, um auf der Karte ermittelte Koordinaten ins Gerät einzugeben, die Koordinaten des Punktes ermitteln, der von dem gesuchten Punkt um 9,7 bzw. 19,4 mm in die Richtung 8° verschoben ist.

Auch hier gilt natürlich, dass diese Abweichung über große Distanzen nicht unbedingt konstant ist.

Punkt-Verschiebung

Um nicht jedes Mal den genauen Winkel messen zu müssen, kann man ihn einfach zeichnerisch parallel zu der Linie GPS-Punkt – Kartenpunkt verschieben.

Koordinaten per Referenzpunkt (Wegpunkt-Projektion)

Die Koordinaten eines Punktes, die man nicht aus der Karte ablesen kann, lassen sich auch ermitteln, wenn man einen Referenzpunkt (z. B. den Standort) und dessen Entfernung zum gesuchten Punkt kennt. Dies funktioniert selbst dann, wenn die Karte kein geeignetes oder überhaupt kein Gitter besitzt. So kann man z. B. vom Standort aus den Richtungswinkel zum gesuchten Punkt ermitteln (entweder durch Kompasspeilung, wenn er im Gelände sichtbar ist, oder durch Messung auf der Karte) und die Entfernung zwischen beiden Punkten auf der Karte abmessen. Gibt man nun diese Daten in das GPS-Gerät ein, so errechnet es daraus die Koordinaten des neuen Punktes. Voraussetzung ist natürlich, dass das Gerät die Funktion „Wegpunkt-Projektion" bietet, aber das können fast alle neueren Geräte.

Eine Maske „Wegpunkt-Projektion" zur Eingabe von Position, Richtung und Entfernung für die Errechnung der Zielkoordinaten findet man auch unter www.zwanziger.de/gc_tools_projwp.html.

N
GPS-Position
8°
485 m
Standort
188°

⌃ Neue Geräte bieten meist die Funktion „Wegpunkt-Projektion"

< Koordinaten bei unklarem Bezugssystem ermitteln. Erläuterung s. S. 140 „Im geografischen Netz"

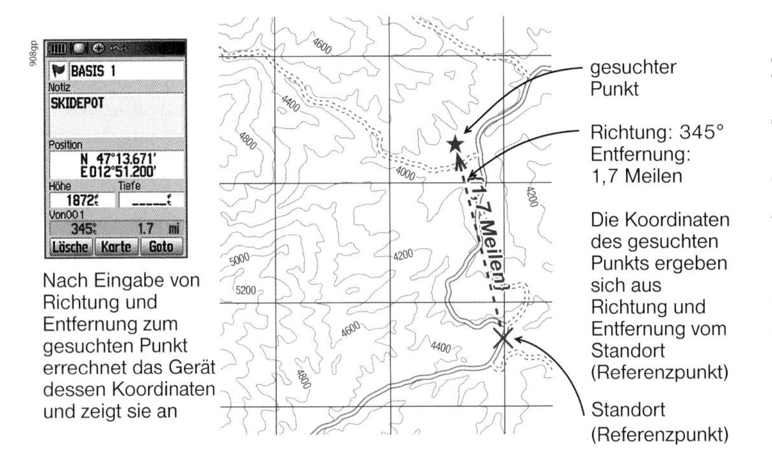

Nach Eingabe von Richtung und Entfernung zum gesuchten Punkt errechnet das Gerät dessen Koordinaten und zeigt sie an

Praktisches Beispiel

Sagen wir, Sie sind mit dem Mountainbike unterwegs und haben eine Super-Sonntagstour ausgearbeitet – alle Wegpunkte zu Hause am Computer ermittelt und auf das GPS-Gerät übertragen, aber Ihre Karte ist leider eine Uralt-Topo ohne Netz und Gitter. Wäre ja alles kein Problem. Jetzt treffen Sie aber unterwegs einen anderen Mountainbiker, der Ihnen von einer tollen Hütte erzählt – bloß ein paar Kilometer abseits der geplanten Route, aber nur über ziemlich labyrinthische Holzabfuhrwege zu erreichen. Was nun? Zunächst speichern Sie Ihre aktuelle Position als Wegpunkt und markieren diesen Standort auf der Karte. Da Sie die Koordinaten nicht übertragen können, muss der Standort auf der Karte erkennbar sein, sonst fahren Sie so lange weiter, bis Sie einen auf der Karte klar identifizierbaren Punkt, beispielsweise Wegkreuzung, Brücke o. Ä., erreichen.

Dann messen Sie mit Kompass oder dem Winkelmesser des AV-Planzeigers (s. S. 134) den Kurswinkel zur angestrebten Hütte. Dazu legen Sie den Kompass bzw. Planzeiger so an Ihren auf der Karte markierten Standort an, dass die Nordlinien auf dem Kompass bzw. Planzeiger genau nach Norden ausgerichtet sind, bzw. das Ost-West-Band parallel zu den aufgedruckten Ortsnamen verläuft. Die Linealkante des Kompasses (bzw. der Faden des Winkelmessers) muss dabei Standort und Ziel verbinden, damit Sie den Kurswinkel ablesen können. Die Entfernung (in Luftlinie) zwischen Standort und Ziel können Sie mit einem einfachen Lineal aus der Karte herausmessen (dann müssen Sie ggf. entsprechend dem Maßstab umrechnen) oder Sie benutzen die dem Maßstab entsprechende Skala des AV-Planzeigers und brauchen dann nicht mehr zu rechnen. Jetzt müssen Sie nur noch die Menüseite „Wegpunkt-Projektion" aufrufen (bei den meisten

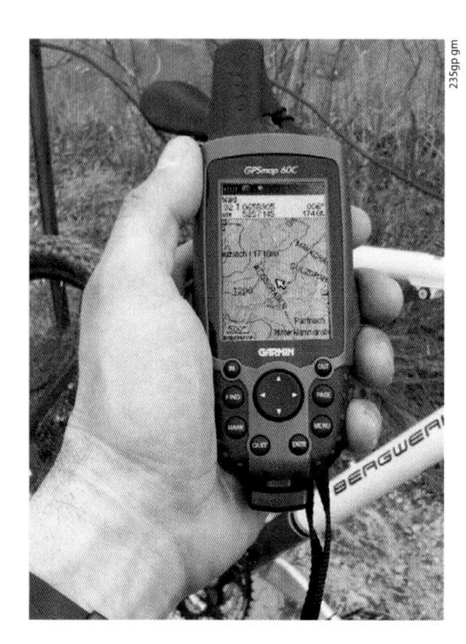

Modellen im Wegpunkt-Menü) und die gemessenen Werte eingeben, damit das Gerät daraus die Koordinaten des Ziels errechnen und als Wegpunkt speichern kann (s. Abb. S. 143).

Bitte beachten: Für die Übertragung des Kurswinkels muss am Gerät als Nordreferenz TRUE oder „Wahr" eingestellt sein, wenn Sie den Winkelmesser nach Geografisch-Nord ausrichten, GRID oder „Gitter", wenn Sie es nach den geodätischen Gitterlinien ausrichten bzw. MAG oder „Magnetisch" falls Sie den Winkel per Kompasspeilung ermitteln.

Ein Ziel, das vom Standort aus sichtbar ist, kann man auch direkt mit dem Kompass anpeilen, um den Kurswinkel zu ermitteln. GPS-Geräte mit integriertem Kompass können dies ebenfalls selbst erledigen (allerdings ist die Peilung nicht so exakt wie mit dem Linealkompass) und Sie können dann sogar den gemessenen Winkel direkt in die Wegpunkt-Projektion übernehmen, ohne dass man etwas eingeben muss. Ja, notfalls kann man den Kurswinkel zu sichtbaren Zielen auch mit jedem anderen GPS-Gerät ermitteln, indem man etwa 10 m genau in diese Richtung geht. Dann zeigt die Kompassrose auf der Navigationsseite den aktuellen Kurs an.

GPS-Gerät mit topografischer Karte

Koordinaten aus dem Kartendisplay

Eine komfortable Möglichkeit, Wegpunkt-Koordinaten rasch und präzise einzugeben (egal ob zu Hause oder unterwegs im Gelände und selbst ohne Papierkarte!) bieten GPS-Geräte, die eine geeignete topografische Karte anzeigen. Dann muss man auf dem Display nur den gewünschten Punkt mit dem Cursor ansteuern, kurz klicken – und schon ist der Wegpunkt erfasst. So weit das einfache Prinzip. Die Praxis sieht leider bei jedem Modell wieder anders aus – und in der Regel eher komplizierter. Bei den neuen eTrex-Modellen etwa klickt

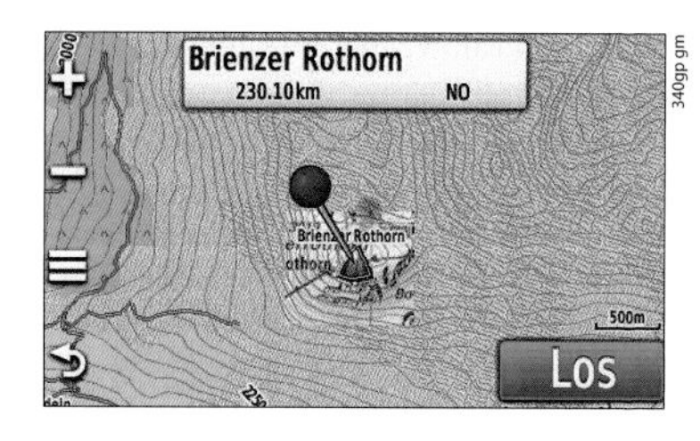

Durch Anklicken eines Punktes auf der Landkarte kann man dessen Koordinaten anzeigen lassen und ihn durch einen Klick auf „Los" als Ziel aktivieren

man zunächst auf „Enter" und dann auf die Taste „Menü", um den Befehl „Als Wegpunkt speichern" aufzurufen. Beim „Montana" muss man nach Anklicken des Punktes zunächst auf den eingeblendeten Namen des Punktes (z. B. „Wald" oder „Gebäude") klicken und dann auf das Icon „Fähnchen", um den Wegpunkt zu speichern. Anschließend kann man auf das Icon „Bleistift" klicken, um den Wegpunkt weiter zu bearbeiten. Bei den meisten Geräten sollte man für diese Prozedur besser einen Blick ins Handbuch werfen.

Wegpunkt aus POI

In den meisten heutigen Geräten sind bereits bei Auslieferung zahlreiche POIs gespeichert; manchmal nur die Städte der Basiskarte, manchmal aber auch Tausende von Hütten, Hotels, Gaststätten etc. (z. B. bei Magellan und Falk). Diese kann man in einer Liste anzeigen lassen (meist geordnet nach Entfernung vom Standort aus) und teils auch nach Filtern sortieren lassen. Ausgewählte POIs kann man auf ganz ähnliche Weise als Wegpunkt abspeichern wie oben für Punkte auf der Karte erklärt.

Koordinaten aus dem Computer

Digitalisierte Landkarten, die auf dem Computer genutzt werden können, bieten heute die schnellste und bequemste Möglichkeit, sich die Koordinaten beliebiger Punkte vom Computer anzeigen zu lassen (oft sogar in verschiedenen, frei wählbaren Koordinaten- und Bezugssystemen), um sie als Wegpunkte zu speichern und einzeln oder zu Routen kombiniert auf das GPS-Gerät zu überspielen. (Näheres dazu im Kapitel „GPS und digitale Landkarten", s. S. 181f).

Koordinaten aus dem Internet

Inzwischen gibt es auch eine ganze Reihe von Möglichkeiten, Koordinaten verschiedenster Orte und Punkte im Internet zu finden. Komplette Listen oder die Möglichkeit einer Suche nach Koordinaten von Orten und geografischen Begriffen bieten beispielsweise

- **www.alpin-koordinaten.de** (Koordinaten von Gipfeln, Hütten, Biwakplätzen, Einstiegen etc.)
- **http://geonames.nga.mil/ggmagaz** (Hier bietet das US-Verteidigungsministerium mit seinem „GEOnet Names Server" – über „Products and Services" – die Möglichkeit, Koordinaten beliebiger geografischer Orte schnell und kostenlos abzurufen – auch die kleinster Orte, verschiedenster Geländepunkte und selbst von unbewohnten Wasserstellen in der Sahara.)
- **www.getty.edu/research** (Koordinaten weltweit)
- **www.touring24.info** (Wohnmobil-Park- und Stellplätze in Europa)

Es gibt außerdem immer mehr Internetportale von Bikern, Wanderern, Fremdenverkehrsämtern etc., die nicht nur Wegpunkte, sondern komplette Touren zum (meist kostenlosen) Download anbieten; eine Auswahl von Adressen finden Sie im Anhang.

A.D.L.E.R.

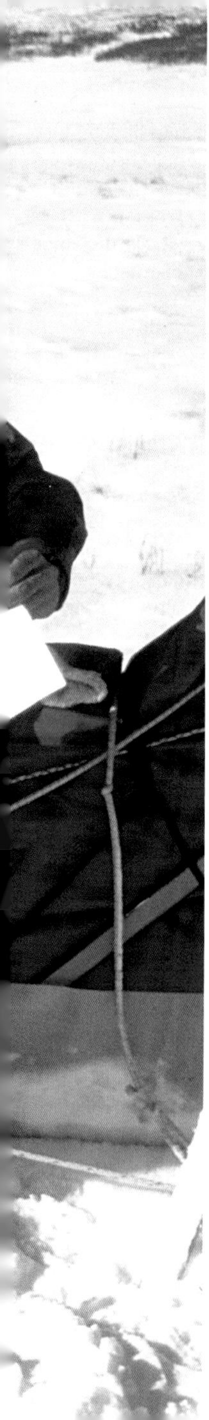

237gp rh

Orientierung und Navigation

Genauigkeit von Wegpunkten

Egal, ob man Wegpunkte aus der Papierkarte herausmisst oder auf einer digitalen Karte markiert, die Genauigkeit der Koordinaten ist stets von der Genauigkeit der Karte, von ihrem Maßstab und der Präzision beim Ablesen oder Markieren abhängig. Je größer der Maßstab bzw. je weiter man hineinzoomt, desto genauer kann man den Punkt markieren. Angaben zur Genauigkeit auf Papierkarten enthält der Kasten auf S. 149. Im ungünstigsten Fall können sich zwar Fehler der Karte und Messfehler addieren, doch selbst dann wird man Ziele wie eine Berghütte in den meisten Fällen problemlos finden – eine Abzweigung in dichtem Nebel oder ein Geocache hingegen vielleicht nicht. Da die **Genauigkeit vor Ort gespeicherter Punkte stets höher ist als diejenige selbst ermittelter Koordinaten,** kann es sich lohnen, die Wegpunkte unterwegs zu korrigieren, sobald man sie erreicht.

Bei der **Orientierung** geht es darum, wo man sich befindet (relativ zu umliegenden Orten), bei der **Navigation** darum, wie man an sein Ziel gelangt. Für die Orientierung (= **Standortbestimmung)** muss man also seine Position auf der Landkarte kennen, d. h. die vom GPS-Gerät ermittelten Koordinaten (Position Fix) auf die Karte übertragen.

Standortbestimmung (Koordinaten auf die Karte übertragen)

Die Übertragung von Koordinaten zwischen Gerät und Karte ist nur eine Umkehrung der oben beschriebenen Methode, wie man die Koordinaten eines Punktes aus der Karte ermittelt (s. Kapitel „Koordinaten ermitteln und speichern“ S. 127).

Generelle Voraussetzungen sind:

1. auf der Karte sollte ein Gitter aufgedruckt sein und
2. am GPS-Gerät müssen Koordinatensystem und Bezugssystem (Map-Datum) der verwendeten Karte eingestellt sein.

[>] Problemlos möglich: die Übertragung von Koordinaten zwischen GPS-Gerät und Karte

Im geodätischen Gitter

Auf Karten mit geodätischem Gitter lassen sich vom GPS-Gerät angezeigte Koordinaten recht bequem mit Ecklineal oder Planzeiger übertragen. Mithilfe des Gitters ist das Quadrat, in dem man sich befindet, rasch gefunden. Um die exakte Position zu erhalten, muss man nun an einer senkrechten und einer waagerechten Linie dieses Quadrats die Feinunterteilung (in Metern) abtragen. Zieht man durch diese Punkte Parallelen zum Gitter, so zeigt der Schnittpunkt die gesuchte Position.

Zeigt das GPS-Gerät beispielsweise die Position: 33T 0512710 UTM 4959889, so hat der gesuchte Punkt den Rechts-(Ost-)Wert 0512710 und

328gp gm

den Hoch-(Nord-)Wert 4959889. Diese Zahlen sind Angaben in Metern. Bei Wanderkarten mit Kilometergitter sind die vollen Kilometer (erste vier Ziffern) am Ende der jeweiligen Gitterlinie angegeben. In diesem Beispiel brauchen Sie also die senkrechte Gitterlinie 512 und die waagerechte Gitterlinie 4959 (s. Abb. S. 135). Die letzten drei Ziffern (also die Meter) werden je nach Kartenmaßstab auf 10 oder 100 Meter gerundet, also beim Rechtswert auf 710 bzw. 700, beim Hochwert auf 890 bzw. 900.

Übertragen mit dem Ecklineal: Legen Sie das Ecklineal mit der waagerechten Skala so an die senkrechte Gitterlinie 5**12** an, dass diese die Skala bei 7,1 (entspr. 710 m) schneidet. Dann verschieben Sie es parallel zu den senkrechten Gitterlinien nach oben oder unten, bis die waagerechte Gitterlinie mit 49**59** die senkrechte Skala des Planzeigers bei 8,9 (entspr. 890 m) schneidet. Die gesuchte Position befindet sich nun genau an der Ecke des Planzeigers, an der die Skalen zusammenstoßen, und kann auf der Karte markiert werden. Das parallele Verschieben geht am einfachsten, wenn man an die senkrechte Kante des Planzeigers ein zweites Lineal oder sonst einen Gegenstand mit gerader Kante anlegt.

Praxis-Tipp: Nicht mehr als nötig!

Das Übertragen der GPS-Koordinaten mit Planzeiger oder Ecklineal hört sich aufwendig an, geht aber erstens mit etwas Übung leichter als man glaubt und ist zweitens in der Praxis meist entweder noch einfacher oder gar nicht nötig. Tatsächlich ist man ja meistens auf einem Pfad, entlang einem Wasserlauf, einem Seeufer oder einer sonstigen Leitlinie unterwegs. Dann reicht es gewöhnlich, nur eine der beiden Koordinaten zu übertragen. Der **Standort ergibt sich aus ihrem Schnittpunkt mit der Leitlinie.**

Und in den allermeisten Fällen will man ja gar nicht auf 10 m genau wissen, wo man steht, sondern nur grob, um entscheiden zu können, welchen Weg man einschlägt. Ist dies die Abzweigung zur Hütte oder in die Schlucht? Ist das die Einmündung des Rabbit Creek oder des Moose River? Sind wir an der Horseshoe-Flussschleife oder schon an der Virginia Bend? Und in diesen Fällen reicht fast immer ein kurzer Blick auf den Schnittpunkt der nächsten Gitterlinien, um zu entscheiden, welche der fraglichen Stellen es sein muss.

Übertragen mit dem Planzeiger: Der Planzeiger wird mit seinem waagerechten Schenkel so an die Gitterlinie 49**59** angelegt, dass die senkrechte Gitterlinie 5**12** seine waagerechte Skala bei 7,1 (entspr. 710 m) schneidet. Die gesuchte Position befindet sich nun genau an der Markierung 8,9 (entspr. 890 m) der senkrechten Skala.

Übertragen mit dem Lineal: Entsprechend wie man Koordinaten mit dem Lineal aus der Karte herausmessen kann, lassen sich auch vom GPS-Gerät angezeigte Koordinaten damit auf die Karte übertragen.

Allerdings ist auch hier zu beachten, dass man bei Karten im Maßstab 1:50.000 oder 1:25.000 die angezeigten Werte mit zwei oder vier multiplizieren muss: ei 1:50.000 werden aus 710 m (2x7,1 =) 14,2 mm und 890 m entspr. 17,8 mm. Bei 1:25.000 werden aus 710 m (4x7,1 =) 28,4 mm und 890 m entspr. 35,8 mm

Im geografischen Netz

Im geografischen Netz kann die GPS-Position mit einem Netzteiler (s. S. 138) oder mit dem Länge-/Breite-Lineal übertragen werden.

Der Netzteiler wird entsprechend dem Planzeiger angelegt – wobei allerdings wiederum zu beachten ist, dass sich für westliche Längen und südliche Breiten die Zählrichtung umkehrt (nicht mehr von links nach rechts bzw. von unten nach oben, sondern von rechts nach links bzw. von oben nach unten) und der Netzteiler für diese Hemisphären daher entsprechend umgekehrt angelegt werden muss (s. S. 140).

Mit dem **Länge-/Breite-Lineal** übertragen Sie die vom Gerät angezeigte Position (wie auf s. S. 151 erklärt).

Standortbestimmung per Referenzpunkt

Falls auf Ihrer Karte kein geeignetes Gitter eingezeichnet oder Ihnen die Übertragung des Standorts nach Kartengitter nicht möglich ist, können Sie den Standort mit dem GPS-Gerät (oder mit GPS und Kompass) durch eine vereinfachte Art der Kreuzpeilung auf der Karte ermitteln.

Dazu muss zumindest ein Wegpunkt mit Koordinaten im Gerät gespeichert und auf der Karte identifizierbar sein. Dieser Punkt wird hier als Referenzpunkt bezeichnet. Im einfachsten Fall ist dies der Ausgangspunkt der Tour, dessen Koordinaten Sie vor dem Start per Knopfdruck gespeichert haben. Sicherheitshalber können Sie auch bereits vor der Tour die Koordinaten einiger Punkte eingeben, die auf der Karte identifizierbar sind und möglichst im rechten Winkel zu Ihrem Kurs liegen sollten. Besonders hilfreich sind auch die auf der Karte aufgedruckten Kreuzpunkte (bzw. die am Kartenrand markierten Endpunkte) der Gitterlinien, denn sie sind leicht auf der Karte zu finden und ihre Koordinaten sind – auch unterwegs und ohne Hilfsmittel – sehr einfach und genau abzulesen.

Um Ihren Standort auf der Karte zu ermitteln, brauchen Sie den Referenzpunkt, dessen Koordinaten Sie gespeichert haben, nur mittels der GoTo-Taste als Ziel auswählen. Das Gerät zeigt Ihnen dann den Kurswinkel

Übertragen einer GPS-Position auf eine Karte mit geografischem Netz

(nach Bedienungsanleitung Silvia Eclipse 96GPS)

Ihr Standort ist laut GPS: 43°02'00" N Breite, 108°23'40" W Länge; Datum: NAD–27. Diese Position soll auf eine 1:24.000 Topo-Karte übertragen werden.

1. Unter Verwendung der GPS-Position und der Breiten-Längenlinien finden Sie das Rechteck, welches die GPS-Position umschließt. Es liegt zwischen den Linien 43°00'00" und 43°02'30" N Breite und 108°22'30' und 108°25'00' W Länge.

2. Unter Verwendung des kleinsten Breitenlabels (43°00'00" N) auf dem Rechteck wird nun der Wert berechnet, der addiert werden muss, um die GPS-Position (43°02'00" N) zu erreichen – also 2' addieren.

3. Legen Sie das dem Kartenmaßstab entsprechende Länge-Breite-Lineal so auf die Karte, dass es von den Breitenlinien begrenzt wird. Das Lineal kann dabei überall im Rechteck angeordnet werden, solange es durch die Breitenlinien begrenzt wird (Abb. 1).

4. Die Karte bei 2' im Schlitz markieren (Abb. 1) und durch die Markierung eine 2'-Breitenlinie horizontal durch das Rechteck ziehen (s. in Abb. 2).

5. Unter Verwendung des kleinsten Längenlabels (108°22'30" W) auf dem Rechteck den Wert bestimmen, der addiert werden muss, um die GPS-Position (108°23'40") zu erreichen, also 1'10".

6. Lineal so anlegen, dass beide Längenlinien es begrenzen.

7. Nun das Lineal nach oben oder unten verschieben, bis die gezeichnete 2'-Breitenlinie die Markierung 1'10" auf der Skala berührt (Abb. 2). Die Skala muss dabei durch beide Längenlinien begrenzt werden.

8. Die Position kennzeichnen (Abb. 2).

Ihre GPS-Position auf der Karte befindet sich dort, wo sich die Breiten- und Längenmarkierungen schneiden.

Links: Abbildung 1, Übertragen der Breite
Rechts: Abbildung 2, Übertragen der Länge

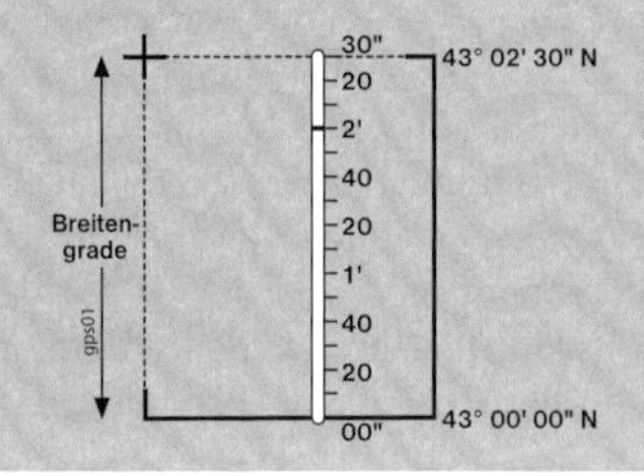

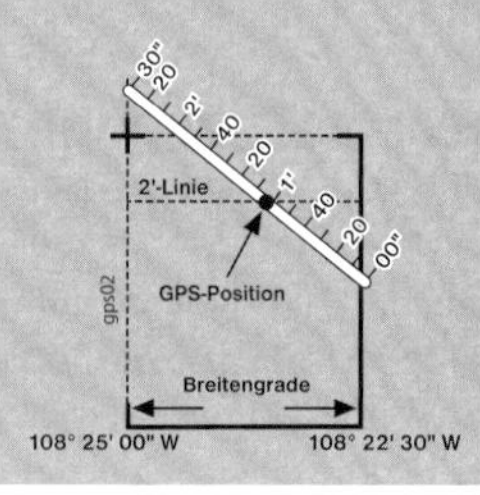

und die Entfernung vom momentanen Standort zu diesem Wegpunkt. Diesen Winkel können Sie am Kompass einstellen und genau wie bei der Standortbestimmung per Kompass auf die Karte übertragen. Achten Sie darauf, dass Sie am GPS-Gerät die gleiche Nordrichtung eingestellt haben, nach der auch das Kartengitter ausgerichtet ist– meist Gitternord (GRID) oder Geografisch-Nord (TRUE). Die „Leitlinie" kann wie gewohnt ein Pfad, Bachlauf etc. sein oder sie ergibt sich aus der vom GPS-Gerät angezeigten Entfernung, die man mithilfe des Maßstabs und der Millimetereinteilung am Kompasslineal auf die Karte überträgt.

Praktische Durchführung: 1. Stellen Sie den Winkel am Linealkompass ein. 2. Legen Sie den Kompass so auf die Karte, dass die Linealkante den Referenzpunkt berührt. 3. Drehen Sie den Kompass so, dass der Nordpfeil nach Kartennord weist und die Nordlinien auf der Kompassdose parallel zu den senkrechten Gitterlinien der Karte verlaufen. Dann ziehen Sie entlang der Linealkante eine Linie durch den Referenzpunkt. Dort wo diese Linie Ihre Leitlinie schneidet, befinden Sie sich. Falls Sie keiner Leitlinie folgen, ergibt sich der Standort dadurch, dass Sie vom Referenzpunkt aus entlang der eingezeichneten Linie die vom Gerät angezeigte Entfernung abtragen. Beachten Sie jedoch, dass Sie diese in „Gegenrichtung“ abtragen müssen. Zeigt das Gerät beispielsweise 4,6 km und 45° (also NO), so müssen Sie vom Referenzpunkt aus die 4,6 km nach SW (also 180 + 45 = 225°) abtragen.

Standortbestimmung mit zwei Referenzpunkten

Steht ein zweiter Referenzpunkt zur Verfügung, so kann man die Entfernung ignorieren und (wie bei der Kreuzpeilung per Kompass) den zweiten Kurswinkel auf die Karte übertragen. Der Standort ergibt sich dann wie gehabt aus dem Schnittpunkt der beiden Peilungen. Gegenüber der Standortbestimmung mit dem Kompass hat diese **„elektronische Kreuzpeilung“** den Vorteil, dass der Referenzpunkt (anders als der Orientierungspunkt) nicht im Gelände erkennbar sein muss, ja dort nicht einmal zu existieren braucht (z. B. Kreuzpunkt der Gitterlinien). Bei der Kreuzpeilung sind, genau wie bei der Kompassarbeit, zwei Dinge zu beachten:

1. Beide Referenzpunkte sollten möglichst im rechten Winkel zueinander liegen.
2. Sie sollten möglichst nah am Standort liegen.

In beiden Fällen sind senkrechte Gitterlinien erforderlich, um präzise arbeiten zu können. Ohne Gitterlinien kann man den Winkelmesser (Kompass) auf der Karte nach den Ortsnamen (West-Ost) oder dem Kartenrand ausrichten, was zumindest eine grobe Standortbestimmung ermöglicht.

Standortbestimmung auf dem Display

Der Vollständigkeit halber sei schließlich auch noch darauf hingewiesen, dass bei GPS-Geräten mit Kartenspeicher und einer geladenen topografischen Karte (s. S. 208) die komplette Standortbestimmung (bzw. Übertragung der Koordinaten auf die Karte) vom Gerät übernommen wird: Es zeigt auf dem Display eine topografische Karte, auf der Ihr aktueller Standort markiert ist! So einfach kann das sein – und kartenfähige Geräte bzw. Modelle mit vorinstallierten Topos werden zunehmend zum Standard.

▷ Positionsbestimmung mit einem Referenzpunkt

Navigation

Navigation bedeutet nichts anderes, als den Weg zum Ziel finden. Und hier zeigen sich die wahren Stärken von GPS. Die Satellitennavigation kann Sie jederzeit sicher an Ihr Ziel und wieder zurück zum Ausgangspunkt führen, selbst unter schwierigsten Bedingungen, unter denen keine der bisherigen Navigationshilfen dazu in der Lage war – und selbst alle zusammen nicht. Und dabei ist es nicht einmal kompliziert.

GoTo-Navigation

Diese Funktion, über die jedes heutige Gerät verfügt, ist wahrhaft kinderleicht zu nutzen und daher ideal für den Einstieg. Sie müssen nur einen Wegpunkt im Gerät speichern (sinnvollerweise zunächst den Ausgangspunkt), den Sie dann später als Ziel auswählen. Rufen Sie ihn über „FIND", das Wegpunktverzeichnis oder „Zieleingabe" auf, markieren Sie ihn und aktivieren Sie ihn als GoTo-Ziel, indem Sie auf „GoTo" klicken (z. B. bei Garmin) oder die GoTo-Taste drücken (Magellan). Jetzt weist Ihnen der kleine elektronische Guide den Weg zu Ihrem Ziel – und solange er Strom und Satellitenkontakt hat, kann ihn nichts davon abbringen: Egal ob ein Schneesturm, die Nacht oder Nebel hereinbrechen oder ob Sie die verwegensten Haken schlagen, der kleine Kasten zeigt zu jedem Zeitpunkt unbeirrbar den Weg zum Ziel und sagt obendrein auch

Beachten: Bei Geräten mit **Routingfunktion** müssen Sie diese zunächst **deaktivieren,** sonst wird das Gerät Sie nicht auf direktem Weg zum gewünschten Ziel lotsen, sondern entlang dem nächsten Wanderweg, was u. U. einen enormen Umweg bedeuten kann.

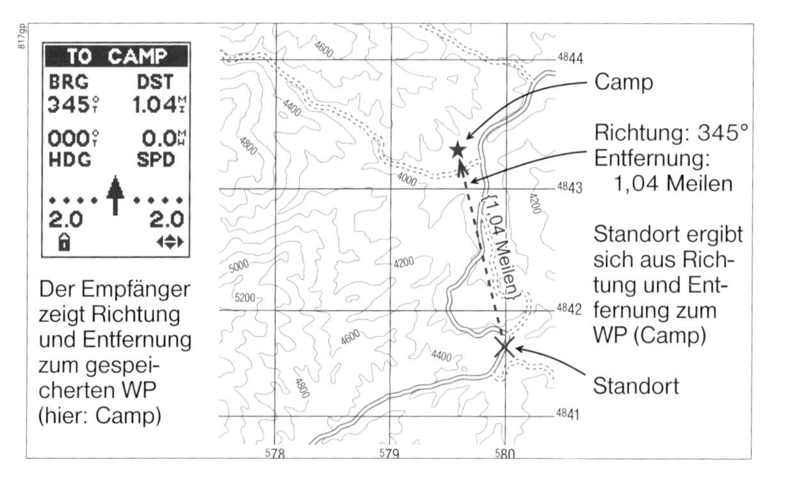

Der Empfänger zeigt Richtung und Entfernung zum gespeicherten WP (hier: Camp)

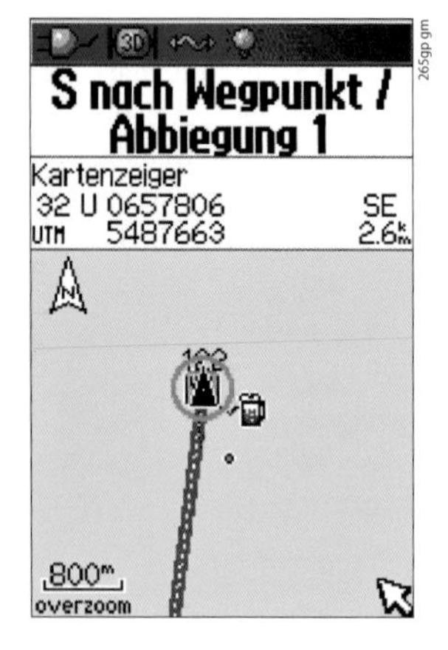

noch, wie weit es bis dorthin ist und wie lange Sie voraussichtlich noch brauchen werden.

Bei den meisten Geräten wird nach dem GoTo-Befehl zunächst die **Kartenseite** eingeblendet, die Standpunkt und Ziel (sowie evtl. auch sonstige Wegpunkte und Kartendetails der Umgebung) anzeigt und durch eine Kurslinie verbindet.

Hilfreicher ist es jedoch, zur **Navigationsseite** umzuschalten – entweder durch Blättern (PAGE) oder bei Magellan durch eine eigene NAV-Taste. Damit wird der eigentliche „Lotse" aktiviert: ein **Richtungspfeil,** der Ihnen auf dem weiteren Marsch stets und zuverlässig die Richtung zum angesteuerten Ziel weist (Satellitenkontakt natürlich vorausgesetzt). Sie können in eine x-beliebige Richtung losmarschieren: Nach spätestens etwa 10 Schritten wird der Pfeil plötzlich seine Richtung ändern – und dieser Richtung müssen Sie dann folgen, um Ihr Ziel zu erreichen. Zusätzlich erhalten sie auf diesem Bildschirm weitere Informationen wie etwa Name des Ziels, Richtung zum Ziel in Grad, Entfernung zum Ziel in Kilometer (auf Wunsch auch noch viel mehr) plus eine Art Kompassrose, die stets anzeigt, in welcher Himmelsrichtung das Ziel liegt und in welche Sie gerade gehen. Trotz der optischen Ähnlichkeit ist dies jedoch *kein* Kompass.

Sie wollen gar nicht auf direktem Wege zum Ziel, sondern einen kleinen Abstecher am See vorbei machen oder Sie müssen unterwegs einem Dickicht ausweichen? Kein Problem! Egal, wie weit Sie vom Kurs abweichen, der kleine Pfeil zeigt immer die Richtung vom aktuellen Standort ans Ziel. Davon konnte man zu Kompasszeiten nur träumen!

Ein paar kleine Haken gibt es allerdings noch. Vor allem führt GoTo Sie nicht auf hübschen Wanderwegen ans Ziel, sondern in direkter **Luftlinie** – selbst wenn ein See, Sumpf oder Abgrund dazwischen liegen sollte. Denn davon „weiß" das Gerät ja nichts. Folgen Sie ihm also nicht blind – es verliert ja das Ziel nicht aus den Augen, wenn Sie ein Hindernis umgehen. Außerdem kann ein einfacheres Gerät Ihnen die Richtung erst weisen, wenn Sie et-

Links: Kartenskizze mit Kurslinie vom Standpunkt zum Ziel

Rechts: Der Pfeil weist unterwegs stets die Richtung zum Ziel – selbst wenn man vom Kurs abweicht!

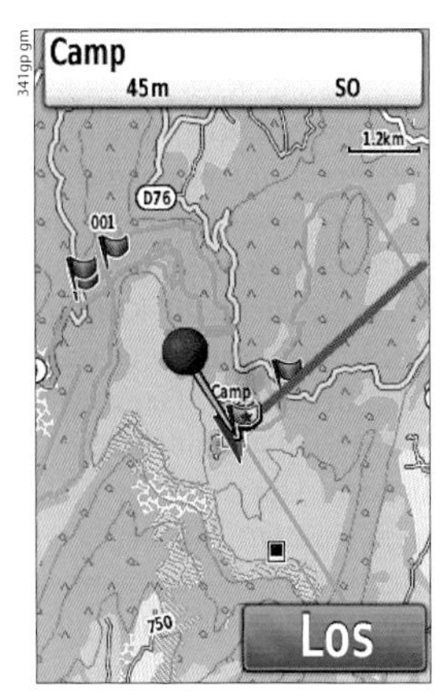

wa 5–10 Schritte damit gegangen sind, denn es braucht die Bewegungsrichtung als Bezugsrichtung. Anders verhält es sich bei den immer zahlreicheren Geräte mit integriertem elektronischen Kompass, die auch im Stillstand sofort die Zielrichtung kennen.

Praxisbeispiele

Einen ersten Test können Sie machen, indem Sie den Ausgangspunkt speichern und z. B. mit „Start" bezeichnen. Dann schalten Sie das Gerät aus und marschieren x-beliebig durch die Gegend. Je unübersichtlicher das Gelände und je mehr es Ihnen gelingt, sich selbst zu verwirren, desto besser. Wenn Sie denken, dass es reicht, schalten Sie den Empfänger wieder ein, wählen den Wegpunkt „Start" als Ziel und drücken „GoTo". Dann schalten Sie zur Navigationsseite und folgen dem Pfeil. Es ist simpel – aber beeindruckend!

Auf Touren nutzt man GoTo weniger, um zurück zum Ausgangspunkt zu gelangen, sondern um ein bestimmtes Ziel anzusteuern – etwa für einen Abstecher vom geplanten Weg, um eine etwas versteckt liegende Hütte anzusteuern, eine Quelle abseits des Pfads zu finden oder um im Kanu einen See zu überqueren und auf der anderen Seite den (meist nicht sichtbaren) Ausgang zu finden. Man kann jeden Punkt per GoTo ansteuern, der im Gerät gespeichert ist: normale Wegpunkte, aber auch Punkte, die man auf der Karte anklickt, Orte aus der Städtedatenbank oder sogar im Gerät gespeicherte **POIs.** Als POI (Point of Interest, Punkt von Interesse) bezeichnet man Orte wie Sehenswürdigkeiten, Restaurants, Hotels etc., deren Koordinaten in Verbindung mit dem Punkt gespeichert sind – entweder auf CD oder DVD zur Darstellung am Computer oder im Speicher von GPS-Geräten. Natürlich kann man die Koordinaten des Zielpunkts auch der Papierkarte entnehmen oder die Richtung des Ziels (wenn es im Moment sichtbar, aber auf

Les Dryades	397m	SW
Unbenannt	408m	SW
Mémorial de La Résistance	2.97km	O
Musée de La Résistance Du V	3.53km	O
Auberge Du Tetras Lyre	3.65km	O

⌃ Montana mit Kartenseite, Start und Kurslinie zum Ziel; außerdem sind mit blauen Fähnchen weitere Wegpunkte markiert und als hellblaue Linie verschiedene Tracks

› Jeder im Gerät gespeicherte Punkt kann per GoTo rasch als Ziel angesteuert werden

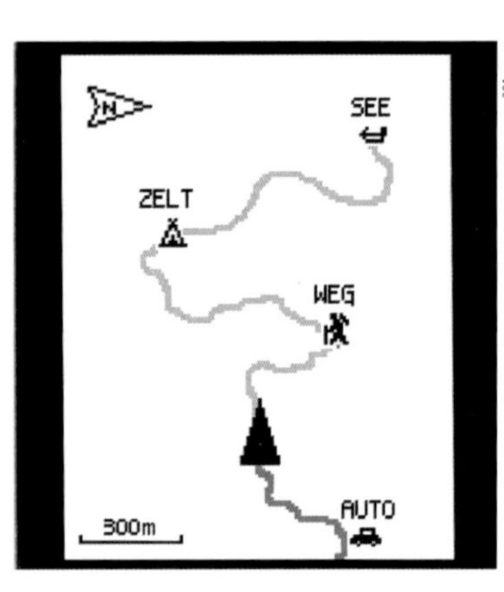

Navigation auf gespeichertem Track mit Wegpunkten

Trackpunkt/Wegpunkt

Obwohl beide Arten als Punkt mit zwei Koordinaten im Gerät gespeichert sind, gibt es doch wesentliche Unterschiede: **Wegpunkte** muss der Benutzer manuell speichern, sie werden im Wegpunktspeicher verwaltet, können zu Routen kombiniert und per GoTo angesteuert werden. **Trackpunkte** speichert das Gerät automatisch, sie werden im TrackLog aufgezeichnet und können nicht zu Routen kombiniert oder per GoTo angesteuert werden (Ausnahme s. Exkurs „Trackpunkt als Wegpunkt und Zielpunkt", S. 158).

Entsprechend besteht eine **Route** aus Wegpunkten (50–150), ein **Track** aus Trackpunkten (500–10.000), weshalb ein Track den Weg weit genauer wiedergibt. Manche Geräte (Magellan) wandeln Tracks beim Abspeichern in Routen um, wobei aber die Zahl der Speicherpunkte drastisch reduziert wird! Neue Garmin-Modelle (Colorado, Oregon) speichern Tracks verlustfrei mit bis zu 10.000 Punkten.

dem weiteren Weg verdeckt ist) durch „Peilen & Los" eingeben.

Besonders wichtig und hilfreich ist diese Funktion, wenn die Sicht so schlecht wird, dass man mit anderen Hilfsmitteln kaum mehr den Kurs halten, geschweige denn die Richtung zum Ziel ermitteln könnte (Dunkelheit, Nebel, Schneesturm). Dann wird man vielleicht sogar tatsächlich eine Strecke weit mit dem Gerät vor der Nase dem Pfeil nach wandern. In den allermeisten Fällen hingegen wird man sich die Richtung einprägen (evtl. mithilfe eines markanten Orientierungspunktes), rein nach Sicht den Kurs halten und das Gerät nur gelegentlich zur Überprüfung einschalten.

Sonst verbraucht man unnötigerweise Strom. Oder man kann den Kurswinkel am Kompass einstellen und dann wie gewohnt damit den Kurs halten. In beiden Fällen hat man gegenüber der reinen Kompassnavigation den enormen Vorteil, dass man sich nicht sklavisch exakt an den Soll-Kurs halten muss. Man kann ja jederzeit den aktuellen Kurswinkel zum Ziel ermitteln, indem man einfach das Gerät wieder einschaltet!

Track-Navigation

Die GoTo-Funktion bietet die Möglichkeit, jedes unbekannte Ziel zu finden (sofern man dessen Koordinaten kennt), hat aber den Nachteil, dass sie nur den Weg in Luftlinie anzeigt. Im Gegensatz dazu kann man mit Backtracking (oder TracBack) keine unbekannten Ziele ansteuern, sondern nur bereits gegangene Wege wiederfinden (etwa zurück zum

Ausgangspunkt oder den Weg einer früheren Tour), aber dafür wird man exakt auf seinen Fußspuren geführt und nicht nur in Luftlinie.

Das hat den entscheidenden Vorteil, dass man bei plötzlichem Nebel oder Schneesturm auf sicherem Weg zum Ausgangspunkt zurück gelangt, ohne befürchten zu müssen, unterwegs in einen Bach, einen Abgrund oder eine Gletscherspalte zu stürzen – oder auch nur irgendwann vor undurchdringlichem Dickicht, Sumpfland oder einem sonstigen Hindernis zu stehen.

Dies funktioniert allerdings nur, wenn man zunächst mit ständig eingeschaltetem Gerät wandert (Ausnahme: Erstellen von Tracks am Computer). Dann zeichnet es die gesamte Wegstrecke als **Track** auf, indem es für jede Richtungsänderung automatisch einen Punkt (Trackpunkt) mit Koordinaten, Datum und Uhrzeit speichert. Das können Sie daran sehen, dass auf der Kartenseite eine feine Punktlinie erscheint: Ihr zurückgelegter Weg. Heutige Geräte speichern typischerweise bis zu 200 Tracks mit je bis zu 10.000 Trackpunkten. Das bedeutet, dass die zurückgelegte Strecke sehr präzise festgehalten wird.

Track-Aufzeichnung

Im Track-Menü (Tracks, Track-Protokoll, Active Track) können Sie zunächst alle Einstellungen für die Aufzeichnung und Nutzung vornehmen; z. B. die Aufzeichnung ein-/ausschalten, Tracks abspeichern oder löschen, die Backtracking-Funktion (s. u.) aktivieren und festlegen, wie der Track aufgezeichnet werden soll.

Sprachverwirrung

Wie so oft tun sich die Hersteller von GPS-Geräten auch beim Thema „Track" gern mit kreativen Wortschöpfungen hervor, die dann zu heilloser Verwirrung führen können. Das gilt nicht nur für „TracBack" bzw. „BackTrack" (s. u.), sondern bereits für so etwas Simples wie den „aktuellen Track" (Garmin, Lowrance): bei Magellan heißt er „aktiver Track", bei Xplova „Verlauf" und bei Satmap „Strecke".

Praxis-Tipp

Achten Sie bei Beginn der Track-Aufzeichnung darauf, dass der letzte Active Track gelöscht ist. Sonst wird das Gerät den angefangenen Track fortsetzen und Sie beim Backtracking nicht zum Ausgangspunkt der jetzigen, sondern der letzten Tour führen.

Im Menü „Tracks" werden die Einstellungen für die Track-Aufzeichnung vorgenommen

In der Einstellung „Auto" speichert das Gerät bei jeder Richtungsänderung einen Punkt. Dadurch wird der Speicher optimal genutzt und man erhält die beste Aufzeichnung für ein Backtracking (s. u.). Sie können aber auch selbst festlegen, in welchem Zeit- oder Entfernungsintervall die Wegpunkte abgespeichert werden (z. B. wenn Sie einen langen Weg als Track speichern wollen, der nicht ganz so präzise sein muss). Außerdem können Sie festlegen, ob das Gerät bei vollem Trackspeicher (TrackLog) ältere Punkte überschreibt (auf dem Display verschwindet der Anfang der aufgezeichneten Strecke). Alternativ kann die Aufzeichnung bei vollem Speicher gestoppt werden, um nicht den Anfang des Tracks zu verlieren. Und schließlich bieten manche Geräte die Option, bei vollem Speicher die Aufzeichnung zu vereinfachen, indem Punkte herausgelöscht werden (d. h. es bleiben nur größere Richtungsänderungen erhalten und der Track wird gröber).

Backtracking (TracBack)

Die Track-Aufzeichnung ist vor allem deshalb besonders wertvoll, weil man sie jederzeit „umkehren" kann, das heißt, das Gerät führt einen genau in der gleichen Spur (abzüglich der GPS-Ungenauigkeit von wenigen Metern) wieder zum Ausgangspunkt zurück. Und in Gegenden mit schwierigen Wegverhältnissen wie Gletscherspalten, Steilabbrüchen etc. **kann** dies bei plötzlich aufziehendem Nebel **lebenswichtig sein!** In solchen Situationen, in denen selbst eine routingfähige Karte keine Hilfe mehr bietet, ist ein aufgezeichneter Track Gold wert.

Manche Geräte (z.B SatMap) bieten keine Backtrack-Funktion, können aber Tracks aufzeichnen. Diesen Tracks kann man dann in Gegenrichtung nicht per Richtungspfeil (Kompassseite) folgen, sondern nur nach Sicht auf der Kartenseite, was weniger komfortabel ist, aber auch funktioniert. Das könnte man als **improvisiertes Backtracking** bezeichnen. Bei den meisten bisherigen Garmin-Modellen (Ausnahme GPSmap60-Serie) und den Magellan eXplorist-Modellen muss man den Track zunächst abspeichern, ehe man ihn für das Backtracking nutzen kann. Dann braucht man nur den gewünschten Track zu markieren und auf „TracBack" (bei Magellan „BackTrack") zu

Trackpunkt als Wegpunkt und Zielpunkt

Bei einigen Garmin-Modellen kann man einen Trackpunkt in einen Wegpunkt verwandeln, indem man ihn auf der Kartenseite mit dem Cursor-Pfeil ansteuert und anklickt. Dann kann man genau diesen Punkt sogar per GoTo als Ziel ansteuern. Das kann hilfreich sein, wenn das Gelände plötzlich einfacher wird und man eine Strecke weit in gerader Linie wandern kann, anstatt den ganzen Schlenkern zu folgen, die man auf dem Anmarsch vielleicht gemacht hat.

⊡ Speichert man den Track, kann man später noch mal genau dieselbe Strecke abfahren

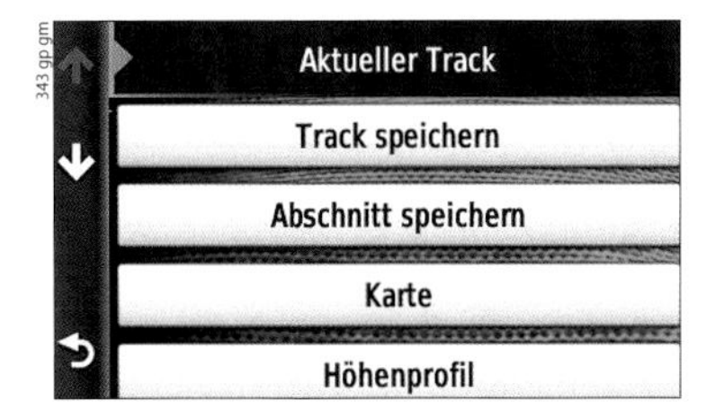

klicken und schon kann man sich vom Gerät per Richtungspfeil lotsen lassen. Bei manchen Modellen kann man direkt den Active Track dazu nutzen, ohne ihn vorher abzuspeichern. Das Abspeichern des Tracks zum Backtracking ist nur dann sinnvoll, wenn der Track dabei nicht vereinfacht wird (was vor allem ältere Modelle oft machen). Sonst kann man den Track einfach per „improvisiertem Backtracking" zurückverfolgen. Alle neueren Garmin-Modelle bieten bei TracBack zusätzlich ein komfortables **Upcoming-turn Feature:** Dabei wird 15 Sekunden vor der neu einzuschlagenden Richtung mit einem abgewinkelten Abbiegepfeil auf die neue Kursrichtung hingewiesen.

Falls man die Backtrack-Funktion bei ausreichender Sicht nutzt und dabei unnötige Bogen einfach abschneidet, kann es vorkommen, dass das Gerät noch lange Zeit versuchen wird, Sie zum letzten, in größerem Abstand passierten Punkt zu lotsen, ehe es auf den nächsten Punkt in Marschrichtung umschaltet.

Tracks speichern

Bei vielen Geräten haben im Track-Log (aktiver Trackspeicher) weit mehr Punkte Platz als im Speicher für archivierte Tracks. Das heißt, dass sehr lange Tracks beim Abspeichern vereinfacht werden müssen. Aber erstens hält sich die Vereinfachung meist in erträglichen Grenzen und zweitens haben die Tracks einer Tagestour gewöhnlich auch im Dauerspeicher noch Platz (bei neueren Geräten sogar Tracks mehrtägiger Touren). Will man die Vergröberung vermeiden, kann man die Tracks längerer Touren in einzelnen Etappen abspeichern. Neuere Modelle erlauben es, den Active Track ohne jeden Verlust abzuspeichern – mit bis zu 10.000 Punkten! Einige der neuen Geräte speichern den Track bei fast vollem Speicher sogar automatisch unter „Archivierte Tracks"; andere mahnen bei fast vollem Speicher mit einem Signalton zum manuellen Abspeichern. Garmin Foretrex sowie ältere Garmin-Geräte (eTrex, GPSmap60) reduzieren die Zahl der Trackpunkte beim Speichern, d.h. sie

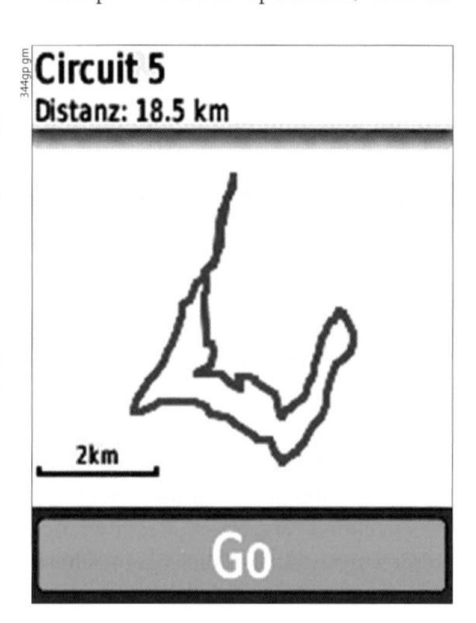

Ein aufgezeichneter Track kann per „Go" angesteuert werden, um der gleichen Strecke zu folgen

Backtrack oder GoTo?

In einer Gegend mit wenigen oder nur kleinen natürlichen Hindernissen gelangt man unter Umständen schneller und einfacher zum Ausgangspunkt zurück, indem man ihn per GoTo zum Zielpunkt macht und sich auf direktem Weg dorthin führen lässt. Das ist vor allem dann vorzuziehen, wenn man eine gute Karte hat, aus der man ersieht, dass es auf der direkten Route keine Hindernisse gibt. Was aber, wenn man keine Karte hat und dann plötzlich vor einer Schlucht oder einem Sumpf steht und nicht weiß, in welcher Richtung das Hindernis am besten zu umgehen ist? **Ohne gute Karte ist daher im Zweifelsfall die Backtrack-Option vorzuziehen.**

Nachteil

Für die Track-Navigation bei ausreichender Sicht und nicht allzu schwierigem Gelände muss das Gerät zwar nicht ständig eingeschaltet sein, aber bei der Track-Aufzeichnung zieht es ununterbrochen Strom! In offenem Gelände ohne Abschattung kann man evtl. im Stromspar-Modus aufzeichnen, wodurch aber der Track etwas gröber wird, da die Punkte in größerem Zeitabstand gespeichert werden.

vergröbern den Track. Bei älteren Magellan-Modellen (SporTrak, Meridian – nicht hingegen bei der eXplorer-Serie) werden die Tracks beim Speichern stets in Routen umgewandelt (also ebenfalls entsprechend vergröbert). Bei Lowrance werden sie zwar als Tracks gespeichert, aber für die Navigation in Routen umgewandelt.

Das Speichern der Tracks hat nicht nur den Vorteil, dass sie einfach „noch da“ sind (etwa um zu Hause nachzuschauen, wo man nun eigentlich rumgestiefelt ist). Zusätzlich kann man sie später immer wieder nutzen – und das nicht nur zum Backtracking, sondern auch, um die gleiche Tour noch einmal zu gehen (oder um sie an einen Kumpel weiterzugeben!). Inzwischen gibt es im Internet bereits Websites, über die Touren auf diese Weise zum Download angeboten werden (s. Kapitel „Adressen“ S. 259). Auch wenn der **Trackspeicher** heutiger Geräte **100–200** Tracks fasst, irgendwann wird er voll sein. Doch dann kann man die Tracks zu Hause auf den Computer übertragen und dort abspeichern, sodass man nach und nach ein ganzes Touren-Archiv erhält, aus dem man sich jederzeit einen Track fürs Wochenende aufs Gerät laden kann. Mit einer leistungsstarken Software wie QuoVadis, TwoNav oder Fugawi (s. S. 239) können die Touren nicht nur hervorragend archiviert, sondern zudem vielfach ausgewertet werden, da sie eine Fülle zusätzlicher Informationen wie z. B. Datum, Uhrzeit, Höhe und Geschwindigkeit zu jedem Wegpunkt enthalten.

Touren als Track planen

Mit einem geeigneten Programm kann man sogar seine Tour zu Hause am Computer als Track planen und nicht – wie bisher üblich – als Route. Das hat den entscheidenden Vorteil, dass Tracks weitaus mehr Punkte umfassen können als Routen und daher sehr detailliert und präzise sind.

Sie können somit auf der digitalen Topo am Computer per Mausklick den genauen Pfadverlauf nachzeichnen (oder in pfadlosem Gelände einen Weg zwischen Hindernissen hindurch aufzeichnen) und auf das GPS-Gerät übertragen. Dann zeigt das Gerät Ihnen unterwegs nicht nur die Richtung in Luftlinie zum Ziel bzw. zu einem Zwischenziel, sondern lotst Sie exakt den aufgezeichneten Weg entlang! Auf diese Weise kann man selbst bei Geräten ohne Kartendarstellung den (als Track markierten) Weg auf dem Display anzeigen lassen und bequem nach Sicht verfolgen, denn der Positionsmarker (Dreieck) zeigt Ihnen stets, ob und wo auf dem Weg Sie sich befinden. Ferner kann man aus Internetportalen Tausende von vorbereiteten Tracks (teils mit vielen Zusatzinfos) fertig herunterladen und zur Nutzung auf sein Gerät übertragen.

Navigieren mit Tracks

Beim Navigieren mit Tracks hat man nicht nur die Option, den aktiven Track umzukehren, um zurück zum Ausgangspunkt zu gelangen, sondern man kann unterwegs mittels „Zieleingabe" jeden im Gerät gespeicherten Track auswählen, um sich von seinem GPS-Lotsen exakt diesen Weg entlang führen zu lassen. Das ist vor allem deshalb interessant, weil man die Tracks längst nicht mehr selbst abgehen muss, um sie aufzuzeichnen. Immer beliebter wird die Variante, sie (anstelle von Routen) rasch am Computer zu erstellen (s. o.) – und immer zahlreicher werden die Angebote von Internetportalen, komplette Touren als Track herunterzuladen.

Sie haben zwei verschiedene Display-Seiten, um dem Track zu folgen: entweder auf der **Kartenseite** (am besten auf der installierten Topo, aber bequem auch auf der Tracklinie allein, auf der man stets erkennt, wo man sich gerade befindet und wie man ggf. den Kurs korrigieren muss, um auf dem Track zu bleiben) oder aber wie sonst mit der **Navigationsseite,** wobei Ihnen wie gewohnt ein Pfeil anzeigt, in welche Richtung Sie gehen müssen (s. S. 100). Natürlich können Sie je nach Bedarf zwischen beiden Optionen hin und her schalten – bei manchen Geräten können Sie außerdem ein Höhenprofil öffnen, um zu sehen, was Ihnen noch an Steigungen bevorsteht.

Übertragen von Tracks auf das GPS-Gerät

Mit der vom Hersteller des Geräts zur Verfügung gestellten Software (z. B. BaseCamp bei Garmin, VantagePoint bei Magellan) lassen sich Tracks vom Computer problemlos auf die jeweiligen Geräte laden. Beachten Sie jedoch, dass die meisten Geräte Tracks nur dann nutzen können, wenn sie im Internspeicher (nicht auf einer externen Speicherkarte) gespeichert sind – Ausnahmen sind z. B. neuere Garmin-Modelle wie Dakota, Oregon und Colorado.

Sight'n'Go-Navigation

Garmin-Geräte mit integriertem elektronischem Kompass bieten eine weitere Navigationsmöglichkeit per Sight'n'Go (Peilen und Los). Damit können Sie unterwegs jedes sichtbare Ziel mit dem Gerät anpeilen und die Richtung per

Knopfdruck abspeichern, um sie für die Grobnavigation zu nutzen (so wie sonst mit dem Kompass). Wenn Sie das Ziel dann auf dem weiteren Weg aus den Augen verlieren, folgen Sie einfach dem Richtungspfeil auf dem Display. Dazu muss der Empfänger nicht permanent eingeschaltet sein. Da das Gerät allerdings bei Sight'n'Go die genaue Position des Ziels nicht kennt, sondern nur die Richtung dorthin, bietet es auch keine Korrektur, wenn man unterwegs vom Kurs abweicht – genau wie bei der Kompass-Navigation.

Lässt sich hingegen auch die Entfernung zum angepeilten Punkt feststellen (z. B. durch Messen mithilfe einer Karte), so kann man sie zusätzlich eingeben und das Ziel als Wegpunkt abspeichern (s. Wegpunkt-Projektion s. S. 142).

Routen-Navigation

Die GoTo-Navigation mag über kurze Distanzen hilfreich sein, doch spätestens auf längeren Strecken wird sie unpraktisch, da es wenig Sinn macht, über viele Kilometer der Luftlinie zu folgen. Oft ist es sinnvoller, um einen Berg herum zu gehen, einem Tal zu folgen und einen Bach dort zu queren, wo es eine Brücke gibt. Die Lösung: Man unterteilt die lange Distanz in viele kurze GoTo-Strecken, die sich grob in Luftlinie zu einem sinnvollen Gesamtweg verbinden lassen: der Route. Dabei setzt man die einzelnen Punkte an sinnvollen Stellen wie bei wichtigen Richtungsänderungen, Abzweigungen oder an besagter Brücke über den Bach. Zu diesem Zweck kann man Wegpunkte (Waypoints) beliebig zu einzelnen Routen kombinieren, die mit einem Namen versehen werden, damit man sie bei Bedarf rasch finden und nutzen kann. Diese Routen entsprechen einer elektronischen Kursskizze und sind sehr hilfreich, um Touren zu planen und unterwegs die Orientierung und Navigation zu erleichtern.

Die Zahl der Wegpunkte pro Route und die Zahl der speicherbaren Routen ist begrenzt und bei verschiedenen Geräten recht unterschiedlich. Üblicherweise stehen bei neuen Modellen 50–200 Routen mit maximal 250 Wegpunkten pro Route zur Verfügung (insgesamt meist 1000–4000 Wegpunkte). Das sollte selbst für mehrtägige Unternehmungen bequem ausreichen. Falls der Speicher bei älteren Modellen nicht reicht, um alle Wegpunkte für eine längere Tour in einer Route zu kombinieren, so kann man Abstecher als eigene Routen ausgliedern oder die **Tour in mehrere einzelne Routen zerlegen.** Hierbei sollte man so verfahren, dass der letzte Wegpunkt der ersten Route zugleich als erster Wegpunkt der zweiten verwendet wird etc.

Sicherheitshalber sollte man auch die Koordinaten wichtiger Punkte nahe der Route (Gipfel, Brücken, Furten, Schutzhütten etc.) speichern, damit man unterwegs variabel ist, Abstecher machen und die Tour im Notfall anpassen kann. Um diese Punkte anzuzeigen, gibt es bei den meisten Geräten eine Funktion „Wegpunkte im Umkreis von xx km anzeigen".

[>] Darstellung der Route am Display

[>] Die Kartenseite zeigt den groben Wegverlauf, Nummer und Namen der Route sowie ihre Länge

Tipp für Mountainbiker

Besonders mit dem Fahrrad kann es vorteilhaft sein, anstelle der Navigationsseite die **Kartenseite** für die Navigation zu nutzen, da man dann den groben Wegverlauf überblickt und Abzweigungen einige Zeit im Voraus erkennt.

244gp gm

Da auch die Zahl der Routen, die ein Gerät speichern kann, begrenzt ist, muss man früher oder später alte Routen löschen, um Platz für neue zu schaffen. Wie man seine Routen und Touren trotzdem sichern und archivieren kann, finden Sie unter „GPS und digitale Landkarten".

Routen mit dem Gerät erstellen

Routen können recht bequem mittels bereits im Gerät gespeicherten Wegpunkten erstellt werden (zur Eingabe von Wegpunkten s. S. 137). Das Zusammenstellen der Routen ist recht einfach: Im Routen-Menü klicken sie zunächst auf „Neue Route" und dort dann auf „Wegpunkt einfügen". Dann können Sie aus dem Wegpunkt-Verzeichnis die einzelnen Punkte nacheinander markieren und per „Enter" einfügen. Später kann man immer noch weitere Punkte dazwischen einfügen, andere löschen oder die Route sonstwie bearbeiten. Die Route speichert man (wie die Wegpunkte) unter einem aussagekräftigen Namen, damit man sie später rasch wiederfindet – z. B. entsprechend dem Pfadnamen (WCT = West Coast Trail, GR9 = Grand Randonnée 9) oder der Region (BAYWA = Bayerischer Wald).

Je mehr Wegpunkte Sie setzen, desto präziser können Sie dem vorgeplanten Weg folgen – aber meist ist es ausreichend, an wichtigen Schlüsselstellen (Abzweigung, Richtungsänderung, Brücke, Hütte, Campstelle etc.) einen Wegpunkt zu setzen.

Route am Computer erstellen

Am einfachsten und schnellsten lassen sich Routen am Computer auf einer digitalen Karte erstellen. Wer diese Möglichkeit hat, wird sich nicht mehr

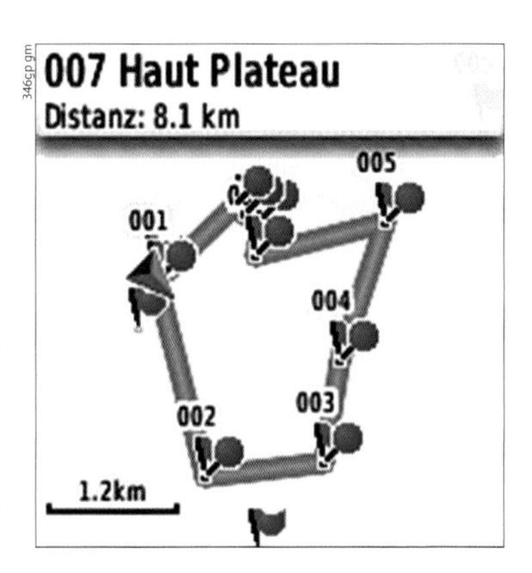

346cp gm

Viele Wegpunkte

Da die Planung am Computer so bequem ist, kann man ruhig auch mehr Wegpunkte setzen als für die Navigation nötig. Je mehr Punkte, desto genauer ist der Weg vorgezeichnet – und desto genauer weiß man dann auch vorher schon, wie lang er sein wird. Und für eine schwierige Wegführung in unübersichtlichem Gelände oder wenn man mit schlechter Sicht rechnen muss, kann man die Strecke auch gleich als Track planen und auf das Gerät überspielen.

mit dem Eintippen einzelner Koordinaten und dem Aufrufen und Einfügen einzelner Wegpunkte herumschlagen. Dennoch sollte man für Planungsänderungen unterwegs auch dazu in der Lage sein, eine Route mit dem Gerät allein zu erstellen (je mehr Wegpunkte dafür bereits gespeichert sind, desto besser).

Öffnen Sie einfach am Computer die gewünschte Karte, zoomen Sie bis zur optimalen Vergrößerungsstufe, aktivieren Sie (unter „Extras", „Route" o. Ä.) die Routenerstellung und verfolgen Sie mit der Maus den geplanten Weg – entweder direkt auf den gewünschten Pfaden oder mit sinnvoller Routenführung durch das Gelände. An allen wesentlichen Stellen (Richtungsänderung, Abzweigung, Furt, Brücke, etc.) setzen Sie per Mausklick einen Wegpunkt (den Sie später nach Bedarf umbenennen und bearbeiten können) und das Programm verbindet die Punkte automatisch zu einer Route, die Sie unter einem passenden Namen abspeichern und dann per Datenkabel auf Ihr GPS-Gerät übertragen können. Bequemer geht's kaum! Höchstens noch mit routingfähigen Karten, auf denen Sie im einfachsten Fall nur Start- und Zielpunkt markieren müssen. In der Praxis werden es bei längeren Touren einige Punkte mehr sein, damit das Programm die Route auch entlang den von Ihnen gewünschten Wegen plant.

So können Sie am Computer ein umfangreiches Routenarchiv – geordnet nach Wandergebieten oder Art der Touren (Wanderung, Radtour, Skitour etc.) erstellen, aus dem Sie nach Bedarf einzelne Routen auf das Gerät laden.

Der Route folgen

Am Start müssen Sie nur die gewünschte Route im Menü auswählen und aktivieren. Dann führt Sie Ihr GPS-Lotse nicht wie bei GoTo in gerader Linie ans Ziel, sondern Schritt für Schritt die geplante Route entlang von einem Wegpunkt zum nächsten. Der entscheidende Vorteil: Anders als bei der GoTo-Navigaton werden Sie nicht plötzlich vor einem unüberwindlichen Hindernis stehen – denn sicher haben Sie Ihre Route sinnvoll um Hindernisse wie Seen, Sümpfe, Abgründe etc. herum geplant.

Sie können nun wie bei der Track-Navigation einfach den Anweisungen des Richtungspfeils auf der Navigationsseite folgen. Aber Sie können auch mit der Kartenseite arbeiten, auf der Sie sehen, wo auf der geplanten Route Sie sich gerade befinden und wo die nächsten und zuletzt passierten Wegpunkte liegen. Bei der Navigation mit routingfähigen Karten ist dies die sinnvollere Option, da der Richtungspfeil mit jeder Wegbiegung herumzappelt. Viele Geräte bieten zudem die Möglichkeit, ein Höhenprofil einzublenden, damit man nicht nur weiß, wie viele Kilometer, sondern auch wie viele Höhenmeter und welche Steigungen man noch vor sich hat.

Unterwegs zeigt Ihnen das Gerät stets Kurswinkel und Distanz vom momentanen bzw. zuletzt passierten Wegpunkt (Active From WPT) zum nächsten Wegpunkt (Active To WPT). Sie können sich dann mithilfe des **Richtungspfeils auf der Navigationsseite** von einem Wegpunkt zum nächsten führen lassen oder, um Strom zu sparen, den angezeigten Kurswinkel am Kompass einstellen und damit (bzw. einfach nach Sicht) navigieren.

Ist der erste **Wegpunkt erreicht,** schaltet das Gerät sofort auf den nächsten Wegpunkt um (der erreichte Punkt wird dabei automatisch zum Active From Waypoint) und lotst Sie dorthin. Das funktioniert auch dann, wenn Sie den Wegpunkt nicht exakt erreichen, sondern ihn in geringer Entfernung passieren. Beim Passieren in größerer Entfernung kann es (wie bei der Track-Navigation) vorkommen, dass das Gerät noch lange Zeit versuchen wird, Sie zum eben passierten Punkt zu lotsen, ehe es auf den nächsten Punkt in Marschrichtung umschaltet. In diesem Fall kann man zwischendurch zur Kartenseite umschalten und danach weiter mit Richtungspfeil navigieren.

Außerdem kann man im Menü vieler Geräte vorgeben, wie sie in solchen Fällen reagieren – z. B. ab welcher Entfernung vom bisherigen Wegpunkt sie auf den nächsten umschalten sollen. Oder man kann manuell auf den nächsten Wegpunkt umschalten.

Achtung: Bei spitzwinkligem Routenverlauf ist es möglich, dass das Gerät auf den übernächsten Wegpunkt umschaltet, noch bevor der nächste ganz erreicht ist. Im Zweifelsfall reicht es, auf die Kartenseite umzuschalten, um das Problem zu erkennen und den richtigen Wegpunkt anzusteuern.

Alle neueren Garmin-Modelle bieten bei TracBack zusätzlich ein komfortables **Upcoming-turn-Feature:** Dabei wird 15 Sekunden vor der neu einzuschlagenden Richtung mit einem abgewinkelten Abbiegepfeil auf die neue Kursrichtung hingewiesen.

Falls man die Backtrack-Funktion bei ausreichender Sicht nutzt und dabei unnötige Bogen einfach abschneidet, kann es vorkommen, dass das Gerät noch lange Zeit versuchen wird, Sie zum letzten, in größerem Abstand passierten Punkt zu lotsen, ehe es auf den nächsten Punkt in Marschrichtung umschaltet.

Geplante Route mit Höhenprofil und Abbiegehinweis

Optimal: Navigation mit GPS-Gerät, Kompass und Karte

Viele Geräte bieten außerdem die Möglichkeit, per Knopfdruck eine Route umzukehren, um den Rückweg zu finden. Der letzte Wegpunkt der Route wird dann zum Ausgangspunkt, der erste zum Ziel, und Sie können sich auf dem Rückweg genauso vom GPS-Gerät leiten lassen wie vorher zum Ziel.

GPS-/Kompass-Navigation (Kurswinkel übertragen)

Da es auf längeren Touren wegen des Stromverbrauchs nicht sinnvoll ist, ständig mit eingeschaltetem GPS-Gerät durch das Gelände zu laufen, wird man in den meisten Fällen einfach grob nach Sicht navigieren und die Richtung nur gelegentlich per GPS überprüfen. In schwierigem Gelände ohne Orientierungspunkte oder bei schlechter Sicht wird man mit GPS und Kompass arbeiten und dazu den vom Gerät angezeigten Kurswinkel (Course) auf den Kompass übertragen. **Achtung:** Am GPS-Gerät muss dazu die vom Kompass angezeigte Nordrichtung ausgewählt sein! Also im Normalfall Magnetisch-Nord (MAG oder AUTO MAG) bzw. bei einem Kompass mit Missweisungsausgleich Geografisch-Nord (TRUE, Wahr).

Stimmen die Nordrichtungen an Gerät und Kompass überein, kann man den vom GPS-Gerät angezeigten Kurswinkel ganz einfach an der Kompassrose einstellen, ohne die **Deklination** zu berücksichtigen (das hat der Rechner im Gerät schon erledigt!). Verwendet man einen Kompass mit Missweisungsausgleich und am Gerät die Einstellung TRUE, so können die Kurswinkel zudem sogar direkt auf die Landkarte übertragen werden (im geografischen Netz immer; im geodätischen Gitter überall außer in polnahen Breiten).

Will man – was seltener der Fall ist – einen vom GPS-Gerät errechneten Kurswinkel auf die Landkarte übertragen (etwa um die Lage eines Wegpunktes auf der Karte zu finden), so muss am Gerät als Nordrichtung (Reference) entweder auf Geografisch-Nord (TRUE) eingestellt sein (wenn die Karte ein geografischen Netz hat) oder Gitternord (GRID) bei einem geodätischen Gitter. Die Differenz ist jedoch außerhalb der Polarregionen so gering, dass eine Verwechslung nicht ins Gewicht fällt. Die angezeigte Gradzahl wird dann an der Kompassrose eingestellt und genau wie bei der Kompassorientierung auf die Karte übertragen.

Moving Map Navigation

Höchsten Komfort bieten neue Geräte mit Kartenspeicher und geladener topografischer Karte. Denn sie zeigen nicht nur direkt am Display die aktuelle Position auf der Landkarte, sondern man kann sogar direkt nach dieser Karte navigieren! Dabei wird die Karte stets auf die aktuelle Position zentriert und man kann jede Abzweigung, alle Hindernisse und sonstige Geländemerkmale entlang der Strecke erkennen. Zudem gibt es eine zunehmende Zahl routingfähiger digitaler Topos, auf denen Ihre Route dann nicht in Luftlinie von einem Wegpunkt zum nächsten führt, sondern entlang ausgewählter Wander- oder Radwege – auf Wunsch sogar mit Abbiegehinweisen per Pfeil oder sogar Sprachausgabe. Ganz wie beim Navi im Auto! Das bisherige Hauptproblem der GPS-Navigation bestand darin, dass das Gerät zwar stets die Richtung zum Ziel weisen konnte – aber nie den Wander- oder Radweg dorthin. Aber genau das können Geräte mit geladener topografischer Karte nun auch! Weitere Informationen zum Thema digitale Karten finden Sie im Kapitel „GPS und digitale Landkarten" auf Seite 181ff.

Praktische Beispiele der GPS-Arbeit

Spektrum der Möglichkeiten

Das GPS-Gerät bietet ein breites Spektrum sehr verschiedener Hilfen für die Orientierung und Navigation: Als ständige Navigationshilfe im Dauerbetrieb, als gelegentliche Hilfe, um Kurs und/oder Standort zu überprüfen, oder als Sicherheitsreserve, die man nur für Notsituationen braucht. Man kann es entweder als ausschließliches Navigationsmittel ohne sonstige Hilfen nutzen oder kombiniert mit der Landkarte bzw. mit Karte und Kompass. Wie Sie GPS in der Praxis einsetzen, hängt u. a. von der Länge und Art der Tour ab, vom Gelände und von Ihren individuellen Vorstellungen. Dieses Kapitel erklärt die verschiedenen Arten der Nutzung und gibt einige praktische Beispiele.

Wichtig: Bevor Sie das GPS-Gerät auf Wildnistouren einsetzen, sollten Sie im vertrauten Nahbereich Erfahrungen damit sammeln.

GPS ohne Landkarte

Grundsätzliche Überlegungen

Zumindest auf längere Touren sollte man stets Karte und Kompass mitnehmen – sie erweitern die Möglichkeiten der GPS-Nutzung beträchtlich und dienen als zusätzliche Sicherheit für den Fall, dass das Gerät nicht funktioniert oder nicht über ausreichenden Empfang verfügt.

Trotzdem werden noch immer viele Touren (vor allem Tagestouren) ohne Karte und Kompass unternommen – und das soll natürlich nicht heißen, dass man dann auch das GPS-Gerät zu Hause lassen muss. Denn auch für sich allein ist das Gerät eine großartige Orientierungs- und Navigationshilfe, die Karte und Kompass in vieler Hinsicht übertrifft. Auch mit dem GPS-Gerät allein können Sie jederzeit den Weg zurück zum Ausgangspunkt oder zu einem beliebigen Ziel finden, das als Wegpunkt im Gerät gespeichert ist. Die Navigation mit dem GPS-Empfänger allein eignet sich allerdings weniger für längere Rucksacktouren, da sie viel Strom verbraucht. Es gilt zudem zu beachten, dass ein GPS-Gerät den Linealkompass keinesfalls ersetzen kann – auch ein Gerät mit integriertem elektronischem Kompass nicht!

Zu beherrschende Funktionen

Navigiert man ausschließlich mit dem GPS-Gerät, so kommt man mit den einfachsten Grundfunktionen aus und kann alles ignorieren, was die Orientierung sonst kompliziert macht: z. B. Übertragung von Koordinaten, Koordinatensysteme, Kartendatum und Missweisung. Im Wesentlichen muss man dann nur zwei Aufgaben beherrschen:

1. **Standorte ermitteln und als Wegpunkte im Gerät speichern** (siehe „Koordinaten ermitteln und speichern“ S. 127)
2. **Entfernung und Richtung zwischen dem Standort und einem Zielpunkt ermitteln** (siehe „GoTo-Navigation“ S. 153)

Für die erste Aufgabe brauchen Sie das Gerät nur unter freiem Himmel einzuschalten und die angezeigte Position per Knopfdruck zu speichern.

Für die zweite Aufgabe (Kursbestimmung) wählen Sie den Wegpunkt, den Sie ansteuern wollen, per GoTo aus und lassen sich vom Leitsystem (z. B. Richtungspfeil) dorthin lotsen. Einfacher geht es kaum! Alternativ können Sie im Dauerbetrieb auch Ihren gesamten Weg aufzeichnen und sich mithilfe der Routenskizze auf dem Display orientieren (s. „Kartenseite“ S. 98) oder sich per „Backtracking“ (s. S. 158) auf dem ursprünglichen Weg zurückführen lassen.

Beispiel

Schalten Sie am Beginn Ihres Weges das Gerät ein und speichern Sie den ermittelten Standort (z. B. unter der Bezeichnung „START“) – selbst wenn Sie nicht beabsichtigen, mit GPS zu navigieren. Dann können Sie unterwegs von jedem Punkt den Weg zurück zum Ausgangspunkt finden, falls Sie sich verirren oder falls Dunkelheit oder ein Schneegestöber die Orientierung erschweren sollten.

Auch unterwegs sollten Sie Wegkreuzungen und Abzweigungen sowie andere wichtige Geländepunkte (Pass, Brücke, Furt etc.) als Wegpunkte abspeichern. Dann sind Sie im Notfall für den Rückweg nicht auf den Kurs in Luftlinie angewiesen, sondern können Ihren Weg in einzelnen Etappen zurückverfolgen.

Bezeichnen Sie die Wegpunkte so, dass die Reihenfolge klar ist (die Geräte speichern jeden Wegpunkt mit Datum und Uhrzeit). Sie können die einzelnen Wegpunkte auch gleich als Route geord-

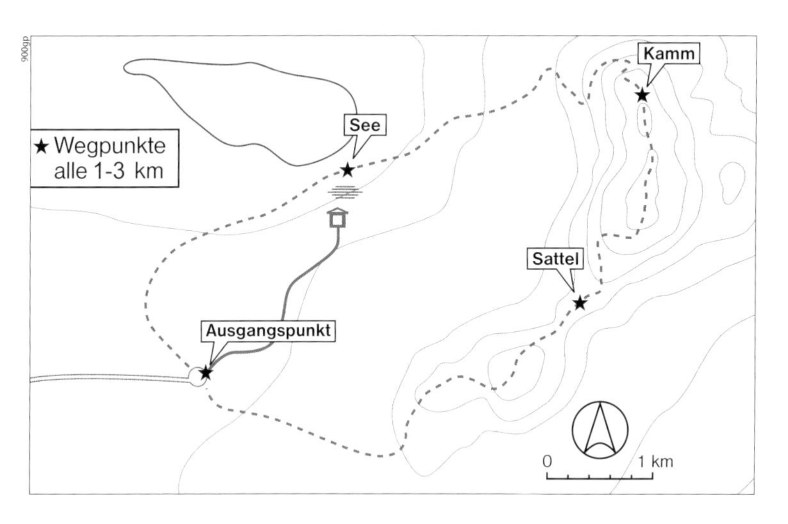

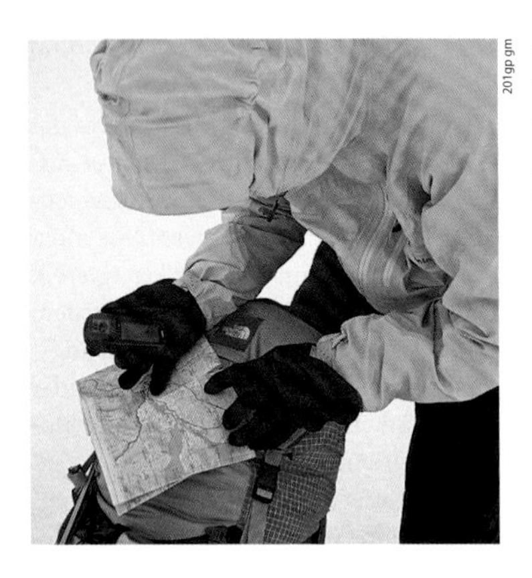
201gp gm

Selbst im Schneegestöber kann man den Weg zurück zum Ausgangspunkt finden

net verbinden und diese Route für den Rückweg umkehren, oder Sie können die Wegpunkte für den Rückweg in beliebiger Weise zu einer Route kombinieren (etwa um einzelne Wegpunkte auszulassen und abzukürzen).

Außerdem kann es hilfreich sein, wenn Sie zu jedem Wegpunkt, der eine Gabelung oder Kreuzung markiert, die Richtung notieren, aus der Sie gerade kommen und in die Sie weitergehen wollen. Dann wissen Sie auf dem Rückweg stets, wo und wie Sie abzweigen müssen (einfach die Richtung umkehren). Die vom Gerät angezeigte Richtung zum nächsten Wegpunkt kann in solchen Fällen irreführend sein, wenn der falsche Weg zunächst in diese Richtung führt, der richtige aber einen Bogen macht.

Wenn Sie beispielsweise am Ausgangspunkt den Wegpunkt „See" ansteuern, so wird das Gerät Sie auf den Weg zur Hütte (und damit in die Sackgasse) führen. Je mehr Wegpunkte Sie setzen (vor allem bei größeren Richtungsänderungen), desto mehr können Sie darauf vertrauen, dass die Richtung zum nächsten Wegpunkt die richtige ist. Im Zweifelsfall können Sie sich mithilfe der Kartenseite Gewissheit verschaffen.

Bei Wanderungen ohne Pfad gilt sinngemäß das Gleiche, nur dass man vielleicht etwas häufiger Wegpunkte speichert (alle 20–40 Minuten) und besonders sorgfältig arbeitet. Man kann dann unter anderem auch auffällige Geländeformationen und den Beginn von Auf- und Abstiegen als Wegpunkte speichern.

GPS und Landkarte

Zu beherrschende Funktionen

Die Kombination von GPS-Gerät und Landkarte eröffnet eine Fülle zusätzlicher Hilfen, die größer ist als die Vorteile beider einzelnen Orientierungshilfen für sich. Sie erfordert die Beherrschung von zwei zusätzlichen Aufgaben:

1. **GPS-Koordinaten auf die Karte übertragen,** z. B. Standort, Wegpunkt; (s. Kap. „Standortbestimmung" S. 148)
2. **Koordinaten von Punkten auf der Karte in das GPS-Gerät eingeben** (z. B. Wegpunkt, Ziel; s. Kap. „Koordinaten ermitteln und speichern" S. 127)

Die Navigation mit GPS und Landkarte funktioniert ähnlich wie mit GPS allein: entweder nach Sicht oder per GPS im Dauerbetrieb (s. o.) bzw. durch die Kombination beider Methoden. Hierbei ist die Karte jedoch eine wichtige zusätzliche Hilfe: Sie verrät Ihnen, wo Sie sich in Relation zur Umgebung befinden, wo Punkte liegen, die nicht im Gerät gespeichert wurden und welches Gelände Sie auf der weiteren Strecke erwartet. Und sie hilft Ihnen, Entscheidungen bezüglich der Streckenwahl zu treffen. So kann Ihnen z. B. an einer Kreuzung GPS allein nie mit Sicherheit sagen, welcher Weg zu Ihrem Ziel führt, denn der eine könnte ja zunächst direkt in Kursrichtung verlaufen, dann aber in eine andere Richtung biegen oder sogar enden, während ein anderer, der zunächst vom Kurs weg führt, im Bogen um ein Hindernis herum das angesteuerte Ziel erreicht.

Beispiel

Hier gilt ebenfalls, was bereits unter „GPS ohne Landkarte" gesagt wurde. Darüber hinaus hat man jedoch weitere Möglichkeiten. Wenn Ihr Ziel z. B. an einer Abzweigung vom ursprünglichen Pfad liegt und Sie unterwegs zu einer unbeschilderten Abzweigung gelangen, dann können Sie mit GPS oder mit der Karte allein nicht entscheiden, ob es die richtige ist. Selbst mit Karte und Kompass ist dies nur möglich, wenn geeignete Orientierungspunkte zur Verfügung stehen, um den Standort zu bestimmen. Mit GPS und Karte hingegen kann man diese Entscheidung selbst bei Dunkelheit oder im dichtesten Nebel treffen. Sie können z. B. per GPS Ihre Position bestimmen und auf die Karte übertragen. Falls dies nicht möglich ist, z. B. wenn die Karte kein Gitter hat, kann man den im Gerät gespeicherten Ausgangspunkt per „GoTo" anpeilen und die Entfernung dorthin (in Luftlinie) ablesen. Überträgt man diese Entfernung maßstäblich auf die Landkarte, so ergibt sich aus dem Schnittpunkt mit dem Pfad der Standort und man sieht sofort, ob die Abzweigung die gesuchte ist oder nicht. Neue kartenfähige Geräte mit integrierter topografischer Karte können zwar enorm hilfreich sein und in manchen Fällen die Papierkarte tatsächlich ersetzen, dennoch ist dringend zu empfehlen, stets eine geeignete Papierkarte zusätzlich mitzunehmen – schon allein deshalb, weil die winzigen Displays niemals die Übersicht und Detailgenauigkeit bieten können wie eine Papierkarte.

GPS, Landkarte und Kompass

Zu beherrschende Funktionen

Erst diese Kombination erschließt die ganze Fülle der Orientierungs- und Navigationsmöglichkeiten. Vor allem auf längeren Wildnistouren sollte man unbedingt alle drei Hilfsmittel nutzen, denn dann wird man das GPS-Gerät nicht im Dauerbetrieb einsetzen wollen (sonst braucht man unter Umständen einen ganzen Batteriesatz pro Tag!). Um nicht ausschließlich nach Sicht navigieren zu müssen und trotzdem die Batterien zu schonen, muss man:

1. **Kurswinkel vom GPS-Gerät auf den Kompass übertragen.**
2. Seltener wird man **Kurswinkel vom GPS-Gerät auf die Karte übertragen.**

Diese Aufgaben sind im Kapitel „GPS-/Kompass-Navigation“ auf Seite 166 erklärt.

Beachten Sie, dass beim Übertragen von Winkeln zwischen GPS und Kompass die Kursreferenz (Heading) richtig eingestellt sein muss.

Bei Wanderungen ohne Pfad können Sie – sobald der Kurs zum nächsten Zwischenziel am Kompass eingestellt ist – das GPS-Gerät wieder ausschalten und nach Kompass weiterwandern. Nur wenn geeignete Hilfsziele nicht vorhanden sind oder wegen zahlreicher Hindernisse kein gerader Kurs zu halten ist, wird man vorübergehend im Dauerbetrieb per GPS navigieren. Hat man das Zwischenziel erreicht, lässt man sich vom Gerät den Kurswinkel anzeigen und überträgt diesen auf den Kompass.

GPS erspart in diesem Fall 1. die Kompasspeilungen für die Standortbestimmung (die Zeit und Genauigkeit kosten, Fehlerquellen darstellen und bei fehlenden Orientierungspunkten evtl. unmöglich sind), 2. die Messung des Kurswinkels auf der Karte (Zeitaufwand) und 3. die Berücksichtigung der Missweisung (Fehlerquelle).

Aber selbst das ist noch nicht alles: Während man bei der Kompassnavigation ohne GPS stets sehr sorgfältig arbeiten und Hindernissen auf recht umständliche Weise ausweichen muss, um nicht vom Kurs abzukommen, genügt es mit GPS-Unterstützung, grob die Richtung zu halten und Hindernisse „nach Augenmaß“ zu umgehen. Denn im Gegensatz zum Kompass verrät uns das GPS-Gerät jederzeit nicht nur den ursprünglichen Kurs (der uns wenig hilft, falls wir davon abgewichen sind), sondern stets den aktuellen Standort und den Kurs von diesem zum nächsten Ziel. Eine fantastische Hilfe – im Vergleich dazu ist man allein mit Karte und Kompass regelrecht blind!

In deutlich gegliedertem Gelände mit Orientierungspunkten kann man natürlich auch bei abgeschaltetem GPS-Gerät längere Zeit ohne Kompass einfach nach Sicht wandern und den Empfänger nur bei Bedarf kurz einschalten, um den Kurs zu überprüfen und gegebenenfalls zu korrigieren.

Beispiel Kanutour

Sagen wir, Sie planen eine Kanutour in Kanada. Auch dabei kann GPS sehr hilfreich sein, wenngleich Sie vielleicht einwenden werden, dass man sich doch auf einem Fluss kaum verirren kann. Aber angenommen, die Route führt unterwegs über einen 10 km langen See und der Fluss zieht sich durch ein mehrere Kilometer breites Labyrinth von Inseln.

Vor dem Start können Sie z. B. die Koordinaten der Einsetzstelle, des See-Eingangs und See-Ausgangs, von Mündungen der Nebenflüsse, von Gefahrenstellen (Stromschnellen, Baumhindernisse etc.), von geeigneten Campstellen, von Berggipfeln entlang der Route etc. als Wegpunkte speichern; evtl. auch noch eine Reihe von Punkten, die die sicherste oder beste Route durch das Insellabyrinth markieren.

Beim Einsetzen bestimmen und speichern Sie kurz Ihren Standort und vergleichen ihn mit den aus der Karte ermittelten Koordinaten der Einsetzstelle, um evtl. Abweichungen feststellen und den Fehler korrigieren zu können. Die erste Tagesetappe ist problemlos, also können Sie das Gerät vorerst abschalten, Ihren Weg vom Fluss bestimmen lassen und sich nur nach Sicht und Karte orientieren, um ungefähr zu wissen, wo Sie sind. Aber abends wollen Sie dann eine bestimmte Flussinsel ansteuern, die ein Freund als ideale Campstelle empfohlen hat. Deshalb schalten Sie den Empfänger ein, solange Sie sicher sind, dass Sie die Insel noch nicht passiert haben, und steuern die Insel per GoTo an. Dem Richtungspfeil der Navigationsseite werden Sie zunächst nicht folgen können, da Flussschleifen zu Umwegen zwingen. Vielleicht wird der Pfeil gelegentlich sogar auf eine falsche Insel zeigen, weil sie genau zwischen Ihnen und der gesuchten liegt – aber das lässt sich anhand der eingeblendeten Entfernungsangabe zum Ziel sofort feststellen. Sobald die richtige Insel auftaucht, wird der Pfeil darauf weisen, die Entfernung zum Ziel nimmt deutlich ab und bei weiterer Annäherung an die Insel wird das Gerät Sie durch einen Signalton und eine entsprechende Meldung informieren.

Am nächsten Tag erwartet Sie gleich auf den ersten Kilometern eine Stromschnelle, die Sie bereits als Gefahrenstelle markiert haben, sodass das Gerät Sie warnt, sobald Sie sich ihr bis auf

⌃ Navigieren auf einer Faltboottour: Da die Orientierung aus der flachen Perspektive Probleme bereitet, ist GPS hier enorm hilfreich.

einige hundert Meter genähert haben. Der Empfänger bleibt also eingeschaltet, und Sie paddeln fröhlich dahin – bis plötzlich der Alarm ertönt. Donnerwetter, die Schnelle hätten Sie erst einige Kilometer weiter erwartet! So kann man sich verschätzen. Jetzt sind Sie auf der Hut und können rechtzeitig anlegen. Leider muss die Schnelle umtragen werden und nirgends ist ein Trail zu finden. Den Weg müssen Sie im unübersichtlichen Buschland selbst suchen und können dabei wegen der Felsen nicht dem Ufer folgen. Zunächst speichern Sie Ihren Standort, um mühelos zum Kanu zurückzufinden. Die beste Route können Sie (evtl. mithilfe der Karte und zunächst ohne Gepäck) ausfindig machen und mit einigen Wegpunkten speichern oder komplett als Track aufzeichnen, um sie nachher genau wieder zu finden. Ohne Gerät wäre es jedes Mal eine mühsame Sucherei!

Etwas weiter folgt das Insellabyrinth, durch das Sie den besten Weg als Route im Gerät gespeichert haben, sodass Sie diese nur aktivieren müssen, um sich problemlos hindurchlotsen zu lassen. So ersparen Sie sich Schwierigkeiten mit Baumhindernissen oder Untiefen, die vielleicht in den Nebenarmen lauern. Und falls Sie im Gewirr von Schilf und Inseln eine Stelle passieren, die Anglerglück verspricht, so können Sie kurz die Position bestimmen und abspeichern, um sie am Abend vom Camp aus rasch zu finden.

Zwei Tage später ist der See erreicht. Der Seeausgang auf der anderen Seite ist natürlich nicht zu sehen, aber Ihr Gerät kennt ihn und kann Sie – in diesem Fall am besten mit der „Straßenseite" – genau dorthin führen. In der Zeit vor GPS hätten Sie den Kurswinkel von der Einmündung zum Ausgang am Kompass eingestellt und wären nach Kompasskurs gepaddelt. Dabei ist es aber – selbst wenn man den Kompass fast ständig im Auge behält – unvermeidbar, dass

Links: In solch einem Flusslabyrinth ist es ohne GPS enorm schwer, seine Position zu bestimmen

Rechts: Auf Kanutouren ist GPS ein zuverlässiger Begleiter, der Sie sicher ans Ziel führt

man durch Wind, Strömungen und Korrekturen beim Paddeln, ohne es zu bemerken, seitlich versetzt wird. Da der Kompass aber stets den gleichen Winkel anzeigt, gerät man auf einen Kurs, der parallel zum Soll-Kurs verläuft, und wird den Seeausgang fast mit Sicherheit nicht punktgenau treffen. Also fängt am anderen Ufer doch die Sucherei an. Nicht so mit GPS: Da das Gerät permanent den aktuellen Standort bestimmt, kann es jede Abweichung vom Soll-Kurs sofort registrieren und den zu steuernden Kurs entsprechend korrigieren. So erreichen Sie in nahezu gerader Linie den Seeausgang oder die gesuchte Hütte (oder jeden sonstigen Punkt, den Sie am jenseitigen Ufer ansteuern).

Falls Sie die Überquerung abbrechen und an irgendeinem Platz anlegen müssen (wegen Wind, Dunkelheit etc.), wäre es allein mit dem Kompass noch problematischer, sofern Sie keinen geeigneten Orientierungspunkt finden, um Ihren Standort am Ufer zu bestimmen. Mit GPS wissen Sie auch ohne Sicht genau, wo Sie sich befinden. Das Gerät verrät Ihnen auf Knopfdruck den neuen Kurs zum Seeausgang und weist Ihnen unterwegs stets die Richtung dorthin.

Da man auf Kanutouren oft Flusskarten benutzt, die bloße Kartenskizzen ohne ein Gitter sind, ist es schwierig, einen per GPS ermittelten Standort auf die Karte zu übertragen. Dann behilft man sich mit der „Kreuzpeilung“ (s. S. 152). Selbst wenn diese wegen der fehlenden Nordlinien nicht sehr exakt ist, wird sie doch ausreichend genau sein, um mithilfe der Kartenskizze entscheiden zu können, an welcher Flussmündung, Insel, Schleife etc. man sich gerade befindet.

Beispiel Wanderung

Sagen wir, von einem Camp am Seeufer wollen Sie einen Berggipfel besteigen, der aber auf dem Weg durch das bewaldete Tal nicht immer sichtbar ist. Sie können nun den Berggipfel als Wegpunkt eingeben – entweder die aus der Karte abgelesenen Koordinaten oder per Referenzpunkt (s. S. 142) – und per GPS navigieren.

Um Strom zu sparen, ist es aber sinnvoll, den angezeigten Kurswinkel (CRS) am Kompass einzustellen und das Gerät abzuschalten. Ist unterwegs ein Teich oder eine Sumpffläche zu umgehen, so kann man nach Sicht den groben Kurs halten und anschließend das GPS-Gerät kurz einschalten, um den neuen Kurs zum Ziel (BRG) zu ermitteln und auf den Kompass zu übertragen.

Beispiel Fahrrad-/ Mountainbike-Tour

Zumindest wenn Sie Touren abseits geteerter Wege planen, sollten Sie sich eine spezielle Halterung für Ihr GPS-Gerät zulegen (s. S. 68). Außerdem ist auf dem Rad ein Gerät mit etwas größerem Display empfehlenswert bzw. mit der Option, Informationen besonders groß darzustellen, damit man sie trotz der Vibrationen gut ablesen kann.

Sagen wir, Ihre Tour führt durch ein Waldgebiet, das von zahlreichen Forstwegen durchzogen ist, sodass man ständig auf die richtige Abzweigung achten muss. Das kann ohne GPS sehr nervig sein, wenn man permanent anhalten muss, um auf der Karte zu schauen, bei welcher Abzweigung man sich wohl

befindet – zumal es ohne GPS oft sehr schwer oder selbst mit Kompass unmöglich ist, dies sicher zu bestimmen. Aber jetzt haben Sie den geplanten Weg als Route eingegeben und diese am Start aktiviert. Nun können Sie sich per Richtungspfeil lotsen lassen – und wenn Ihr Gerät über das **Upcoming-turn Feature** verfügt, werden Sie etwa 15 Sekunden vor jeder Abzweigung darauf hingewiesen. Sonst ist es wohl besser, gleich nach der Kartenseite zu navigieren, um etwas „vorausschauen“ zu können und alle Abzweigungen frühzeitig zu erkennen.

Aus dem Wald heraus führt ein schmaler Stichweg zu einer weiten Geröllebene, die zu einem Abstecher lockt, und verliert sich dort. Um das Pfadende später sicher und problemlos wieder zu finden, speichern Sie einfach kurz die Position als Wegpunkt, um sie dann auf dem Rückweg per GoTo ansteuern zu können.

Zunächst ist diese Ebene weit offen und leicht zu befahren, aber zunehmend wird sie von felsigen Bereichen unterbrochen, von Dickicht und von tief eingeschnittenen Rinnen, zwischen denen man leicht in Sackgassen gerät. Also schalten Sie Ihren elektronischen „Fahrtenschreiber“ auf Dauerempfang (eventuell im Stromsparmodus) und lassen ihn den genauen Weg als Track aufzeichnen, damit Sie für die Rückfahrt nicht auf eine grobe Richtung angewiesen sind, sondern genau Ihrer vorherigen Route folgen können.

Außerdem können Sie diesen Track speichern und archivieren, um ihn für spätere Touren als Führer durch das labyrinthische Gewirr nutzen zu können – oder um ihn einem Freund weiterzugeben, dem Sie diese Tour empfehlen wollen. Gerade bei Radtouren mit kleinen Fahrwegen kann ein Gerät mit routingfähiger Karte natürlich sehr angenehm sein. Legen Sie einfach mit wenigen Wegpunkten (die Sie zu Hause am Computer erstellen oder am Display anklicken) die gewünschte Strecke fest und lassen das Gerät die Route berechnen. Dann führt es Sie wie ein Auto-Navi entlang der gewählten Strecke und zeigt alle Abzweigungen per Richtungspfeil an – oder weist Sie sogar per Sprachansage darauf hin. Die lästigen Orientierungs-Stopps an jeder Abzweigung gehören der Vergangenheit an!

⌃ Auch bei einer Mountainbiketour kann das GPS-Gerät gute Dienste leisten

› Bereits bei der Routenplanung sollte man gewählte Wegpunkte im GPS-Gerät abspeichern

Routenplanung

Wer sein GPS-Gerät am Beginn der Tour zum ersten Mal in Betrieb nimmt, der wird unterwegs nicht all seine Vorteile nutzen können. Grundlage jeder GPS-Arbeit sind die Koordinaten von Wegpunkten. Deshalb ist es wichtig, das Gerät vorher mit möglichst vielen und sinnvoll ausgewählten Wegpunkten zu füttern. Kommt man mit leerem Speicher am Trailhead (Ausgangspunkt) an, so könnte das Gerät zwar prima rechnen, aber es hat keine Daten, mit denen es arbeiten kann.

Zu jeder Tourenplanung gehört es daher, die Route nicht nur wie bisher auf der Karte auszuarbeiten, sondern viele und sinnvoll gewählte Wegpunkte im GPS-Gerät zu speichern, um unterwegs damit arbeiten zu können. Bei der Auswahl der Wegpunkte sollten Sie versuchen, anhand der Karte abzuschätzen, ob Sie an diesen Wegpunkten ausreichenden Satellitenempfang haben werden (oder ob evtl. Hindernisse die Sicht auf die Satelliten behindern).

Beachten Sie auch, dass das GPS-Gerät nicht erst auf der Tour selbst hilfreich sein kann, sondern evtl. schon bei der Anreise, um den Pfadbeginn zu finden. Speichern Sie daher ggf. auch Abzweigungen auf dem Fahrweg dorthin als Wegpunkte (aber möglichst als separate Route, damit Sie auf dem Rückweg zum Fahrzeug nicht versehentlich eine Straßenkreuzung ansteuern, die weit vom Fahrzeug entfernt liegt!).

205gp gm

Garmin BaseCamp
Vercors_Herbst_11.gdb
Winter 12-13.gdb
Ungelistete Daten
Was ist das?
Interner Speicher
Benutzerdaten
001
002
003
004
005
006
007
007 Haut Plateau
008
GARMIN

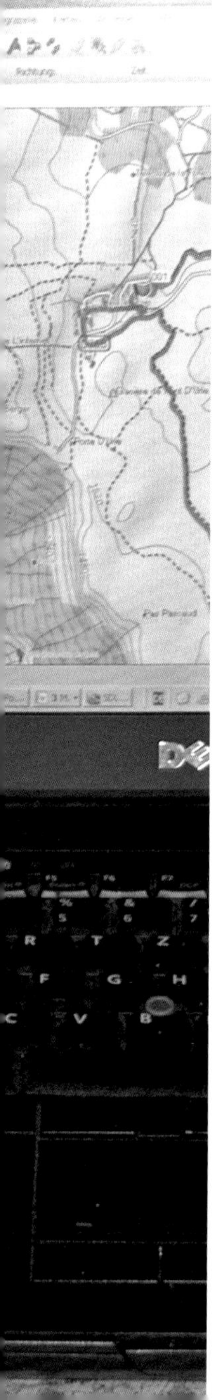

Digitale Landkarten und Routenplanung

383gp rh

Einführung

Wer bereits etwas Erfahrung mit GPS-Geräten hat, weiß, welch enorme Hilfe und zusätzliche Sicherheit diese Geräte bieten und wie sehr sie die Navigation selbst unter schwierigsten Bedingungen erleichtern können. Doch wer damit längere Touren geplant hat und womöglich die Wegpunkt-Koordinaten noch mit dem Planzeiger herausmessen musste, der weiß auch, dass dies recht aufwendig und zeitraubend sein kann. Diese etwas mühsame Prozedur lässt sich mit digitalen Karten, Planungssoftware und der Routenplanung am Computer wesentlich erleichtern.

Die Fortschritte im GPS-Bereich sind rasant. Digitale Straßenkarten auf CD und Software für die Routenplanung gibt es bereits seit Längerem und in den letzten Jahren sind auch immer mehr digitale topografische Karten auf den Markt gekommen: Deutschland, Österreich, Schweiz, Frankreich, Italien, Großbritannien, Spanien, einige osteuropäische Länder, Kanada, Neuseeland und die USA sind fast komplett abgedeckt und auch von Norditalien, Teilen Skandinaviens und anderen europäischen Ländern sind bereits digitale Topos erhältlich. Weitere Regionen und Länder folgen.

Diese digitalisierten Landkarten sind eine beträchtliche Hilfe bei der Tourenplanung und -bearbeitung und nicht nur das: Sie gestatten es auch, bereits geplante Touren, aufgezeichnete Tracks oder die immer länger werdende Liste von Wegpunkten übersichtlich zu archivieren. Denn irgendwann ist entweder der Speicher im GPS-Gerät zu voll oder aber er wird zu unübersichtlich, um sinnvoll damit zu arbeiten. Dann kann man sie auf den Computer übertragen, in verschiedene Ordner sortiert speichern und bei Bedarf wieder auf das Gerät übertragen.

Ja, inzwischen gibt es sogar immer mehr topografische Karten, die man direkt auf bestimmte GPS-Handgeräte laden und für die Navigation unterwegs (GPS online) nutzen kann. Noch recht neu sind routingfähige, topografische Karten für GPS-Handgeräte. Mit diesen Karten muss man nur noch sein Ziel eingeben – die Route dorthin berechnet das Gerät entlang von Rad- oder Wanderwegen automatisch, zeigt sie am Display an und lotst Sie per Abbiegepfeil oder Sprachausgabe dorthin – ganz wie man es vom Navi im Auto gewöhnt ist. Allerdings funktioniert das in der Praxis oft noch nicht ganz so perfekt wie in der Theorie.

Voraussetzungen

Für die Kommunikation mit dem Computer muss das GPS-Gerät eine I/O-(Input/Output-)Schnittstelle besitzen. Bei neueren Geräten gehört dies zum Standard. Auch das Kabel ist normalerweise bereits im Lieferumfang enthalten. Um digitale Karten direkt auf das GPS-Gerät laden zu können, braucht es einen entsprechend **großen Speicher** (s. S. 54). Meist werden hierfür externe, auswechselbare Speicherkarten mit 8, 16 oder 32 GB Kapazität verwendet. Die Geräte müssen dann einen Steckplatz für solche Karten besitzen.

Damit das Laden der Karten nicht endlose Stunden erfordert, sollten kar-

☐ Das Garmin GPSmap 60 besitzt einen schnellen USB-Anschluss und ist kartenfähig

tenfähige Geräte einen **schnellen USB-Anschluss** besitzen. Neue Modelle wie Garmin GPSmap sowie entsprechende eTrex- und eXplorist-Modelle bieten diese Schnittstelle; eine **Treiber-CD** wird meist mitgeliefert. Allerdings gibt es unterschiedliche Anschlüsse, die nicht immer zusammenpassen – selbst bei verschiedenen Geräten des gleichen Herstellers. Auch beim Kauf von **GPS-Software** (s. S. 232) ist darauf zu achten, ob sie kompatibel ist. Fast alle Programme unterstützen das Garmin USB-Protokoll; viele (aber nicht alle) dasjenige von Magellan.

Routenplanung am Computer

Digitale Landkarten und der PC ersparen bei der Tourenplanung die mühsame Arbeit, Koordinaten aus der Papierkarte herauszulesen und umständlich in das GPS-Gerät einzugeben. Das erleichtert nicht nur das aufwendige „Herausmessen“, sondern erhöht auch Genauigkeit und Sicherheit. Denn bei all den langen Ziffernkolonnen passiert es nur zu leicht, dass man eine Ziffer vertauscht oder eine auslässt und dann einen völlig falschen Punkt eingibt.

Selbst einfachste digitale Rasterkarten (s. u.) ohne GPS-Schnittstelle (Karten, die nicht mit dem GPS-Gerät kommunizieren können) sind bereits georeferenziert, d. h. jedem einzelnen Bildpunkt (Pixel) wurde ein Koordinatenpaar zugeordnet und in einer zusätzlichen Datei gespeichert. Sie brauchen dann nur mit dem Mauszeiger einen Punkt auf der Karte anzufahren und können die Koordinaten sofort ablesen, um sie in Ihr GPS-Gerät als Wegpunkt einzugeben. Viele Programme, die zusammen mit den Karten geliefert werden, sind in der Lage, die Koordinaten wahlweise in mehreren Systemen anzuzeigen (z. B. Länge/Breite, UTM). Allerdings hat man in diesem Falle immer noch viel Aufwand mit dem Eintippen: Da die GPS-Geräte keine Zifferntastatur haben, müssen Ziffern und Buchstaben für die Eingabe mühsam am Display angesteuert und per Enter-Taste bestätigt werden. Schneller und bequemer geht es bei den Touchscreen-Modellen, die eine komplette Tastatur mit Ziffernblock einblenden können, auf der sich Zahlen und Buchstaben direkt antippen lassen.

Heutige Geräte können Karten in hoher Qualität darstellen und Routen sowohl in der Luftlinie als auch auf Wegen planen

GPX-Daten

Auch digitale Karten ohne direkte Schnittstelle zum GPS-Gerät bieten meist die Möglichkeit, Wegpunkte, Routen und Tracks im GPX-Format **(GPS Exchange Format)** abzuspeichern und zu ex- oder importieren. In diesem Format lassen sich die Daten dann direkt (oder mithilfe eines Planungsprogramms; z. B EasyGPS (S. 234) auf praktisch jedes GPS-Gerät mit Computeranschluss übertragen – oder davon herunterladen.

Einige ältere Garmin-Modelle (eTrex Vista HCx und GPSmap60 CSx) sind die Ausnahme von der Regel: Sie unterstützen keine GPX-Dateien. Um Daten im GPX-Format auf diese Geräte zu laden, muss man ein geeignetes Programm (wie BaseCamp oder MapSource) benutzen, das sie in konvertiertem Format an das Gerät sendet.

Standard ist daher heute die noch weit **komfortablere Tourenplanung** mit Computer-Anschluss und einem Wegpunkt- oder Routenplanungs-Programm (s. u.): Die Koordinaten der einzelnen Punkte müssen dann gar nicht mehr abgelesen und eingetippt werden, sondern sie werden durch einfaches Anklicken gespeichert. Sie können am Computer (also über die gewohnte Tastatur!) mit Namen und Anmerkungen versehen, zu Routen kombiniert und dann per Datenkabel direkt auf das GPS-Gerät überspielt werden. So findet die gesamte Routenplanung am PC statt und man muss sich nicht mehr mit der mühsamen Eingabe von Koordinaten über die begrenzte Tastatur des Empfängers herumärgern.

Umgekehrt können Punkte, deren Koordinaten man unterwegs im GPS-Gerät gespeichert hat (Position Fix) oder komplette Tracks, die man aufgezeichnet hat, später auf den PC übertragen und am Bildschirm auf der Karte dargestellt werden, um die zurückgelegte Strecke am Computer-Monitor auf der Karte zu verfolgen.

Die bisherigen Topos für Deutschland können auch ohne zusätzliche Software Punkte, Routen und Tracks mit aktuellen Garmin-Geräten austauschen. Die ganz neuen Karten Topo Deutschland 2012 Pro und Garmin TransAlpin 2012 Pro sowie eine Reihe weiterer Topos anderer Länder sind sogar bereits routingfähig und bieten die Möglichkeit des ActiveRouting nach vorgewählten Optionen (s. S. 214).

Wer seine Routen (oder unterwegs aufgezeichnete Tracks) als elektronisches Logbuch archivieren möchte, kann sie per Datenkabel auf die Festplatte des Computers übertragen, ehe sie im Gerät gelöscht werden.

Auf dem PC kann man sie weiter bearbeiten, mit Kommentaren versehen und jederzeit wieder öffnen oder zurück auf das GPS-Gerät übertragen, falls man die gleiche Tour später wiederholen will. Mit der enormen Speicherkapazität einer Festplatte kann man auf diese Weise sämtliche Touren, die man je unternimmt, aufzeichnen, speichern und archivieren. Angler können in diesem Archiv interessante Fischgründe markieren und (mit Kommentaren versehen) auf der digitalisierten Karte anzeigen lassen. Kanuten können auf gleiche Weise Einsetz-, Umtrage- und schöne Campstellen, Hindernisse, Stromschnellen etc. eintragen, Pflanzenfreunde die Orte, an denen sie seltene Blumen gefunden haben etc. Die denkbaren Möglichkeiten sind nahezu grenzenlos – und die weitere Entwicklung schreitet in sehr raschem Tempo voran.

Digitale Karten

Für die Erstellung digitalisierter Karten gibt es zwei grundlegend verschiedene Methoden: entweder als Raster- oder als Vektorkarte. Darüber hinaus können digitale Karten mit einer unterschiedlichen Fülle von Informationen kombiniert sein und mit zusätzlicher Software, die eine Vielzahl weiterer Funktionen ermöglicht. Während man einfachste Rasterkarten nur gerade mal am Computer-Monitor betrachten und Koordinaten daraus ablesen kann, ermöglichen Vektorkarten mit entsprechender Software die komplette Routenplanung, GPS-Online-Navigation mit Autorouting und bequeme Touren-Archivierung. Und manche digitale Topokarten können sogar direkt auf geeignete GPS-Geräte geladen werden.

Was leisten digitale Karten?

Die „eierlegende Wollmilchsau" gibt es auch unter den digitalen Karten nicht (wenngleich man ihr durch Kombination verschiedener Techniken inzwischen doch schon recht nahe kommt). Jede hat ihre spezifischen Vorzüge und Schwächen, sodass man bei der Auswahl zunächst entscheiden muss, welche Eigenschaften und Funktionen für den jeweiligen Zweck Priorität haben.

Kartenbild

Das „schönste", optisch informativste und übersichtlichste Kartenbild bieten topografische Rasterkarten wie z. B. die TK50-Karten der Landesvermessungsämter und die TourExplorer-Karten von MagicMaps, die optisch mit den Papierkarten praktisch identisch sind. Dies geht allerdings zu Lasten der Zoombarkeit, des Informationsgehalts und zusätzlicher Funktionen.

Details

Um die richtige Karte auszuwählen, müssen Sie wissen, welche Details für

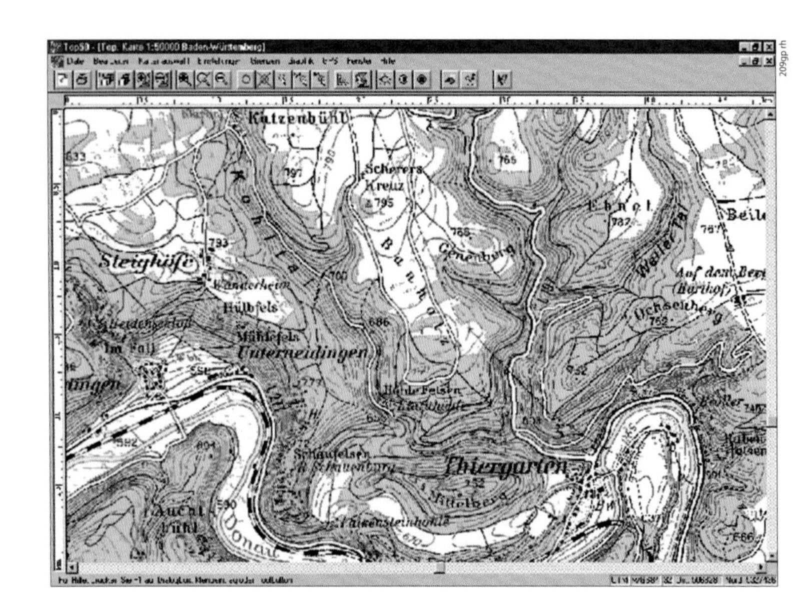

Ihre Zwecke wichtig sind. Genügen Ihnen für die Anreise Straßennetz und Orte? Brauchen Sie auch Stadtpläne? Wollen Sie stets wissen, wo die nächste Tankstelle, Raststätte etc. liegt? Wünschen Sie auch touristische Informationen? Gewöhnlich verändert sich der Detailreichtum von Vektorkarten beim Zoomen automatisch, aber manche Programme bieten auch die Möglichkeit, individuell festzulegen, wie viele oder welche Details bei welchem Maßstab dargestellt werden.

Der Informationsgehalt verschiedener digitaler Karten ist allerdings extrem unterschiedlich und reicht von „recht dürftig" bis zu „überwältigend". In den bei uns erhältlichen GPS-Geräten mit Kartendarstellung ist meist eine **Basiskarte** von ganz Europa (teils sogar der ganzen Welt) vorinstalliert, die für Überlandfahrten gewöhnlich ausreicht. Diese Basiskarte oder schon eine gute **Städtedatenbank** (in der auch kleine Orte gespeichert sind) kann auf der Tour hilfreich sein, um stets zu wissen, wo man die nächste Ortschaft findet und wie weit man von ihr entfernt ist.

Für **Feinkarten** ganzer Länder (mit detailliertem Straßennetz und Stadtplänen) oder für **topografische Vektorkarten** reicht der interne Speicher älterer Geräte meist nicht aus und selbst bei neueren ist er zu knapp, um komplette Karten wie die Topo Deutschland 2012 zu speichern. Solche Karten müssen ausschnittweise in den Internspeicher oder aber auf Datenkarten geladen werden.

Digitale Topos überzeugen durch ein klares Kartenbild und Detailreichtum

Zoomfunktion und Verschiebbarkeit

Einige Karten lassen sich nur schrittweise durch Klicken zoomen (wobei die Karte stets auf den Klickpunkt zentriert wird). Andere bieten die Option mit der linken Maustaste hinein- und mit der rechten herauszuzoomen. In beiden Fällen muss man u. U. viele Karten nacheinander aufbauen, ehe man den gewünschten Maßstab erhält. Komfortabler sind Karten, bei denen man zwischen beliebigen Maßstäben springen kann.

Alle Karten bieten (meist mehrere) Möglichkeiten, den Kartenausschnitt horizontal und vertikal zu verschieben, was aber sehr unterschiedlich schnell und bequem zu erreichen ist. Bequemste Möglichkeit und allgemeiner Standard ist das Ziehen der Karte mit festgehaltener Maustaste. Bei manchen Karten muss das Bild nach dem Verschieben neu aufgebaut werden, um Verzerrungen zu beheben. Neuere Karten lassen sich in der Regel sehr rasch und flüssig ziehen und zoomen.

Entfernungen und Höhen

Eine sehr hilfreiche Funktion für die Tourenplanung ist die **Entfernungsmessung**, die mit praktisch allen Karten möglich ist. Mit entsprechend vielen Klickpunkten lassen sich selbst Serpentinenstrecken recht präzise ausmessen. Da zudem nahezu alle Karten mit Höheninformationen verbunden sind, können sie für ausgewählte Routen oder Tracks rasch ein **Höhenprofil** erstellen, das ein anschauliches Bild von den Auf- und Abstiegen der Tour vermittelt.

Kartenbearbeitung (Layout-Editor, Kartenauswahl)

Vektorkarten (s. u.) bieten nahezu endlose Möglichkeiten, das Kartenbild und den Informationsgehalt den individuellen Bedürfnissen anzupassen. Für einige Rasterkarten gibt es ein **Overlay** (eine Art virtuelle Klarsichtfolie, die über die Bildschirmkarte gelegt werden kann und mit der man individuelle Einträge vornehmen kann), das es gestattet, beliebige Punkte mit Symbolen, eigenen Informationen und Einträgen zu versehen, die dann zusammen mit der Karte unter einem eigenen Namen gespeichert werden können. Eine fantastische Kombination sind die ausgezeichneten Rasterkarten von MagicMaps kombiniert mit einer Vektorkarte, die ein **routingfähiges Wegenetz** umfasst (s. S. 196 und S. 199). Die Software einiger Karten bietet außerdem die Option, einzelne Kartenblätter oder Tiles (Segmente nahtloser Karten – z. B. 2500 x 2500 Pixel = 3,1 MB, die aber nicht den ur-

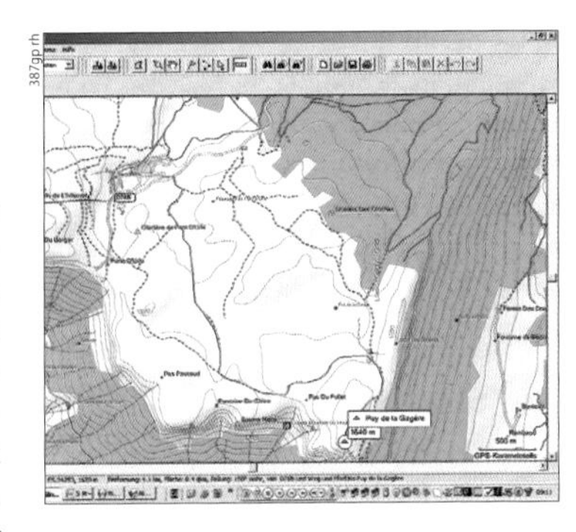

Entfernung messen: die gelb markierte Route ist genau 4,1 km lang

sprünglichen Einzelkarten entsprechen) per Mausklick zu markieren und im Zwischenspeicher zu sammeln, um sie dann auf das GPS-Gerät zu übertragen. Dies ist wichtig, um diese Karten direkt mit dem GPS-Gerät nutzen zu können, wenn sein Speicher nicht ausreicht, um komplette Karten zu laden. Optimal ist die Funktion, Karten entlang einer markierten Route automatisch auswählen und auf das Gerät übertragen zu lassen. Aber beachten Sie: Längst nicht alle digitalen Karten können auf GPS-Geräte geladen werden – und Karten, die man auf ein kartenfähiges Modell eines Herstellers laden kann, sind für kartenfähige Geräte anderer Hersteller oft nicht geeignet.

Routenplanung (Eingabe, Speichern, Ausgabe)

Um sich von seinem GPS-Helferlein schon bei der Anreise zum Wandergebiet Turn-by-Turn über eine geplante Route lotsen zu lassen, braucht man eines der Mobil-Geräte mit integrierter Routenberechnung (z. B. Garmin GPSmap 62, Oregon oder Montana). Sonst müsste man etwas umständlich GPS-Gerät und Notebook kombinieren und eine Software mit Routenplaner benutzen (z. B. QV, CompeGPS oder Fugawi).

Speichern/Drucken

Viele, aber nicht alle Karten bieten die Möglichkeit, frei wählbare Ausschnitte als eigene Dateien zu speichern oder auszudrucken. Der gewünschte Ausschnitt ist leicht wählbar, schwieriger ist es oft, ihn so zu bestimmen, dass eine in Format, Maßstab und Details optimale Karte gedruckt wird. Falls Sie beim Händler die Möglichkeit haben, dies auszuprobieren, dann nutzen Sie sie! Mit einem geeigneten Drucker können Sie meist Kartenausschnitte mit eingeblendetem Gitter, Wegpunkten, Routen etc. bis zu einem Format von A3 ausdrucken, die als Papierkarte für unterwegs völlig ausreichen. Vor allem für Besitzer von GPS-Geräten mit geringer Speicherkapazität ist es hilfreich, wenn die Software es gestattet, bestimmte Kartenausschnitte zu selektieren und als Map-Set (mit Angabe des Speicherbedarfs) abzulegen, um sie auf das GPS-Gerät bzw. eine Speicherkarte zu übertragen.

Schnittstelle: Wichtig ist eine Schnittstelle zwischen Karte und GPS-Gerät, die es beiden gestattet, per USB-Kabel direkt Daten (Wegpunkte, Routen, Tracks etc.) auszutauschen. Die meisten Karten bieten solch eine Schnittstelle zumindest für Garmin-Geräte. Informieren Sie sich vor dem Kauf, ob die Kartensoftware eine Schnittstelle für Ihr GPS-Gerät umfasst. Falls die geeignete Schnittstelle fehlt, kann man die Daten fast immer im GPX-Format (s. S. 184) exportieren und importieren.

3D-Funktion: Zunehmend bieten Topos (wie z. B. die Karten von MagicMaps) die Möglichkeit, das Kartenbild mithilfe der Höhendaten als dreidimensionale Landschaft darzustellen und sozusagen einen „virtuellen Flug“ durch die Landschaft zu erleben. Das ist nicht nur ein beeindruckendes Erlebnis, sondern kann auch hilfreich sein, um die geplante Route besser einzuschätzen.

Suchfunktionen

Verschiedene Suchfunktionen sind enorm hilfreich, um rasch einen bestimmten Ort auf der Karte zu finden. Fast alle digitalen Karten bieten die Möglichkeit, Städte und Gemeinden per Namenseingabe zu suchen. Beachten Sie, dass bei manchen Produkten die Umlaute durch die entsprechenden Vokale ersetzt wurden, d. h., Sie können „Düsseldorf" suchen bis sie dusselig werden, während Sie ein „Dusseldorf" sofort finden! Im Gewirr gleichnamiger Orte kann die PLZ weiterhelfen, was aber bei manchen Produkten bislang nur eingeschränkt funktioniert, sodass einem manchmal letztlich nichts anderes bleibt, als mühsam einzelne Orte durchzuprobieren. Und des Öfteren habe ich einen gesuchten Ort nicht ausfindig machen können, weil ich ihn nicht genau genug kannte, um anhand der Karte sagen zu können, welcher dieser vielen gleichnamigen Orte nun wohl der richtige ist.

Eine ganze Reihe von Karten bieten auch die Option, nach Koordinaten zu suchen (wenn man sie kennt!), und einige Karten ermöglichen es Ihnen sogar, innerhalb einzelner Städte oder Stadtgebiete nach Straßennamen oder nach bestimmten Einrichtungen (Bahnhöfe, Parkplätze, Hotels, Sehenswürdigkeiten etc.) zu suchen.

Zusatz-Infos und Filter

Einige Karten auf CD enthalten – teils sehr umfassende – Datenbanken mit Points of Interest wie Hotels, Restaurants, Sehenswürdigkeiten etc., die beim Anklicken des jeweiligen Objekts geöffnet werden.

Manche Produkte umfassen eine beachtliche Fülle von Infos zu Campingplätzen, Hotels, Restaurants, Nationalparks etc. Man kann sie mit verschiedenen Filtern individuell auswählen und anzeigen lassen, beispielsweise selektiert nach Preiskategorien, Spezialitäten etc.

☑ Bei manchen Karten kann man verschiedenste POIs suchen lassen – z. B. alle Campingplätze der Umgebung

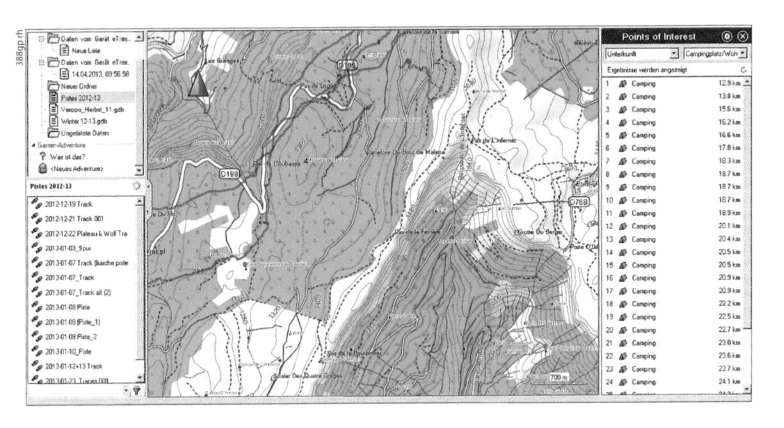

388gp.rh

oder in einem ausgewählten Radius um den aktuellen Standpunkt.

So aufwendig sind allerdings nicht alle touristischen Datenbanken und der Leistungsumfang einzelner Produkte ist sehr unterschiedlich.

Rasterkarten

Die einfachste Art einer digitalen Karte ist ein schlichter Scan: eine Rasterkarte (DRG = Digital Raster Graphics), die man auf dem Bildschirm von PC oder Notebook betrachten, aber für die GPS-Navigation nicht nutzen kann. Solche Karten lassen sich mit einem Scanner problemlos selbst erzeugen. Dabei werden sie in einzelne Bildpunkte (Pixel) zerlegt und z. B. als Bitmap-, JPG- oder TIF-Dateien abgespeichert. Einzelne Objektarten (wie Straßen, Orte, Symbole) kann der Computer bei solchen Karten nicht unterscheiden, denn die Digitalkarte ist praktisch nur ein „Foto", d. h., der Rechner kennt nur die Pixel und ihre Farbe. Der Informationsgehalt der Karte kann nicht verändert werden und bei Vergrößerungen leidet die Bildqualität (wie bei Übervergrößerungen von Digitalbildern wird dabei das Raster sichtbar). Dafür ist das Kartenbild von dem einer Papierkarte kaum zu unterscheiden.

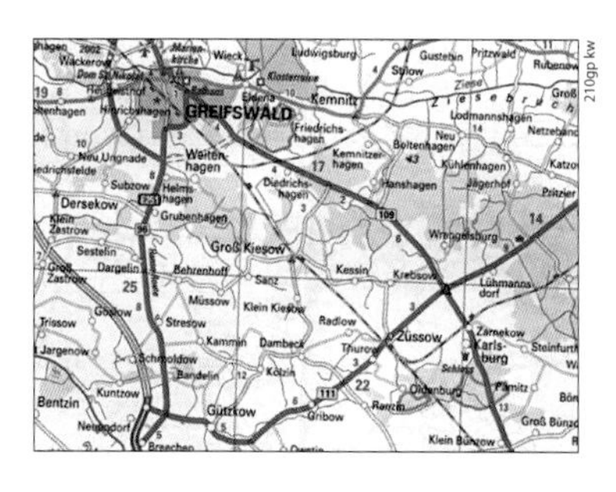

210gp kw

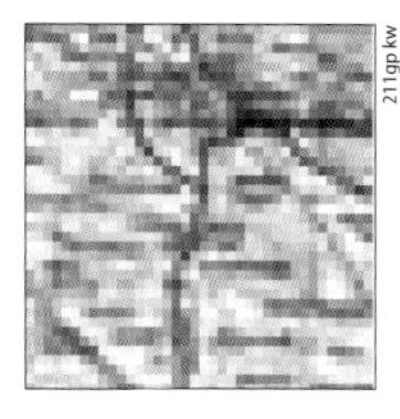
211gp kw

⌃ Selbst gescannte Rasterkarte

› Bei extremer Vergrößerung kann man die einzelnen Pixel deutlich erkennen

Neuere Rasterkarten (wie Top50 bzw. 25) umfassen jedoch zugleich eine Software, die über die reine Kartendarstellung hinaus vielfältige Zusatzfunktionen bietet, sodass man diese Karten u. a. auch für eine komfortable Routenplanung und -bearbeitung nutzen und Wegpunkte, Routen und Tracks zwischen Computer und GPS-Gerät übertragen kann. Außerdem sind diese Karten oft mit Planungsprogrammen wie Fugawi, QuoVadis oder CompeGPS kompatibel, die eine noch größere Funktionsfülle für Planung, Auswertung und Archivierung bieten. Besonders interessant ist, dass sich mit diesen Programmen sogar selbst erstellte Scans weiter bearbeiten und für die Navigation verwendbar machen lassen!

Fazit: Ein großes Plus der Rasterkarten ist ihr anschauliches und von den gedruckten Karten her vertrautes Bild, mit dem selbst gute Vektorkarten nie ganz mithalten können. Ihr wesentlicher Nachteil ist, dass sich mit einzelnen Punkten grundsätzlich keine Zusatzinformationen verbinden lassen. Dieses Manko können die Hersteller jedoch kompensieren, indem sie die Rasterkarten mit zusätzlichen Overlays (s. S. 187) oder Vektorkarten kombinieren, die diese Informationen enthalten. So erhält man Karten, die nicht nur „schön",

Alles eine Frage des Formats

Da sowohl Raster- als auch Vektorkarten in sehr unterschiedlichen Dateiformaten angeboten werden, ist beim Kauf immer darauf zu achten, ob das jeweilige Format mit der benutzten Software kompatibel ist, sonst können die Karten nicht geöffnet werden!

sondern auch noch „intelligent" sind (s. Kasten S. 192).

Auch Rasterkarten können heute auf manche GPS-Geräte geladen werden (bis vor kurzem war dies nur mit Vektorkarten möglich). Allerdings ist nicht jedes Gerät dafür geeignet und nicht jede Karte ist mit jedem geeigneten Gerät kompatibel. Stärker auf Rasterkarten ausgelegt sind die Modelle von Satmap und CompeGPS. Auch Handys und Smartphones können geeignete Rasterkarten laden – und dann mit einem Empfänger und entsprechender Software als GPS-Gerät fungieren.

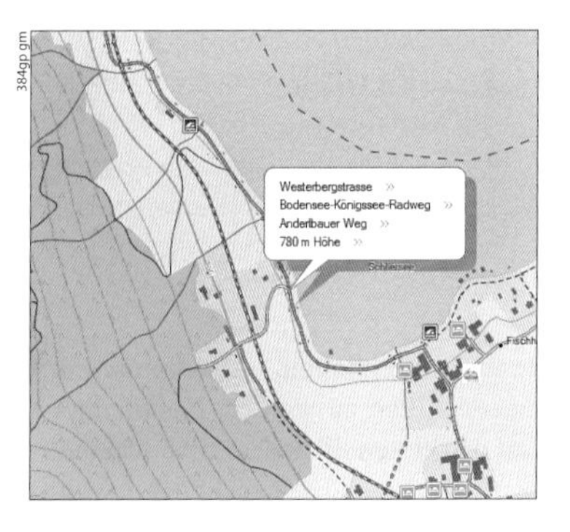

Vektorkarte Garmin Topo Deutschland

Vektorkarten

Vektorkarten sind weit aufwendiger herzustellen, da jede einzelne Objektart separat erfasst und die ganze Karte Punkt für Punkt aufgebaut werden muss. Dafür können einzelne Objekte bei den Vektorkarten in einer eigenen Datenbank gespeichert und mit beliebigen Zusatzinformationen (Straßennamen und -kategorien, Öffnungszeiten, Adressen, Telefonnummern, Gebäudeart, etc.) versehen werden. Sie werden daher auch als „intelligente" Karten bezeichnet (s. Exkurs). Diese als **„Attribute"** bezeichneten Zusatzinformationen sind stets verfügbar, stören aber nicht das Kartenbild, da sie sich im „Hintergrund" befinden und erst durch Anklicken, Suchen oder entsprechendes Hineinzoomen sichtbar werden. Bei routingfähigen Karten sind auch alle Straßen und teils sogar Rad- und Wanderwege mit einer Fülle von Attributen verknüpft. Sie erst ermöglichen es der Routenplaner-Software, eine Strecke entlang bestimmten Verkehrswegen zu berechnen und anzuzeigen. Zudem können solche Karten mit einer Datenbank aus Tausenden von Sonderzielen (POIs) kombiniert werden; z. B. Berghütten, Parkplätze, Campingplätze, Restaurants, Herbergen, Gaststätten etc. Diese können wieder in einzelne Kategorien unterteilt und mit Zusatzinfos verbunden werden. So kann eine entsprechende Software beispielsweise alle Hotels, alle Baumärkte, alle chinesischen Restaurants oder alle Parkplätze in einem bestimmten Radius auflisten und auf der Karte anzeigen – oder auch Berghütten, Quellen o. Ä. Lassen sich die Karten auf ein GPS-Gerät laden, so

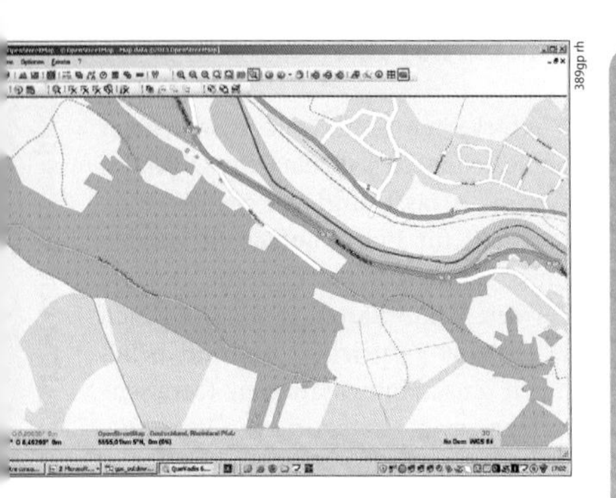

389gp rh

Vektorkarten haben ein etwas schematisiertes Bild; hier Open Street Map

kann man selbst unterwegs noch eines dieser Ziele auswählen, zum Wegpunkt machen und per GoTo oder sogar per Autorouting ansteuern!

Weiterhin bestehen Vektorkarten aus mehreren **Schichten** (Layers) unterschiedlicher Objektarten. Durch Ein-/Ausblenden einzelner Schichten und Bearbeitung der Objekte kann man den Informationsgehalt der Karte den individuellen Bedürfnissen anpassen. Der Maßstab ist nahezu beliebig veränderbar, ohne dass die Qualität der Darstellung leidet und der Informationsgehalt kann beim Zoomen zunehmen – automatisch oder nach Parametern, die man selbst einstellen kann. Das heißt: Die Vektorkarte ist keine fest definierte Karte wie die Rasterkarte, sondern entsteht und verändert sich auf dem Display je nach Anforderung des Nutzers.

Außerdem erfordern Vektordaten weniger Speicherplatz, sodass auf einer einzigen **CD** oder DVD eine unglaubliche Fülle von Informationen Platz findet. Eine Vektorkarte kann also eine fast unbegrenzte Bandbreite von Informationen enthalten, ohne dadurch unübersichtlich zu werden. Nachteilig ist auf den ersten Blick das etwas schematisierte Kartenbild, das nicht der gewohnten Darstellung entspricht. Sie bestehen nicht aus Pixeln wie ein Bild, sondern nur aus Punkten, die durch gerade Li-

„Dumme" und „intelligente" Landkarten

Rasterkarten sind „schön, aber dumm", denn sie wissen nur: Dies ist ein blauer, roter, gelber oder schwarzer Bildpunkt. Mehr nicht! Vektorkarten hingegen wissen: Dieser Bildpunkt gehört zu einer Straße, einem See, einem Wanderweg, einer Berghütte etc. Und wenn sie das erst einmal unterscheiden können, dann hat das weitere Wissen keine Grenzen, denn mit den Objektkategorien lassen sich beliebig weitere Informationen verknüpfen wie z. B.: Diese Straße ist für Autos gesperrt und darf nur von Radfahrern benutzt werden, oder: dieser Wanderweg ist gut ausgebaut und ohne größerer Steigungen bzw. jener ist rau, steil und nur für sportliche Wanderer geeignet. Jenes Gebäude ist eine Wanderhütte mit diesen Öffnungszeiten und jener Telefonnummer etc. Berühren Sie den Punkt mit dem Mauszeiger, so öffnet sich sofort eine Art von „Sprechblase" und der Punkt verrät sein Wissen. Dann ist plötzlich alles möglich! Und dieses „Wissen" ist auch die Voraussetzung für ein automatisches Routing, denn erst wenn die Karte eine Straße von einem Bach unterscheiden kann und eine Autobahn von einem Fußweg, kann die Software eine sinnvolle Route entlang Straßen oder Wegen errechnen.

nien verbunden sind. Auf Vektorkarten gibt es daher keine wirklichen „Kurven“, sondern immer nur gerade Linien. Selbst was zunächst als gekrümmte Linie erscheint, entpuppt sich beim Zoomen als Zusammensetzung gerader Linien, sodass diese Karten immer etwas vergröbern und stärker schematisiert wirken als eine Rasterkarte. Inzwischen gibt es aber auch sehr stark verfeinerte Vektordaten, welche die Vorzüge von Raster- und Vektorkarten kombinieren. Vektorkarten sind die eigentlichen Karten für GPS-Geräte und lassen sich auf fast alle kartenfähigen Modelle laden (aber auch wieder nicht jede Karte auf jedes Gerät!). Zudem gibt es inzwischen ein recht breites und rasch wachsendes Angebot an topografischen Vektorkarten für GPS-Geräte.

Kalibrierung (Georeferenzierung)

Hinter dieser kompliziert klingenden Bezeichnung verbirgt sich eine ebenso einfache wie nützliche Zusatzfunktion. Eine Software kalibriert die gescannte Karte, das heißt, sie rechnet die einzelnen Bildpunkte (Pixel) in Kartenkoordinaten um und legt eine zusätzliche Datei an, die **jedem Bildpunkt ein Koordinatenpaar zuordnet.** Jetzt ist auch die Rasterkarte nicht mehr ganz „dumm“, denn sie kennt nun zumindest die genaue geografische Lage jedes ihrer Bildpunkte! Der Vorteil: die Koordinaten müssen nicht mehr aus der Karte herausgemessen werden. Sie lassen sich für jede beliebige Mausposition am Bildschirm ablesen. Wegpunkte und ganze Routen können am PC mühelos per Mausklick erzeugt und direkt auf den GPS-Empfänger übertragen werden. Umgekehrt lassen sich Kursaufzeichnungen (Tracks) vom GPS-Gerät auf den Computer überspielen und auf der Karte darstellen.

Diese Möglichkeiten fasst man unter dem Begriff GPS-Offline zusammen. Praktisch alle Rasterkarten sind bereits georeferenziert und können damit auch für die Offline-Arbeit verwendet wer-

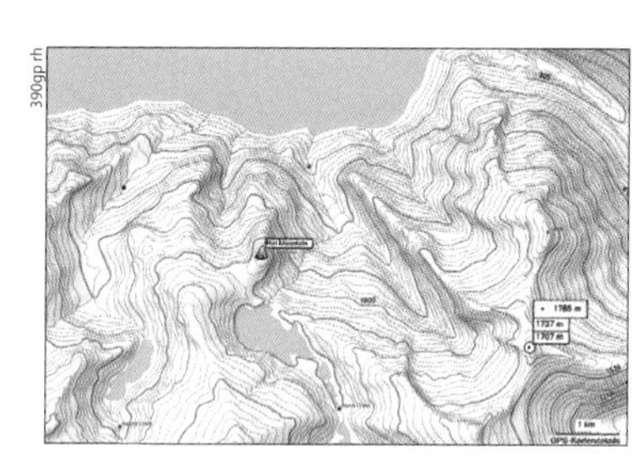

Zu jeder Position des Mauszeigers wird die Höhe eingeblendet und in der Leiste unten auch das Koordinatenpaar

GPS-Offline

Nutzung digitaler Karten ohne aktiven GPS-Empfänger (also ohne Satelliten-Empfang) zur Routenplanung, -bearbeitung und -übertragung zu Hause am PC.

GPS-Online

Nutzung digitaler Karten mit aktivem GPS-Empfänger zur Orientierung und Navigation unterwegs

SRTM-Daten

Als SRTM-Daten bezeichnet man die vom Space Shuttle Endeavour 2000 im Rahmen der Space Radar Topography Mission ermittelten Höhendaten. Sie wurden für den Bereich zwischen 60° nördlicher und 58° südlicher Breite erhoben und besitzen eine Auflösung (s. o. „Genauigkeit") von etwa 90 m; im Bereich der USA von ca. 30 m. Inzwischen gibt es sie als bearbeitete V2 Version (finished version). Auch für Australien sind diese Daten inzwischen erhältlich. Nähere Infos dazu und Links für Downloads findet man im Internet unter www2.jpl.nasa.gov/srtm.

den. Selbst gescannte Karten kann man mit der entsprechenden Software (siehe Kapitel „Software für Planung und Navigation" S. 237) selbst kalibrieren.

Höhendaten (Digitales Geländemodell DGM)

Ebenso wie man durch die Kalibrierung zu jedem Bildpunkt dessen Koordinaten speichern kann, können die Bildpunkte **auch mit der entsprechenden Höhenangabe** verknüpft werden, sodass man ein digitales Höhenmodell (DHM) bzw. Geländemodell (DGM) erhält. Wenn Sie bei einer solchen Karte den Mauszeiger über den Bildschirm ziehen, wird zu jedem berührten Punkt neben den Koordinaten auch die Höhe eingeblendet. So kann man bei der Tourenplanung für die gewünschte Route rasch und bequem ein Höhenprofil anfertigen und die gesamten Höhenmeter für Auf- und Abstieg berechnen lassen. Manche Karten (wie die Top50) bieten zusätzlich die Option, das Gelände in 3D-Ansicht zu betrachten (3D-Brille liegt bei) oder einen simulierten Flug über die Relief-Landschaft zu machen.

Topografische (und einige andere) Rasterkarten sind bereits mit Höhendaten verknüpft. Sonst kann man auch Höhendaten als separate Datei erhalten oder aus dem Internet laden (z. B. SRTM-Daten) und mit entsprechender Software (Touratech, Fugawi) importieren. Auch hier ist zu beachten, dass die Dateien in verschiedenen Formaten vorliegen können – und dass nicht jede Software jedes Format lesen kann.

Genauigkeit: Die Genauigkeit (Auflösung) der Höheninformationen ist von der Dichte der Messpunkte abhängig. Eine Auflösung von 50 m (wie bei Top50) bedeutet jedoch nicht, dass die Höhenangaben um 50 m danebenliegen können, sondern, dass die Messpunkte im Abstand von 50 m gesetzt wurden. Die Höhe der Punkte dazwischen wird interpoliert und man erhält eine Höhengenauigkeit von 2–3 m.

Einzelblätter oder „nahtlose" Karten

Digitale Karten werden auf dem Bildschirm je nach Software entweder als einzelne Landkarten mit Rand dargestellt (genauso wie die Papierkarten) oder für eine ganze Region oder ein komplettes Land nahtlos aneinandergefügt (seamless maps). Gute nahtlose Karten ermöglichen es, vom Hersteller festgelegte Ausschnitte (Kacheln oder Tiles) per Mausklick sichtbar zu machen

391gp ms

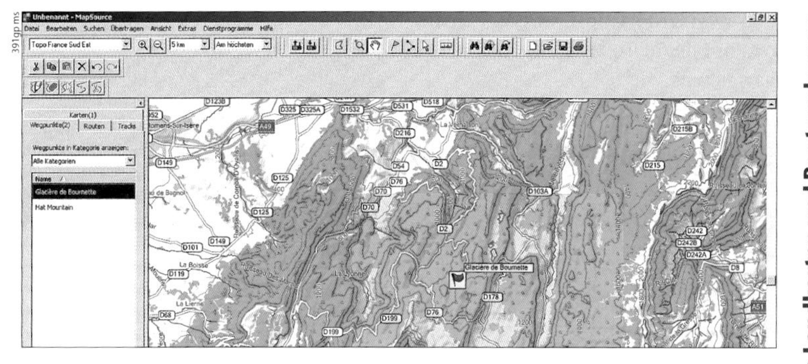

Ausschnitte (Kacheln) werden per Mausklick markiert und separat gespeichert

und separat zu speichern (z. B. um sie in das GPS-Gerät zu laden, falls sie dafür geeignet sind). Neuere Karten sind fast immer nahtlos.

Einige Programme (z. B. Fugawi, Quo Vadis) bieten die Möglichkeit, auf der Festplatte Karten von verschiedensten CDs abzuspeichern und so eine umfangreiche elektronische Kartothek anzulegen, die es gestattet, rasch zwischen einzelnen Karten hin und her zu wechseln. Bei Verbindung mit einem GPS-Empfänger kann das Programm automatisch diejenige Karte laden, auf der sich der aktuelle Standpunkt befindet.

236gp fg

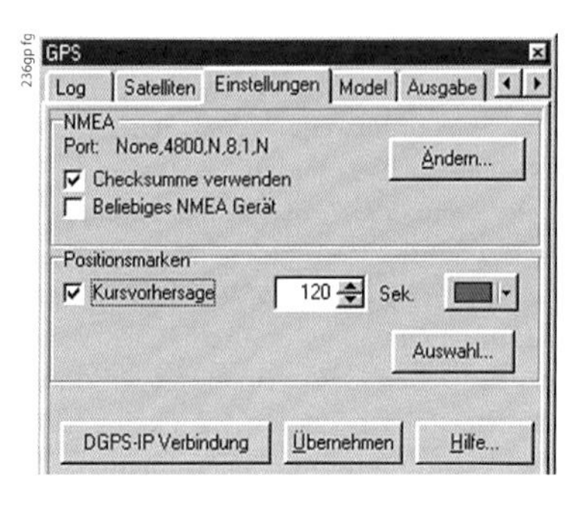

GPS-Fenster einer Software mit GPS-Schnittstelle (Fugawi)

Karten mit GPS-Schnittstelle (Moving Map)

Nur Karten mit GPS-Schnittstelle sind auch GPS-fähig und können für die GPS Online-Navigation genutzt werden (was allerdings mehr für die Navigation im Fahrzeug als für den Outdoor-Gebrauch wichtig ist). Wenn der GPS-Empfänger mit einem PDA oder Notebook verbunden ist, können die aktuelle Position, die Fahrtrichtung und die zurückgelegte Route (Track) in Echtzeit auf der Karte darstellt werden. Das System „weiß" dann jederzeit, wo Sie sich gerade befinden und kann den Weg zu einem eingegebenen Zielpunkt weisen. Außerdem verschiebt sich während der Bewegung die Karte auf dem Bildschirm, sodass sie ständig auf die aktuelle Position zentriert ist (daher die Bezeichnung Moving Map). Inzwischen ist diese Möglichkeit nicht mehr nur PDA-Nutzern oder Autofahrern vorbehalten. Da man Topos jetzt auch auf das GPS-Handgerät laden kann, können Sie auch bei Radtouren und Wanderungen per Moving Map direkt auf dem Display Ihres Handgeräts navigieren!

Autorouting

Was lange den Auto-Navis vorbehalten war und bis vor Kurzem als futuristische Vision galt, hat inzwischen auch im Outdoor-Bereich Einzug gehalten: das Auto-Routing. „Auto“ hat hier also nichts mit dem Fahrzeug zu tun, sondern bedeutet „automatisches“ Routing, d.h. der Weg von Punkt A nach B wird nicht einfach als Kurspfeil in Luftlinie angezeigt, sondern entlang dem gegebenen Wegenetz berechnet und der Nutzer wird dann (wie im Auto) mit Abbiegehinweisen (teils Richtungspfeile, teils sogar als Sprachansage) entlang dieser Route von einer Abzweigung zur nächsten gelotst.

Dies erfordert nicht nur GPS-Geräte, die dazu in der Lage sind, sondern auch routingfähige Outdoor-Karten (z.B. Topos). Wie oben erläutert, ist dies nur mit Vektorkarten möglich, die zu jedem Weg eine Fülle zusätzlicher Informationen speichern. **MagicMaps** verwendet zwar Rasterkarten, über die aber zusätzlich eine **Vektorkarte des Wegenetzes** mit den entsprechenden Routing-Attributen gelegt ist. Dies erkennt man beim Hineinzoomen daran, dass auf den Wegen und Straßen teils feinere gelbe, rote oder grüne Linien verlaufen, die mit den Wegen der Rasterkarte nicht immer exakt deckungsgleich sind. Entlang dieser Linien verläuft die Routenführung; Straßen und Wege ohne solche Linien können für das Routing nicht genutzt werden.

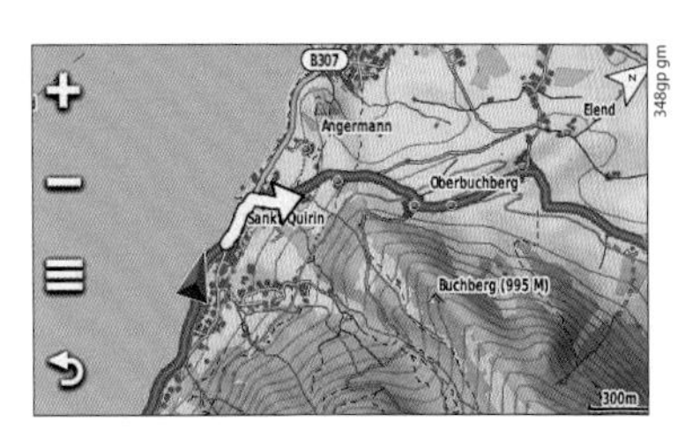

Autorouting auf Wanderwegen mit der Topo Transalpin und dem Gerät Garmin Montana

Da die automatische Routenplanung von vielen verschiedenen Faktoren abhängt, sind auch die Resultate und die Qualität nicht immer gleich. Wesentliche Voraussetzungen sind: ein möglichst **vollständig erfasstes Wegenetz** (selbst auf guten Karten gibt es manchmal Lücken – und selbst bei der kleinsten Lücke bricht das Routing ab), eine **Kategorisierung** mit möglichst vielen und sinnvollen Attributen (denn nur wenn das Programm alle wesentlichen Eigenschaften kennt, kann es sinnvoll auswählen) sowie vielseitige und für Outdoorzwecke sinnvolle **Parameter und Präferenzen** (nach denen das Programm die Route dann plant).

Da das Autorouting im Outdoor-Bereich noch recht neu ist, befindet sich vieles erst im Aufbau und ist nicht ganz ausgereift. Bei Falk hat man beispielsweise die Parameter „Radweg bevorzugen“, „Wanderwege verwenden“, Starkes Gefälle vermeiden“, „Straßenverkehr vermeiden“, „Fähren vermeiden“ und „Tunnel vermeiden“; bei MyNav „Wanderweg leicht“, „Wanderweg mit Klettersteig“ (was schlicht „anstrengender“ aber nicht unbedingt wirklich „Klettersteig“ bedeutet), „Trekkingrad“ oder „Mountainbike“ (Parameter bei

Garmin s.u. „ActiveRouting“ S. 214). Dass es da noch Potenzial für mehr Differenzierung gibt, ist offensichtlich. Und selbst wenn der Schwierigkeitsgrad zum Rad bzw. Wanderer passt, ist es noch längst nicht sicher, ob das Programm auch wirklich einen reizvollen Wanderweg wählt oder eher eine etwas kürzere aber dafür uninteressante Strecke. Es empfiehlt sich daher, dem „Automaten“ vorerst etwas auf die Finger zu gucken. Also bevor man startet, die Route am Computer-Bildschirm prüfen, um unliebsame Überraschungen zu vermeiden, oder (falls Sie direkt mit dem GPS-Gerät planen) auf einer Papierkarte. Etappen, die Ihnen nicht gefallen, können Sie dann immer noch (wie beim Auto-Navi) dadurch korrigieren, dass Sie geeignete Zwischenziele einfügen, um dem Programm Ihre persönliche Routenpräferenz nahezubringen.

Auf den TourExplorer-Karten von Magic Maps ist das gesamte Radwegnetz des ADFC routingfähig (erkennbar an den grünen Vektorlinien). Da diese Radwege gut und sinnvoll ausgewählt sind, kann man sich fast immer darauf verlassen, dass die Routenberechnung für eine Radtour geeignete und landschaftlich schöne Wege wählt. Zudem ist ein Großteil des Straßennetzes routingfähig (erkennbar z. B. an feineren gelben und schwarzen Vektorlinien), damit man nicht ausschließlich an das Netz der Radwege gebunden ist, sondern auch andere Ziele ansteuern kann. Auch bei den Routing-Einstellungen schneidet Magic Maps bislang mit am besten ab: Es gibt vier Schwierigkeitsgrade von „leicht“ über „mittel“ und „schwer“ bis „sportlich“ und für den Wegezustand die drei Kategorien „Touren- und Rennrad“, „Tourenrad“ und „MTB“; außerdem kann man „Wege mit geringen Steigungen“ bevorzugen und als „maximale Höhendifferenz“ zwischen den Stufen „leicht (500 m)“, „mittel (1000 m)“ und „schwer (2500 m)“ wählen.

Tipps zum Autorouting

- Prüfen Sie vor Eingabe der Wegpunkte, ob die Routing-Parameter Ihren Vorstellungen entsprechen und passen Sie sie bei Bedarf an
- Auch am Computer geplante Routen können nur auf routingfähige GPS-Geräte mit geeigneter Karte übertragen werden und die Karten von Computer und GPS-Gerät müssen übereinstimmen
- Achten Sie beim Planen der Route am Computer darauf, dass die Routing-Parameter von Kartensoftware und der Karte im GPS-Gerät übereinstimmen
- Bei Routenplanung direkt am GPS-Gerät sollten Sie die vorgeschlagene Route vor dem Start anhand der Papierkarte überprüfen und ggf. korrigieren
- Wo die vom Routenplaner vorgeschlagene Route nicht Ihren Vorstellungen entspricht, können Sie die Software durch zusätzliche Zwischenziele dazu bringen, sich Ihren Vorstellungen anzunähern
- Falls die automatisch berechnete Route unsinnige Haken schlägt, zoomen Sie an der Problemstelle bis auf die maximale Vergrößerungsstufe heran, um zu sehen, ob die Vektorlinie unterbrochen ist und somit das Routing unterbricht (dann kann man nur zwei Routen planen und die Lücke selbst überbrücken)

Beispiele für digitale Rasterkarten

Während vor wenigen Jahren die GPS-fähigen, topografischen Rasterkarten der Landesvermessungsämter eine sensationelle Neuigkeit waren, gibt es inzwischen bereits eine Fülle digitaler Topos (überwiegend Raster-, aber zunehmend auch Vektorkarten) von verschiedenen Ländern (Alpenländer, Frankreich, Norwegen, USA/Kanada etc.), von anderen Anbietern (z. B. DAV, Kompass) und von den Geräteherstellern selbst.

Top50 und Top25

Die topografischen Karten der Landesvermessungsämter im Maßstab 1:50.000 bzw. 1:25.000 (kurz: Top50 und Top25) sind die digitalen Versionen der bekannten Papierkarten – und genauso präzise und zuverlässig. Obwohl diese Karten inzwischen längst nicht mehr allein auf weitem Feld stehen, so sind sie noch immer der „Klassiker" und gleichzeitig auch vom Leistungsumfang her „top". Sämtliche Topos eines Bundeslandes sind auf einer DVD zusammengefasst und eine Übersichtskarte im Maßstab 1:200.000 (Topografische Übersichtskarte 200) ist ebenfalls dabei. Außerdem gibt es von Garmin und anderen Herstellern auch Topos ganzer Länder wie z. B. Deutschland, Österreich, Schweiz, Frankreich, Italien etc. (s. S. 202f). Diese Digitalkarten sind nicht nur preisgünstiger – verglichen mit der gleichen Zahl von Papierausgaben –, sondern bieten daneben eine ganze Reihe von Vorteilen:

- Auswahl verschiedener Koordinaten- und Bezugssysteme
- Anzeige von Koordinaten und Höhe an der Cursorposition
- Suchfunktion nach Orts- und Objektnamen oder Koordinaten
- Zentrieren der Karte auf gesuchte Objekte
- Zoomfunktionen
- Messen von Entfernungen und Flächen
- Erstellen von Höhenprofilen und Errechnen der Auf-/Abstiegsmeter
- Einfügen individueller Grafiken/Texte als Overlay
- 3D-Darstellung und Flugsimulation
- Erstellen von Wegpunkten/Routen und Upload auf GPS-Geräte
- Download von Wegpunkten, Routen und Tracks vom GPS-Gerät
- Darstellung der Wegpunkte, Routen und Tracks auf der Karte

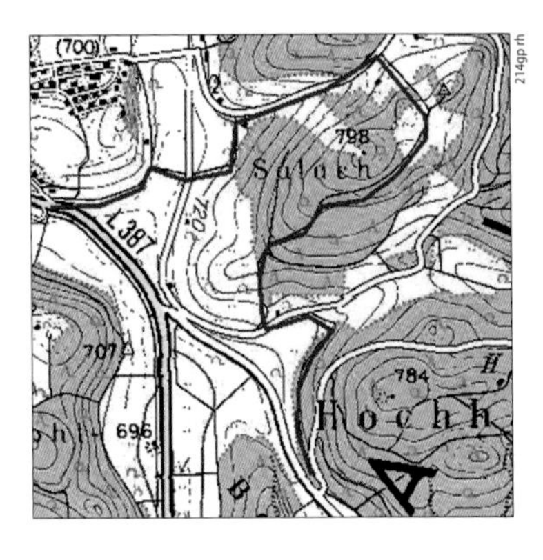

Top 50 mit blau markierter Route

Das Menü „Navigation" zum Erstellen von Wegpunkten, Tracks und Routen per Mausklick ist erst ab Version 5.0 integriert. Besitzer älterer Versionen können es als Plugin nachrüsten. Sie finden es unter www.lv-bw.de/lvshop2/ProduktInfo/karten/cdrom/Geogrid-Downloads/GeogridDownloads.html. Sonst müssen bei älteren Versionen bis Version 4.0 Punkte und Linien per Grafikfunktion erzeugt, als Overlay gespeichert und dann mit einem anderen Programm übertragen werden.

Die neueren Versionen bieten deutlich komfortablere Möglichkeiten, um selbst längere Routen und Tracks zu erstellen. Die Funktionen zum Bearbeiten und Analysieren der Routen und Tracks sind allerdings bescheidener als bei anderen Anbietern. Auch die Übertragung zu den meisten Geräten muss bei der neuen Version noch im GPX-Format erfolgen; direkte Schnittstellen gibt es nur zu einigen älteren Garmin-Geräten.

Je nach Bundesland gibt es recht unterschiedliche Angebote. So bekommt man u. a. für Bayern und Sachsen auch noch detailliertere Top10-Karten und für Baden-Württemberg eine Freizeit-Version mit touristischen Infos und Wegmarkierungen. Für Bayern, Sachsen und Niedersachsen stehen Rad- und Wanderwege als Overlay zum kostenlosen Download bereit (z. B. unter www.vermessung.bayern.de/freizeit.html).

Leider sind die Top25 und 50-Karten nicht mehr mit Planungsprogrammen wie QuoVadis kompatibel. Dafür können mit ape@map beliebig große Ausschnitte der Top Karten auf Smartphones geladen werden.

MagicMaps TourExplorer

Auch die Deutschland-Karten von **MagicMaps** basieren auf den amtlichen

Datenaustausch

Overlays im ASCII-Format können u. a. von folgenden Programmen gelesen und daher zwischen den jeweiligen Karten ausgetauscht werden: Top50, Austrian Map, AV-Digitalkarten und Kompass Digital.

Andere Geräte

Um Overlays von Top50 auf andere als Garmin-Geräte zu übertragen, müssen sie konvertiert werden. Geeignete Programme für die Konvertierung und Übertragung (wie z. B. EasyTrans und EasyGPS) findet man im Internet.

world mapping project digital

Die meisten der über 150 Karten der Serie world mapping project (s. Anhang) gibt es auch als Rasterkarten. Sie sind vorkalibriert für Programme wie OziExplorer, Fugawi, QV und andere. Bezugsquelle: www.reise-know-how.de

392gp rkh

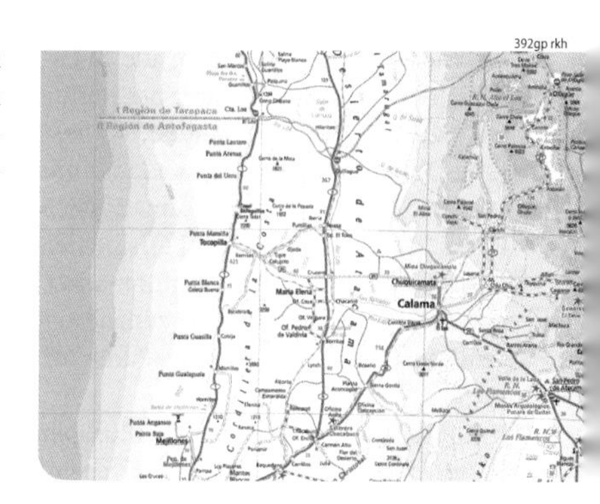

TK25-Karten der Landesvermessungsämter. Es sind Rasterkarten mit einer sehr hohen Auflösung, detailreicher Darstellung und großem Zoombereich. Über das Rasterbild ist zusätzlich eine **Vektorkarte des Wegenetzes** mit den entsprechenden **Routing-Attributen** gelegt. Routingfähig sind alle ADFC-Radwege und ein Großteil (aber nicht alle) sonstiger Straßen (zu den Routing-Optionen s. Kasten S. 197). Außerdem verfügt die Karte über eine große Datenbank mit sehr vielfältigen POIs, die auf der Karte mit Zusatzinfos dargestellt werden können und auch über die gute Suchfunktion zu finden sind.

Zusätzlich zum hervorragenden Kartenbild, einer exzellenten 3D-Funktion (mit virtuellem Flug entlang ausgewählter Routen) und sehr vielseitigen Möglichkeiten zur Tourenplanung, überzeugt die Software durch einen klaren Aufbau, der sich weitgehend intuitiv erschließt, sodass man nach kurzer Einarbeitung gut damit zurechtkommt. Etwas gewöhnungsbedürftig ist allerdings die Steuerung der 3D-Perspektive. Auch läuft die Software leider nicht immer ganz problemlos; so hat bei meiner Version beispielsweise die ansonsten sehr gute Routenplanung erst nach einem Update funktioniert. Schon die Suchfunktion, um für die Planung bestimmte Orte auf der Karte zu finden, ist leistungsstark und hilfreich. Man kann mit verschiedenen Filterfunktionen nach Orten, Adressen, PLZ oder POIs suchen lassen. Die Karte wird dann automatisch auf den gefundenen Punkt zentriert – egal, ob es ein Dorf ist, ein Parkplatz oder ein Berggipfel.

Routen lassen sich problemlos per Mausklicks erzeugen und hervorragend bearbeiten. So kann man nicht nur Wegpunkte einfügen oder löschen, sondern auch ganze Routen und Tracks verbinden, erweitern oder aufteilen. Zudem lassen sich Tracks bequem vereinfachen oder filtern, um ungenaue Trackpunkte herauszulöschen. Die Routen können auf dem Netz der Radwege und entlang der Straßen sowie nach einer Reihe verschiedener Kriterien (s. S. 196) geplant werden. Außerdem steht eine große Auswahl fertiger Radtouren zur Verfügung. Alle Routen lassen sich abspeichern und mit dem GPS-Assistenten auf verschiedene Geräte von Garmin, Lowrance und Falk sowie auf Smartphones übertragen. Auf andere Geräte kann man sie als GPX-Datei übertragen (s. S. 184).

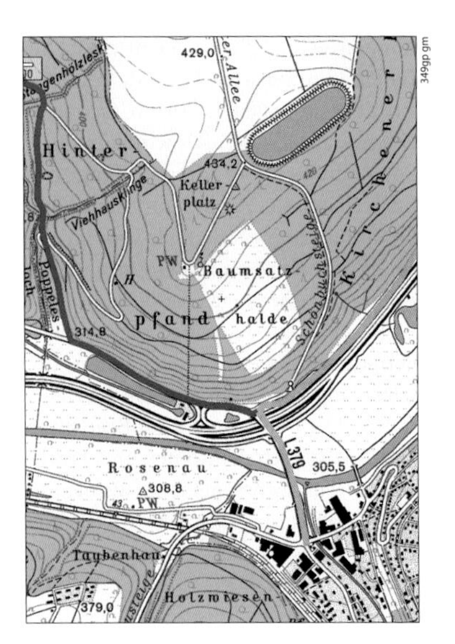

▢ MagicMaps Karte mit farbig markierten Touren

Das Autorouting der MagicMaps kommt vor allem **Tourenradfahrern** entgegen, für die das Netz der ADFC-Radwege ausgelegt ist. Wanderer und Mountainbiker hingegen werden mit den Vorschlägen sicher des Öfteren nicht einverstanden sein und lieber eine eigene Route nach ihrem Geschmack erarbeiten. Zu allen Touren lassen sich detaillierte Höhenprofile darstellen und Sie können sie im virtuellen 3D-Flug abfliegen, um sich ein Bild der Landschaft zu verschaffen. Sie können außerdem an beliebigen Stellen „Textpunkte" einfügen (mit Zusatzinfos und Kommentaren) oder mittels „Bildpunkten" ihre Digitalbilder genau dort in die Karte platzieren, wo Sie sie geschossen haben. So können Sie die Bilder georeferenziert archivieren und auf Onlineportale wie locr hochladen. Umgekehrt können Sie Fotos von dort auf die Karte laden, um sich vor der Tour ein besseres Bild der Gegend machen zu können.

Außerdem kann man mit dieser Software nicht nur Touren, sondern sogar Kartenausschnitte auf geeignete GPS-Empfänger übertragen (z. B. Garmin, Lowrance, Falk u. a.). Die Größe ist auf 1 GB begrenzt (was bei maximaler Auflösung etwa der Fläche von Hessen entspricht), es wird jedoch empfohlen, kleinere Ausschnitte bis maximal 256 MB zu wählen, damit die Karte noch gut nutzbar ist und beim Zoomen und Ausrichten nicht zu träge reagiert. Die TourExplorer-Karten lassen sich auch im Planungsprogramm QuoVadis nutzen. TourExplorer25 gibt es zum Preis von 49,90 Euro für ein bis drei Bundesländer (je nach Größe) und zum Preis von 199 Euro für ganz Deutschland. Der TourExplorer50 kostet für Deutschland 99 Euro, für Deutschland/Österreich als Bundle 124,90 Euro; Österreich allein gibt es für 49,90 Euro.

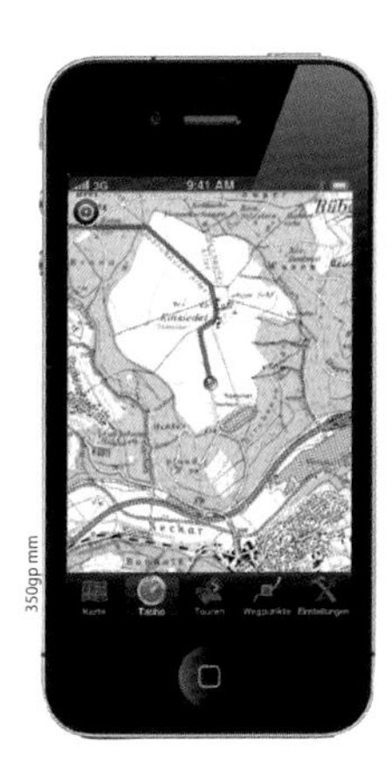

350gp mm

MagicMaps Karte auf dem iPhone 4

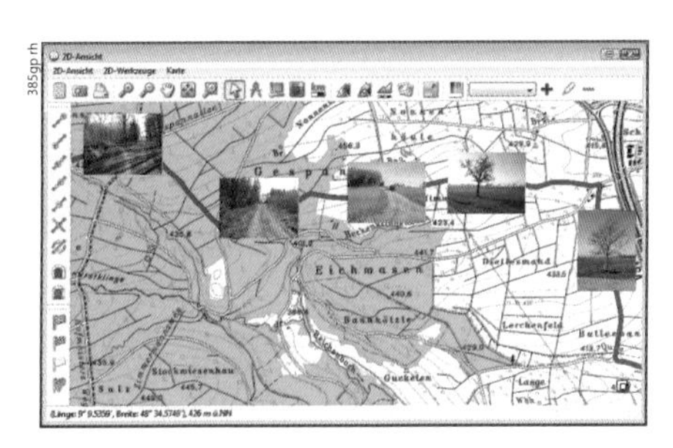

385gp rh

Bei MagicMaps werden Fotos dort in die Karte eingefügt, wo sie aufgenommen wurden

Tracks vereinfachen

Aus dem Internet heruntergeladene Tracks umfassen oft weit mehr Punkte als für die Navigation erforderlich. Wesentlich sind dafür nur Punkte mit Richtungsänderungen; bei längeren geraden Linien können bis auf den ersten und den letzten alle Punkte gelöscht werden. Das ist vor allem für Besitzer von etwas älteren GPS-Geräten nützlich, die weniger Trackpunkte speichern können. Durch das Reduzieren der Punkte (z. B. mit MagicMaps) lassen sie sich ohne große Verluste so weit zurechtstutzen, dass sie auf den Empfänger passen. Falls man durch zu starkes Vereinfachen einen wesentlichen Qualitätsverlust befürchtet, kann man sie stattdessen (ebenfalls mit MagicMaps) auch in zwei oder mehr Tracks unterteilen und einzeln speichern.

Swiss Map Online

Die Swiss Map 50 gibt es nicht mehr als DVD, sondern nur noch als Swiss Map Online. Sie bietet sämtliche Kartenmaßstäbe und auch hoch aufgelöste Luftbilder (Orthofotos) der ganzen Schweiz. Die Daten werden über das Internet bezogen. Dies bedeutet für Sie, dass Sie **stets die aktuellsten Daten** zur Verfügung haben und automatisch von Nachführungen profitieren. Aber Sie können die Karten **nicht zur Offline-Verwendung** herunterladen. Enthalten sind Skirouten und das gesamte SchweizMobil-Routennetz, also auch die Radwege. Die Software bietet u. a. folgende Funktionen:

SwissMap Online:
Hohe Qualität und stets aktuell

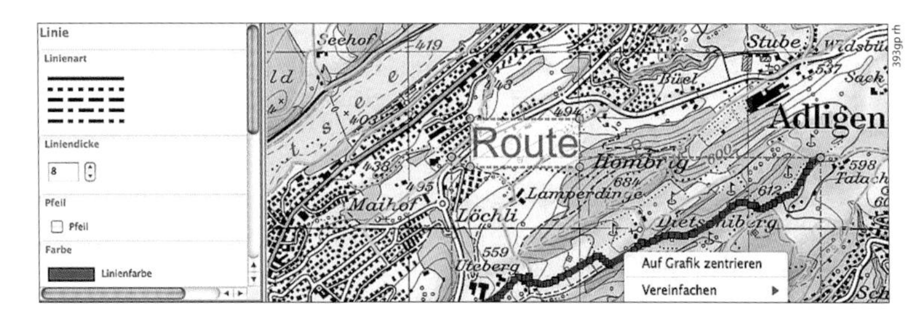

- Plastische Reliefdarstellung
- Geologische und historische Kartendarstellung
- Auswahl von Wander- und Fahrradrouten
- Anzeige von Skirouten und Hangneigungen über 30°
- Präzise Höhendaten (Auflösung 25 m)
- Komplettes Wanderwegenetz
- Profil- und Zeitberechnung
- Drucken, Import/Export
- Zoomen und Transparenz
- GPS-Schnittstelle zum direkten Daten-Austausch (Wegpunkte, Routen und Tracks) mit GPS-Geräten
- Suchen nach Namen und PLZ
- Flexible Arbeitsoberfläche

Die Swiss Map Online kostet 49 CHF für das erste und 29 CHF je weiteres Jahr.

Austrian Map Fly (Amap Fly)

Topos als digitale Rasterkarten mit ganz ähnlichen Funktionen wie die Top50/25 gibt es auch von **Österreich** (AMAP Fly, Maßstab 1 : 50.000, ganz Österreich auf einer DVD).

Das Kartenwerk im Maßstabsbereich 1 : 25000–1 : 3 Mio. beinhaltet die digitalen Karten von ganz Österreich inkl. Schummerung, eine detaillierte geografische Namensdatenbank, das präzise digitale Geländehöhenmodell (Auflösung 25 m) sowie eine gute Datenbank der Schutzhütten. Neben der hohen Qualität der staatlichen Landkarten bietet dieses Produkt eine benutzerfreundliche Arbeitsoberfläche mit umfangreichen Funktionen und Gestaltungsmöglichkeiten; z. B.:

- Suche nach Namen und Koordinaten
- Planung und Speicherung von (Wander- und Mountainbike-)Routen
- Erstellen einer persönlichen Karte mit Anbindung an eine individuelle Datenbank
- Analysieren, dokumentieren, speichern und drucken von Kartenausschnitten
- Import von Routen aus GPS-Empfängern
- Erzeugen von Anwenderdatenbanken
- Koordinatenangaben in verschiedenen Systemen und Gittern
- Geländeschnitt mit Statistiken (Steigung, Gefälle, Entfernung, max./min. Höhe)
- Zeichnen und Planen von Routen
- Höhen- und Streckenberechnung
- Messung von Entfernungen und Flächen
- GPS-Schnittstelle für Routen und Tracks
- 3D-Flugmodus über die Karte
- Drucken von Kartenausschnitten
- Kartendaten nutzbar auf Nokia- und Sony Ericsson-HandysS (Geräteliste und kostenlose Software unter: www.apemap.de)

Eine Online-Version mit vereinfachten Funktionen findet man unter http: www.austrianmap.at/amap/index.php

Topo Frankreich

Für Frankreich sind die amtlichen IGN Topos mit dem Maßstab 1 : 25.000 teilweise auch als Vektorkarten erhältlich, die man direkt auf bestimmte GPS-Geräte laden kann (z. B. Garmin). Bislang waren nur einzelne Regionen zu

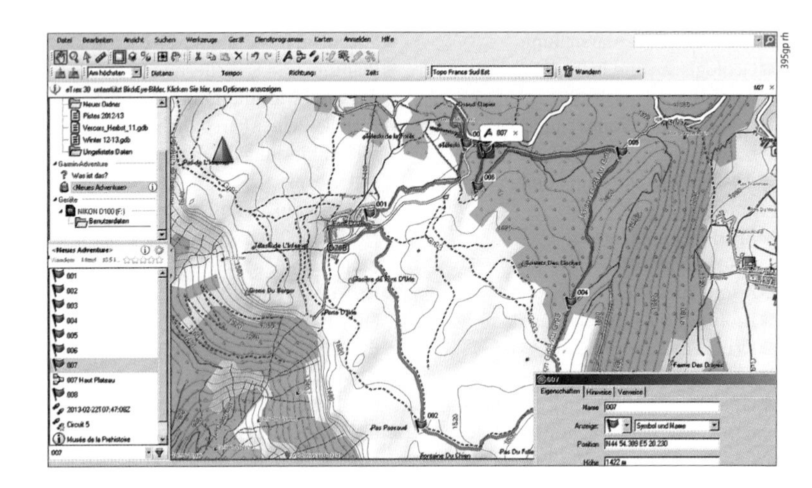

395gp rh

bekommen, etwa Französische Alpen oder Bretagne – doch inzwischen gibt es auch eine Digitalkarte für Garmin-Geräte (Garmin Topo v3 Pro), die ganz Frankreich umfasst (s. S. 54).

Direkt von IGN sind sowohl digitale Topos einzelner Departements (39,90 €) und Regionen (109,90 €) als auch von ganz Frankreich zu bekommen (299,90 €). Sie sind sehr detailliert – aber laut Nutzerkommentaren oft stark veraltet. Für Besitzer geeigneter Garmin-Geräte, die eine Karte von ganz Frankreich wollen, ist sicher die **Garmin Topo v3 Pro** zum gleichen Preis **deutlich vorteilhafter.**

Die routingfähige Topo Frankreich kann auf bestimmte Garmin-Geräte geladen werden

Alpenvereinskarte mit markierter Route und Höhenprofil der Tour

Alpenvereinskarten

Sämtliche Alpenvereinskarten der Version 3 sind auf einer DVD erhältlich (60 Blätter) und werden mit einer einfachen Planungssoftware geliefert, die es ermöglicht, ohne lange Einarbeitung Wegpunkte, Routen und Tracks zu erstellen und auf Garmin-Geräte zu übertragen (nicht die Karten selbst!) bzw. Wegpunkte und Tracks von den Geräten herunterzuladen. Die Kommunikation mit anderen GPS-Geräten ist über das GPX-Format möglich. Um auch die Karten selbst auf bestimmte Garmin-Empfänger laden zu können, braucht man die **Garmin-Alpenvereinskarte,** die seit 2011 im Handel erhältlich ist.

Neuerungen der Version 3:

- Zusätzlich acht neuere AV-Karten der Bayerischen Alpen (Blätter BY 7, 9, 11, 16, 18, 19, 20 und 22)
- 20 aktualisierte Kartenblätter der übrigen AV-Karten
- Orthofotos (Schwarzweiß-Luftbilder) für die 2D- und 3D-Ansicht

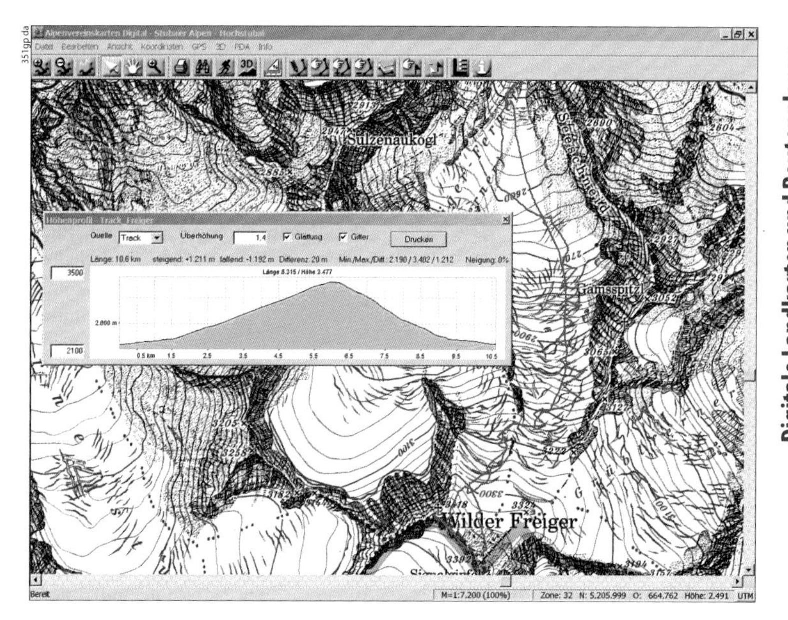

- „Schwebende Texte" über den Bergen und Hütten im 3D-Modell
- Einstellung des Sonnenstands im 3D-Modell
- direkter Wechsel aus dem Kartenbild zu Google Earth
- verbesserte Track-, Wegpunkt- und Höhenprofil-Funktionen
- verbesserte Funktionen für das Arbeiten mit dem PDA
- Die Namendatenbank wurde auf über 50.000 Einträge erweitert.
- Die Skiroutendatenbank wurde von 1900 auf 2400 Routen erweitert, davon 200 in den Bayerischen Alpen.

Das gesamte Kartenwerk auf DVD (keine Micro SD-Karte erhältlich) kostet 99 € für Nichtmitglieder und 79 € für Mitglieder; mit Nutzungsrecht für zwei PCs und zwei Pocket PCs.

Kompass Karten

Die **Kompass Digital Maps** sind bis zum Maßstab 1 : 10.000 zoombare Rasterversionen der bekannten Wanderkarten und bieten inzwischen auch einen 3D-Modus. Die digitalen Karten umfassen eine Planungssoftware zum Erstellen, Übertragen und Verwalten von Wegpunkten und Tracks auf bzw. von Garmin-Geräten (mit anderen Geräten funktioniert der Austausch im GPX-Format) sowie eine Overlay-Funktion. Neuere Versionen bieten auch Höheninformationen. Zudem können sie auch mit Planungsprogrammen wie Fugawi, QoVadis, OziExplorer, MagicMaps und CompeGPS geöffnet werden. Neuere Ausgaben enthalten eine Software, um Kartenausschnitte auf PDA oder Handy zu übertragen. Besitzer älterer Versio-

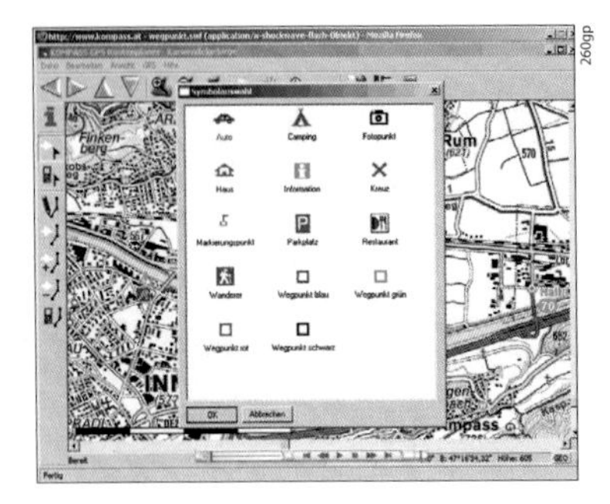

Erstellung von Wegpunkten bei Kompass Karten

nen können die Software gratis herunterladen.

Angeboten werden über 40 verschiedene Karten zu Preisen ab 14,90 € für kleinere Regionen, 49,95 € für die Deutschen Alpen und 59,90 € für ganz Bayern und bis zu 89,95 € für ganz Österreich oder die Schweiz. Ein Vorteil dieses Kartenwerks ist, dass es auch Gebiete abdeckt, von denen man sonst nur schwer oder gar keine digitalen Karten bekommt.

Reality Maps

Eine 3D-Funktion bieten inzwischen zahlreiche Kartenprogramme. Aber 3D ist nicht gleich 3D! Die fotorealistischen 3D-Tourenplaner von Reality Maps zeigen die Bergwelt so realistisch, als würde man tatsächlich im Hubschrauber über die Gipfelwelt brausen. Eine innovative Visualisierungstechnologie ermöglicht Einblicke, wie sie in der Realität nicht möglich sind. Die Auflösung ist 1000-mal höher als in Google Earth und selbst Details mit einer Größe von 25 cm sind noch zu erkennen. Alle wichtigen Informationen sind einfach abrufbar und werden direkt in die 3D-Karte eingeblendet. Mit diesen beeindruckend plastischen und lebendigen Karten ist man schon bei der Planung vor Ort und sieht, was einen erwartet. Für die Planung am Computer sind rund ein Dutzend Alpenregionen auf DVD erhältlich (Preis je 24,90 €). Die Karten enthalten fertige Wander-, Rad- und MB-Touren samt Höhenprofil und Beschreibung, gestatten aber auch die Planung eigener Touren und die Darstellung gespeicherter Tracks, die man anschließend absolut naturnah abfliegen kann. Der Datenaustausch mit den Geräten ist über das GPX-Format möglich.

Seit Frühjahr 2013 gibt es die fotorealistischen 3D-Landschaftsmodelle auch für Smartphones. Keine andere App ermöglicht eine so **beeindruckende Navigation und Orientierung** im Gelände wie die neuen Outdoor-Guides von 3D RealityMaps. Sie vermitteln einen umfassenden Überblick und zeigen verschiedene ausgewählte Regionen aus jeder gewünschten Perspektive. Die neuen Apps enthalten eine umfangreiche Touren-Datenbank, in der man bequem nach der passenden Aktivität suchen und sie direkt auf der Karte anzeigen kann. Online erhalten Sie zusätzliche Informationen zum Wetter und aktuelle Webcam-Bilder. Und für den Fall, dass die Internetverbindung unterwegs abbrechen sollte, lassen sich die 3D Outdoor-Guides einschließlich der gesamten Karte und den Touren und Wegpunkten für die Offline-Arbeit auf dem Smartphone speichern.

■ www.realitymaps.de/tourenplaner/startseite.html

352gp rm

JONA® Jübermann-Outdoor-Navigator

Eine rare Besonderheit für Kanuten, Ruderer und Jachtkapitäne ist der Jübermann-Outdoor-Navigator, kurz: JONA. Er umfasst Gewässerkarten im Hauptmaßstab 1:50.000 (zoombar von 1:12.500 bis 1:1 Mio) mit zahlreichen spezifischen Infos für Wasserwanderer. Mit diesem Navigator kann man Tracks planen, bearbeiten und analysieren und per GPX-Format auf GPS-Geräte übertragen. Die Rasterkarten sind in 6–8 Zoomebenen gegliedert. Jede Ebene besteht aus einer für diese Darstellung optimierten Kartenfläche. GPS-Navigation ist möglich, eine Autorouting-Funktion ist nicht vorhanden. Das Programm ist auf dem Computer einsetzbar und besitzt eine Exportfunktion für PDA (Windows Mobil) und Lawrence Endura-Geräte. Die Karten lassen sich in QuoVadis integrieren und per ape@map auch auf Android-Systemen nutzen. Eine integrierte Datenbank enthält Übernachtungsmöglichkeiten und Liegeplätze mit allen wichtigen Informationen, Gewässer- und Schleuseninfos, Umtrageskizzen auf Kanugewässern, Tiefenlinien an der Küste und für viele Binnenseen, Gewässerbreiten u. v. m.

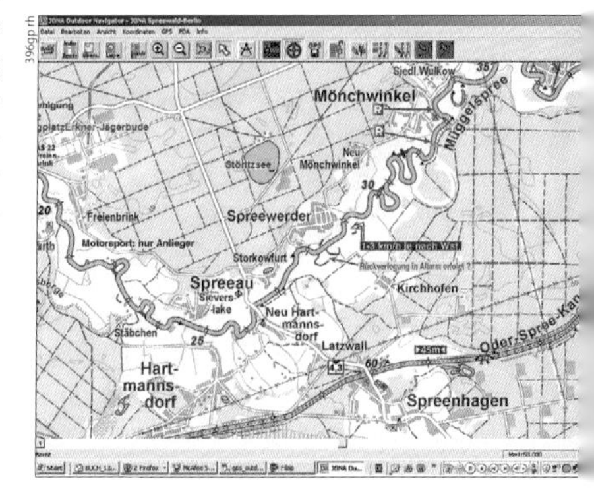

396gp rh

Reality Maps: im Hubschrauber über die Gipfelwelt brausen

JONA®: Für Wasserwanderer einfach super!

Alle Infos lassen sich auch auf der Karte darstellen. Bei Bedarf kann man Steckbriefe einzelner Gewässer und Wasserwege öffnen und sich an Schleusen, Wehren u. Ä. auch Detailansichten mit wichtigen Tipps einblenden lassen.

Bisher erhältlich sind JONA-A Deutschland Nordwest und JONA-B Deutschland Nordost (je 85 Euro auf CD bzw. 77 Euro als Download; Besitzer einer Lizenz erhalten die zweite Lizenz für 62 Euro) sowie JONA-LDS Spreewald-Berlin (22 Euro auf CD, 19 Euro als Download). Alle drei können als Vollversion 8 Tage lang kostenlos getestet werden.

Karten zur Nutzung im GPS-Gerät

Die ersten GPS-Geräte waren pfundschwere Klötze, die nichts als eine Reihe von Ziffern anzeigten. Dann kamen Handy-große Geräte mit grafischen Displays, die eine Kartenskizze mit Wegpunkten, Tracks, Ziel und Peillinie darstellen konnten. Vor wenigen Jahren hat ein weiterer Quantensprung begonnen: kartenfähige GPS-Handys, die zunächst nur grob schematisierte Vektorkarten speichern und auf dem Display anzeigen konnten, inzwischen aber auch fein aufgelöste und detailreiche Rasterkarten, die von der Papierkarte kaum mehr zu unterscheiden sind – außer natürlich in Bezug auf Größe und Übersicht. Und neue Kombinationen aus Raster- und Vektorkarten bieten nicht nur ein erstklassiges Kartenbild, sondern umfassen zudem ein Netz vektorisierter Rad- und Wanderwege, das zum Autorouting (s. S. 196) verwendet werden kann.

Selbst ohne Autorouting sind detaillierte Topos auf dem Display ein enormer Vorteil: So weiß man unterwegs mit einem Blick, wo man ist; die Karte wird stets auf den aktuellen Standpunkt zentriert (Moving Map) – und man kann selbst auf Wanderpfaden oder in wegloser Wildnis nach der Karte navigieren und dabei Hindernisse umgehen bzw. den besten Weg im Voraus erkennen. Wegpunkte und Routen können jetzt direkt auf dem Display erstellt werden, was besonders mit Touchscreen-Displays und routingfähigen Karten sehr rasch und bequem geht.

Bisher gab es Vektor-Topos für Garmin- und für Magellan-Geräte. Leider sind beide Formate nicht kompatibel, d. h. die Garmin-Karten sind mit einem Magellan-Gerät nicht nutzbar und umgekehrt. Inzwischen gibt es auch sehr gute Raster-Topos (besonders für Satmap und CompeGPS) und die Möglichkeit, das Beste aus beiden Kartenwelten zu kombinieren. Leider kocht nach wie vor jeder Hersteller sein eigenes Süppchen aus nicht mit anderen Geräten kombinierbaren Karten. Doch das bislang knappe Angebot nimmt rasch zu (ebenso die Qualität) und es kommen immer mehr kostenlose Angebote aus dem Internet hinzu. Nicht alle Outdoor-Geräte sind kartenfähig und nicht jedes kartenfähige Gerät kann jede Karte nutzen. Da lohnt es sich, vorher zu vergleichen. Die größte Auswahl geeigneter Karten gibt es bislang für die Geräte von Garmin und CompeGPS; Magellan ist mit ladbaren Karten besonders in Nordamerika stark – in Europa deutlich weniger. Aber jeder Hersteller hat zumindest eine Deutschland-Topo und meist auch Österreich und Schweiz sowie das eine oder andere zusätzliche Land. Die Karten sind in der Regel nicht beim Kauf des Geräts im Preis enthalten oder vorinstalliert, sondern müssen meist extra zugekauft werden – oft zu stolzen Preisen. Immer öfter werden aber auch Geräte angeboten, bei denen bereits eine Region oder ein ganzes Land vorinstalliert ist (Falk, Satmap, VDO). Garmin bietet teilweise die Option, zwischen dem Gerät allein und dem Gerät im preisgünstigen Bundle mit einer Topo auf SD-Karte (Deutschland PRO oder Transalpin PRO) zu wählen. Einige Geräte werden auch mit **vorinstallierter Topo Deutschland Light** (Dakota) oder einer **Freizeitkarte Europa** im Maßstab 1:100.000 (Montana) verkauft. Die Karten sind entweder direkt auf einer Speicherkarte erhältlich, die man dann nur ins Gerät stecken muss (aber nicht auf dem PC verwenden kann!), oder als Download (dann bezahlt man für den Freischaltcode und die Karte ist evtl. auf dem Gerät und dem Computer nutzbar) oder auf DVD, die man dann am Computer nutzen kann und selbst auf eine Speicherkarte übertragen muss. Manche ältere Karten sind nur auf CD erhältlich. Das Freischalten der Karte online ist meist – aber nicht immer – erforderlich. Dazu sollte das Gerät per USB-Kabel an den Computer angeschlossenen sein und man muss den Freischaltcode und teilweise auch sonstige Angaben wie Geräte- oder Produktnummer zur Hand haben. Das kann so vertrackt und nervig sein, dass man bereut, die Karte gekauft zu haben. Ich habe es sogar schon erlebt, dass selbst der sehr kompetente Herr vom Online-Support erhebliche Probleme dabei hatte!

Mit Programmen wie MapSource und Basecamp lassen sich verschiedenste Karten nutzen und teils auch auf Garmin-Geräte übertragen

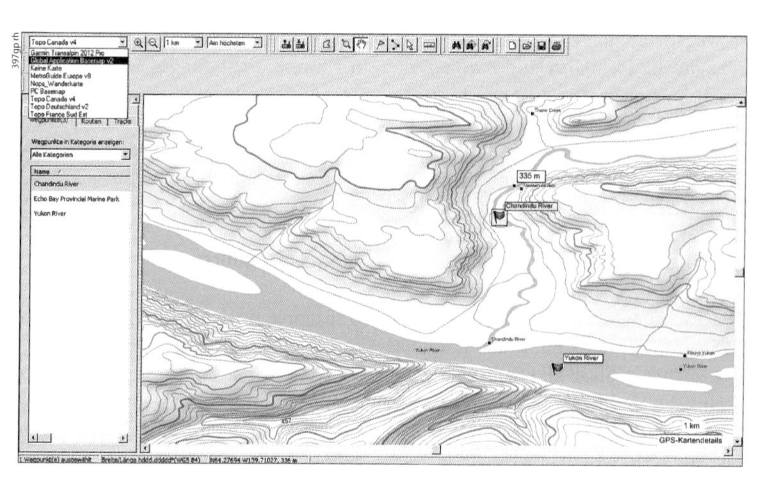

397gp rh

Manche Karten kann man mit einem Code für die Nutzung mit Gerät *und* Computer freischalten; manche für mehrere GPS-Geräte; manche für mehrere GPS-Geräte und Smartphones; manche nur für ein GPS-Gerät und sonst nichts. Es lohnt sich daher, schon vor der Entscheidung für das GPS-Gerät bzw. die Marke gut zu überlegen und zu vergleichen: nicht nur wie groß das Kartenangebot des Herstellers ist, sondern auch *wie* seine Karten genutzt werden können (was allerdings auch bei verschiedenen Karten einer Marke unterschiedlich sein kann). Eine Übersicht, welche Karten auf welche Geräte geladen werden können, finden Sie auf den Websites der jeweiligen Hersteller.

Basemap

Die meisten GPS-Geräte enthalten im internen Datenspeicher bereits eine europa- oder sogar weltweite (eTrex10) Basiskarte (Basemap), mit Überlandstrecken, Landesgrenzen, Städten, Wasserwegen, Flughäfen, Eisenbahnlinien etc., die für die Überland-Navigation bereits ausreicht. Diese Karte ist zoombar, zeigt stets die aktuelle Position und verschiebt sich während der Fahrt (Moving Map). Zudem umfasst sie eine Datenbank mit allen mittelgroßen und größeren Städten, die man per Namenseingabe suchen und dann per GoTo-Taste als Ziel ansteuern kann. Die Richtung zu einem ausgewählten Ziel wird dabei aber nur in der Luftlinie und nicht im Straßenverlauf angezeigt (keine Straßennavigation). Hingegen umfassen gute Basemaps heute selbst kleinste Ortschaften, sodass sie bereits für längere Radtouren interessant werden – oder sogar, um auf einer Wanderung im Notfall rasch die nächste Ortschaft zu finden.

Die **Basiskarte** ist fest installiert und kann nicht gelöscht oder überspielt werden. Falls man sein GPS-Gerät wegen des evtl. günstigeren Preises in den USA kauft, so wird es u. U. nur die Basiskarte von Nordamerika enthalten und keine von Europa. Will man aber ein Gerät mit der Basiskarte von Nordamerika, so muss man es auch dort kaufen, weil man in Europa nicht fündig wird. Es gibt zwar auch weltweite Basemaps auf **CD** zu kaufen, doch lassen sich diese nur in den Zusatzspeicher laden; der Basemap-Speicher ist schreibgeschützt.

Nicht überfüttern

Die Kapazität der Speicherkarten hat bereits mehrere GB erreicht, sodass man in Versuchung kommen könnte, sein Handgerät mit einer kompletten **Topo-CD** zu füttern (um sicher alles dabei zu haben) und womöglich noch etliche Straßenkarten dazu. Überladen Sie es jedoch nicht, sonst überfordern Sie den Prozessor des Geräts und er wird sehr langsam oder bleibt vielleicht sogar ganz hängen.

Garmin MapSource

Mapsource war eine bis Oktober 2010 kostenlos erhältliche Windows-Software der Firma Garmin zur Darstellung und Bearbeitung von Garmin-Karten auf dem Computer. Nach ihr ist auch eine Serie von Straßenkarten und To-

Mängel von Rasterkarten für GPS-Geräte

Rasterkarten haben eine Reihe von Mängeln, die sich durch die Kombination mit Vektordaten meist beheben lassen:

- **Rasterkarten sind nur innerhalb eines kleinen Zoombereichs gut ablesbar.**
Diese Karten liefern reine Bilddaten; sie sind daher bei geringen Zoomstufen (1,5 km) kaum lesbar und werden bei hohen Zoomstufen (100 m) unscharf. In Kombination mit einer Vektorkarte können sie aber über einen wesentlich höheren Zoombereich eingesetzt werden, da die klare Beschriftung der Vektorkarten das Lesen der Karte über alle Zoomstufen ermöglicht.

- **Wenn man Rasterkarten dreht, steht die Beschriftung auf dem Kopf.**
Wählt man für die Kartendarstellung zur Navigation statt „Nordrichtung" die Option „Fahrtrichtung" dreht sich die Karte mit jeder Kurve und die Beschriftungen sind nicht mehr ablesbar. Die Beschriftung der Vektorkarten dreht sich automatisch mit der Karte und ist jederzeit ablesbar.

- **Nach Inhalten einer Rasterkarte kann nicht gesucht werden.**
Die Inhalte einer Rasterkarte sind nur als Bildpunkte vorhanden, nicht als Datenbank, in der das Programm suchen kann. Auf einer reinen Rasterkarte kann man daher nicht die nächste Berghütte oder einen bestimmten Gipfel suchen lassen. Die Vektorkarte speichert zu einzelnen Kartenpunkten gesonderte Informationen, nach denen die Software jederzeit in einer Datenbank suchen kann. Dies erleichtert das Auffinden bestimmter Punkte in unbekannten Gebieten.

- **Eine Rasterkarte erlaubt kein Routing und keine Zielführung.**
Da die Rasterkarte nur ein Bild ist, hat sie keinerlei Informationen über das Wegesystem und kann daher keine Route errechnen, die dem Wegenetz folgt. Die Vektorkarte verfügt über detaillierte Informationen zum Wegenetz (z. B. Kategorie, Zustand, Steigung, Breite etc.) und erlaubt damit ein Routing entlang des vorliegenden Wegenetzes.

pos benannt, die damit genutzt werden können. Man kann damit Wegpunkte, Routen und Tracks erstellen, bearbeiten, verwalten, auf der Karte anzeigen und auf sein GPS-Gerät hochladen (bzw. davon herunter). Außerdem können damit Karten verwaltet und – falls geeignet – auf das GPS-Gerät geladen werden. Seit Oktober 2010 wurde diese Software durch Garmin BaseCamp (s. S. 213) abgelöst. Da BaseCamp jedoch nicht mit älteren Geräten mit serieller Schnittstelle kompatibel ist, ist MapSource für Besitzer dieser Modelle nach wie vor nützlich, hat aber nicht den gleichen Leistungsumfang wie BaseCamp. Wer das Programm nicht besitzt oder gebraucht erwerben kann, findet auf der Garmin Website nur noch ein Update (www8.garmin.com/support/download_details.jsp?id=209), das aber mit etwas Tricksen auch eine Installation gestattet. Eine Anleitung findet man unter www.naviboard.de/vb/showthread.php?t=28370

Garmin BirdsEye Select

BirdsEye Select ist ein seit Ende 2010 existierender, kostenpflichtiger Down-

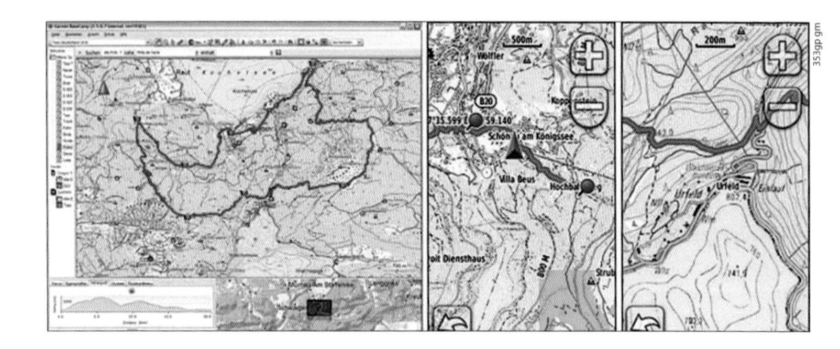

load-Service von Garmin, der es in Verbindung mit der kostenfreien Planungssoftware BaseCamp (s. S. 213) auf bequeme Weise gestattet, Papierkarten und elektronische Rasterkarten auf ein geeignetes GPS-Gerät zu übertragen. Dabei können Sie den Ausschnitt der Karte vollkommen frei wählen. Sie sind also **nicht an die Auswahl einzelner Kartenblätter gebunden.** Außerdem können Sie die BirdsEye Select-Kartenausschnitte beliebig mit Ihren Vektorkarten kombinieren und damit den Komfort des Autorouting mit der gewohnten Optik der Rasterkarten verbinden. BirdsEye Select-Karten sind mit Garmin-Handgeräten kompatibel, die vom Computer als externes Laufwerk erkannt werden: z. B. Modelle der Geräteserien Montana, Oregon x50, Dakota, GPSMap 62, GPSMap 78 sowie eTrex 20/30.

Zum Start bietet Garmin Karten für Deutschland, Österreich, Schweiz, Südtirol, Frankreich, Großbritannien und Irland an. Ein Guthaben für BirdsEye Select gibt es bereits ab 19,99 €. Damit können Sie z. B. 2400 km² der Kompasskartenabdeckung für Österreich auf Ihr Garmin GPS-Gerät übertragen (das entspricht knapp der Fläche von Vorarlberg). Die Preise variieren je nach Land und Kartenwerk: für Frankreich, Großbritannien und Irland etwa gibt es zum gleichen Preis nur 600 km². Zudem ist es bislang notwendig, für jedes Land ein separates, jeweils 12 Monate gültiges Guthaben zu erwerben.

So funktioniert's:

1. **Anschließen:** Zur Übertragung von BirdsEye-Select-Kartenausschnitten schließen Sie ein unterstütztes GPS-Gerät an den Computer an und starten in BaseCamp den BirdsEye-Assistenten.
2. **Auswählen:** Wählen Sie das Gebiet aus, für das Sie eine Rasterkarte wünschen. Sie können nicht nur rechteckige Flächen wählen, sondern auch eine freie Form, z. B.: entlang einer Wanderroute.
3. **Aufladen:** Falls Sie noch kein Guthaben für BirdsEye Select erworben haben, leitet Sie der Assistent im Anschluss an die Auswahl in den Garmin-Shop, wo Sie Ihr Guthaben aufladen können.

BidsEye Select-Karte auf dem Computer mit Route, Übersichtskarte und Höhenprofil plus Kartendarstellung auf dem GPS-Gerät mit Zoomstufen

4. **Laden:** Anschließend übertragen Sie den ausgewählten Ausschnitt auf Ihren Computer und von dort auf Ihr GPS-Gerät – fertig.

Nutzung in Verbindung mit Vektorkarten: Rasterkarten weisen bei der Nutzung mit dem GPS-Gerät oder am Computer bestimmte Defizite auf (s. Kasten), die in der Kombination mit Vektordaten meist behoben werden können. Ein großes Plus der BirdsEye Select-Kartenausschnitte ist daher, dass sie sich problemlos mit den Karteninformationen einer entsprechenden Vektorkarte kombinieren lassen. Hierzu müssen Sie lediglich die gewünschte Vektorkarte zusammen mit dem Rasterkartenausschnitt aktivieren. Kombiniert man Raster- und Vektorkarten, so werden Informationen zu Punkten (z. B.: POIs, Ortsnamen, ...) und zu Linien (z. B.: Straßen, Höhenlinien, ...) auf der Rasterkarte dargestellt, sodass man das bessere Kartenbild der Rasterkarte mit dem höheren Info-Gehalt der Vektorkarte kombiniert.

Mit BirdsEye Select erhalten Besitzer von aktuellen Garmin GPS-Handgeräten die Möglichkeit, ihr Gerät auf unkomplizierte Weise mit Rasterkarten zu bestücken. Das umständliche Kalibrieren in Google Earth bzw. der Kauf einer GPS-Planungssoftware (z. B. QuoVadis) entfällt. Ebenso entfallen weitere Probleme, die mit den Garmin Custom Maps (s. S. 215) verbunden sind. Das Angebot an Karten ist jedoch länderspezifisch bzw. auf bestimmte Quellen beschränkt. Wer nur hin und wieder eine Rasterkarte für eine spezielle Region benötigt, fährt mit BirdsEye Select günstig; wer hingegen Karten für große Regionen oder ganze Länder erwerben will, sollte die Finger davon lassen, denn für die Karten von ganz Deutschland käme er damit auf fast 3000 Euro!

Garmin BaseCamp

Diese vielseitige und kostenlose Software für die Tourenplanung und Verwaltung von Landkarten an PC und Mac hat Ende 2010 den Vorläufer MapSource abgelöst und durch erweiterte Funktionen verbessert. Sie ist allerdings nicht mit älteren Geräten kompatibel, die nur eine serielle Schnittstelle besitzen. BaseCamp ermöglicht eine komfortable Routenplanung und Tourenauswertung sowie das Geotagging von Fotos am Computer. Auch das Übertragen von Wegpunkten, Tracks, Routen und Karten auf GPS-Geräte von Garmin ist damit möglich. So wird die Tourenplanung am Computer noch einfacher. Abhängig von der Speichergröße des GPS-Gerätes können einzelne Kartenausschnitte oder die komplette Topo auf eine MicroSD-Karte übertragen werden.

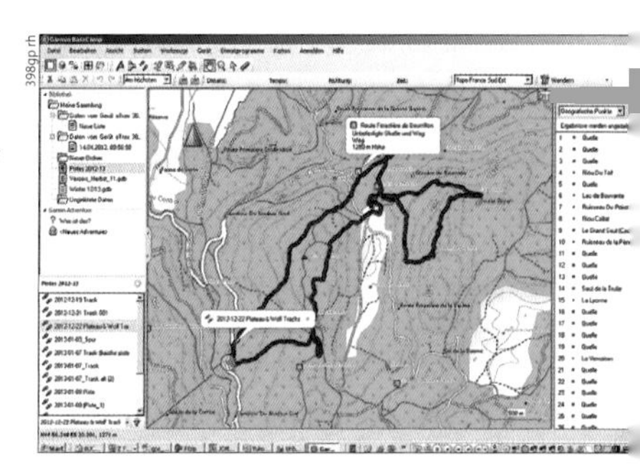

Garmin BaseCamp mit Topo Frankreich, Track, Karten-Info zum Weg und POI-Liste „Wasser"

Die Software bietet vielfältige Funktionen zur Bearbeitung von Tracks, eine 3D-Funktion und eine Funktion zum Abspielen von Routen. Zur weiteren Unterstützung steht jederzeit auch ein Höhenprofil für Routen und Tracks zur Verfügung. Mit der Geotagging-Funktion kann man seine Fotos einer Tour einfach mit den Punkten des Tracks verbinden, an denen sie aufgenommen wurden. BaseCamp fügt die Bilder automatisch an der richtigen Position ein.

Nicht zuletzt ist BaseCamp für die Verwaltung digitaler Karten sehr nützlich:

Mit den MicroSD/SD-Karten Topo Deutschland 2012 Pro und TransAlpin 2012 Pro kann man BaseCamp auch ohne Freischaltung oder Registrierung komfortabel nutzen. Dazu legt man die MicroSD/SD-Karte entweder in ein Kartenlesegerät oder in ein Garmin GPS-Gerät ein, welches an den Computer angeschlossen ist. Die Karte erscheint in der Bibliothek links neben dem Kartenfenster und lässt sich per Mausklick aktivieren. Allerdings lassen sich auf MicroSD-Karten gespeicherte Landkarten nicht auf den Computer übertragen und auch nicht ausdrucken. Das gilt auch für die auf manchen Modellen vorinstallierte Freizeitkarte Europa.

Von einer **DVD auf den Computer übertragene Karten** wie die Topo Deutschland kann man über „Kartenprodukt" in der Menüleiste direkt öffnen.

BirdsEye™ Select (hochwertige Rasterkarten) kann man über BaseCamp herunterladen, freischalten und auf das GPS-Gerät übertragen. Dabei kann man den Ausschnitt der Karte vollkommen frei wählen und ist nicht an die Auswahl einzelner Kartenblätter gebunden. Außerdem kann man die BirdsEye-Select-Kartenausschnitte beliebig mit seinen Vektorkarten kombinieren, um komfortables Autorouting mit der gewohnten Optik der Rasterkarten zu verbinden.

Auch **Custom Maps-Rasterkarten** (s. u.) lassen sich mit dem Programm bearbeiten und verwalten, abspeichern und auf geeignete Geräte übertragen.

ActiveRouting in BaseCamp: Mit der aktuellsten BaseCamp Version kann man mit den Karten Topo Deutschland 2012 Pro und TransAlpin 2012 Pro (sowie weiteren Topo 2012 PRO Karten) die neuen ActiveRouting Funktionen nutzen. Beim ersten Starten von BaseCamp muss ein Aktivitätsprofil ausgewählt werden, das später beim Erstellen von Routen als Standard verwendet wird, aber jederzeit geändert werden kann.

ActiveRouting bietet die Möglichkeit, für die Routenberechnung bevorzugt das Netz der markierten Rad- und Wanderwege (z. B. Qualitätswanderwege des Deutschen Wanderverbands) auszuwählen. Die Berechnung der Route erfolgt dann nach Möglichkeit auf diesem empfohlenen Wegenetz.

Wer passt zu wem?

Beachten Sie, dass Garmin-Topos nur auf bestimmte Garmin-Geräte geladen werden können. Eine Liste, welche Karten mit welchen aktuellen und älteren Geräten kompatibel sind, finden Sie auf der Website von Garmin (www.garmin.de).

Weitere Informationen zur Nutzung von BaseCamp findet man unter www.garmin.com/de/video-tutorials/.

Garmin Custom Maps

Custom Maps ist eine kostenfreie Lösung, mit der man Papier- und elektronische Rasterkarten, aber auch Scans, Luftbilder u. a. so bearbeiten kann, dass sie auf ein kompatibles Garmin GPS-Gerät geladen werden können. Custom Maps unterstützt Sie vor allem bei Touren in Regionen, für die es keine passenden Kartenquellen gibt. Sie können damit auch kostenlose Karten aus dem Internet oder regionale Wanderpläne von touristischen Zielen für Ihr GPS-Gerät aufbereiten. Garmin Custom Maps funktioniert auf PC und Mac. Eine Schritt-für-Schritt-Anleitung dazu finden Sie bei Garmin unter www.garmin.com/de/map/custommaps.

Allerdings hat Custom Maps auch einige Nachteile: Man muss seine Rasterkarten zunächst in Google Earth ziemlich aufwendig kalibrieren (s. S. 193) oder aber eine weitere, kostenpflichtige Software (z. B. QuoVadis oder MagicMaps TourExplorer) zum Kalibrieren einsetzen. Zudem sind die Custom Maps in der Größe recht begrenzt: Die maximale Größe jeder einzelnen Custom Map-Kachel beträgt ca. 3 MB. Ein Bild kann maximal 1024 x 1024 Pixel (oder äquivalent) groß sein und auf ein Gerät kann man maximal 100 Custom Maps laden. Wer es einfacher will, entscheidet sich für BirdsEye Select (s. o.) mit dem Garmin nachgezogen hat, als man merkte, dass das Kalibrieren nicht jedermanns Sache ist.

Garmin-Topos

Der Marktführer bietet nicht nur bei den Geräten, sondern auch bei Outdoor-Karten die größte Auswahl. Er hat neben Magellan als erster Anbieter topografische Karten auf den Markt gebracht, die nicht nur am Computer für die Routenplanung eingesetzt, sondern direkt auf die GPS-Empfänger geladen werden können. Dabei setzt man bei Garmin wegen zahlreicher Vorteile auf Vektorkarten (s. S. 191), die jedoch überwiegend ein verblüffend anschauliches Kartenbild bieten, das dem vieler Raster- und sogar Papierkarten kaum nachsteht.

Garmin Topo Deutschland Pro 2012

Die neue Topo Deutschland Pro 2012 besticht durch ihr brillantes Kartenbild, eine Fülle von Informationen und eine Reihe neuer Features, darunter das **ActiveRouting** (automatisches Routing

Digitale Karten und einfache GPS-Geräte?

Digitale Karten lassen sich auch in Verbindung mit einfacheren und älteren Geräten verwenden, die nicht kartenfähig sind. Dann kann man die Karten zwar nicht direkt auf das Gerät laden, aber man kann sie am Computer nutzen, um seine Route zu planen und diese dann auf das Gerät laden – bzw. umgekehrt Wegpunkte und Tracks aus dem Gerät auf den PC übertragen, auf der Karte darstellen und archivieren.

nach Parametern für Wanderer und Radfahrer; s. S. 214). Alle ActiveRouting-Funktionen werden von BaseCamp und den Geräten der Serien Montana, Oregon 450/550 und GPSmap 62 unterstützt. Bei der Entwicklung hat Garmin mit Spezialisten aus dem Rad-, Wander- und Bergsport zusammengearbeitet. Die optionale Schummerung (Schattierung, die einen räumlichen Eindruck vermittelt) schafft ein plastisches Landschaftsbild; klar differenzierte Gelände- und Vegetationszonen erleichtern die Orientierung auch abseits der Wege. Zu den wichtigsten Merkmalen zählen:

- Präzise topografische Karten im Referenzmaßstab 1 : 25.000
- Erweitertes Wegnetz sowie besonders detailliertes Netz von Wanderwegen in touristischen Gebieten und auf Langstrecken-Wanderwegen
- Detailliertes Netz von Radtouren über Lang- und Kurzstrecken
- Detaillierte Weginformationen für die einzelnen Pfade, Wanderwege und das gesamte Verkehrsnetz
- Informationen zu geografischen Merkmalen und Vegetationszonen, z. B. Geröllfelder, Wälder, Seen, Bäche und Berge
- Durchsuchbare Straßennamen und Points of Interest für Freizeitaktivitäten und Tourismus
- Die **schönsten Wanderwege Deutschlands** nach Empfehlungen des Deutschen Wanderverbands und dessen Tipps für rund 1500 Qualitätsgastgeber

Dank moderner Vektortechnik bietet die Topo Deutschland 2012 Pro jederzeit die optimale Übersicht bei maximaler Detaildichte. Ein wesentlicher Vorteil gegenüber Rasterkarten: Sie wird beim Hineinzoomen immer detaillierter und bleibt trotzdem stets übersichtlich. So werden zahllose kleinere Merkmale erst in hohen Detailstufen sichtbar. Außerdem kann man einzelne Elemente der Karte anklicken, um weiterführende Informationen wie Wegenamen, Art der Vegetation etc. zu erhalten.

Die Topo Deutschland 2012 Pro ist für 149 Euro als DVD mit MicroSD/SD erhältlich. Die MicroSD/SD-Karte vereinfacht die Nutzung auf dem GPS-Gerät, da man das Kartenmaterial nun auch ohne vorherige Freischaltung sofort nutzen kann. Einfach die Karte in das Gerät einlegen – und los geht's! Achtung: Dies gilt nicht bei einem Download der Karte, der ebenfalls 149 Euro kostet!

Garmin Topo Deutschland Light

Die neuen Geräte eTrex 20 und eTrex 30 sowie weitere Dakota- und Oregon-Modelle sind als Bundle erhältlich, bei dem eine von acht Regionen der Topo Deutschland Light im Preis enthalten ist. Die Region wird nach der Registrierung des Geräts per Download auf das Gerät übertragen. Bei der Topo Deutschland Light handelt es sich um eine vereinfachte Version der bekannten Topo Deutschland 2010. Sie ist voll routingfähig, zeigt jedoch eine einfachere Darstellung der Oberflächen, enthält keine markierten Wander- und Radwege und umfasst weniger POIs. Das übersichtliche Design kommt insbesondere GPS-Neulingen entgegen.

- Digitale Vektorkarte für Garmin GPS-Geräte

- Basismaßstab 1:25.000
- Ein detailliertes digitales Höhenmodell ermöglicht die Darstellung von genauen Höhenprofilen
- Vereinfachte Geländedarstellung mit Informationen zu Gewässern, Bergen, Wäldern, Frei- und Siedlungsflächen
- Detailliertes Wegenetz, das neben Hauptverkehrsstraßen auch kleine Wege und Pfade beinhaltet
- Die Karte ist auf dem gesamten enthaltenen Wegenetz routingfähig
- Suchbare Kartenelemente als POIs wie Orte, Berge und Seen in vielen touristischen Regionen auch mit touristischen POIs

Die Karte kann einfach auf das Garmin-Gerät übertragen und von dort auch zusammen mit der kostenlosen Planungssoftware BaseCamp zur Tourenplanung an PC und MAC verwendet werden.

Garmin TransAlpin 2012 Pro

Für alle, die gern viel in den Alpen unterwegs sind oder eine Alpenüberquerung planen, ist die grenzüberschreitende Garmin TransAlpin 2012 Pro die perfekte Vektorkarte für das GPS-Gerät. Ihre neuen ActiveRouting-Funktionen (s. S. 214) bieten eine individuelle, automatische Routenberechnung für Wanderer und Radfahrer. Die höhere Detailgenauigkeit in der gesamten Abdeckung sowie die optische Anpassung an das klassische Kartenbild erleichtern die Übersicht wesentlich.

Die Garmin TransAlpin 2012 Pro-Karte beinhaltet außerdem eine Vielzahl von Radrouten und Wanderwegen in den Alpenregionen wie z. B.:

- 36.000 km Mountainbike-Wege inklusive 11.000 km Transalp-Netzwerk mit 13 speziellen Transalp-Touren, darunter einige Klassiker
- Über 10.000 km Wanderwege wie z. B. E5, Via Alpina (rot, violett, gelb, grün), Via Claudia, München – Venedig, Österreichische Fernwanderwege, Dolomiten-Höhenwege 1–10, Brenta Trek u. v. a.
- Zusätzlich 3000 km Radwege

Die Garmin TransAlpin 2012 Pro ist für 199 Euro als DVD mit MicroSD/SD-Karte erhältlich. Die MicroSD/SD-Karte vereinfacht den Einsatz auf dem GPS-Gerät, da man das Kartenmaterial nun auch ohne vorherige Freischaltung sofort nutzen kann. Man muss nur die MicroSD/SD-Karte in das Gerät einlegen und kann dann sofort damit arbeiten. Dies gilt allerdings nur für die Speicherkarte und nicht bei einem Download der Datei, der ebenfalls 199 Euro kostet!

Garmin PRO Topos für weitere Länder

Neue Pro Topos mit ähnlicher Ausstattung und dem ActiveRouting-Feature bietet Garmin u. a. für folgende Länder:

- **Topo Österreich V3:** Die topografische Vektorkarte Topo Österreich V3 hat einen Basismaßstab bis zu 1:25.000 und ist für 169 € als DVD mit MicroSD/SD-Karte oder als Download erhältlich. Zur Navigation und Tourenplanung mit GPS-Geräten von Garmin und am PC/Mac. 11.000 Kilometer Radwege, 13.000 Kilometer Mountainbike-Touren und 24.000 Kilometer Wanderwege und -routen.

- **Topo Frankreich v3 Pro:** Diese Vektorkarte hat einen Basismaßstab von 1:25.000 und ist als DVD mit MicroSD/SD-Karte erhältlich. Regionen: Frankreich Gesamt (299 €), DOM-TOM (129 €), Nord-Ost, Nord-West, Süd-Ost, Süd-West (je 149 €).
- **TrekMap Italia v3 Pro:** Die topografische Vektorkarte mit einem Basismaßstab von 1:25.000 ist für 199 € als MicroSD/SD-Karte oder als Download erhältlich.
- **Topo Experience Pro Norwegen:** Diese topografischen Vektorkarten haben einen Basismaßstab von 1:50.000 und sind als MicroSD/SD-Karte oder als Download erhältlich. Bisher ist nur Nordland Sør für 129 € lieferbar; in Vorbereitung sind: Sørvest, Sørøst, Vest, Sentral Øst, Nordvest, Trøndelag, Nordland Nord, Troms, Finnmark.

Außerdem sind zahlreiche Topo-Versionen ohne ActiveRouting-Feature (aber teils mit AutoRouting) erhältlich:

- **Schweiz v3:** Die Topo Schweiz v3 ist eine Kombination aus Vektor- und Rasterkarte im Maßstab 1:25.000 und als MicroSD/SD-Karte für 319 € erhältlich. Die Vektorkarte basiert auf den Daten der enthaltenen Rasterkarte SwissTopo im Maßstab 1:50.000 (teilweise auch 1:25.000) – also mit hoher Auflösung. Dank Vektortechnik ist die Karte beliebig zoombar und mit der Rasterkarte kombinierbar. Inkl. Schummerungen, Höhenlinien, Straßen, Wäldern, Seen, und vielen Wanderwegen, Pfaden und Bergen.
- **Wander-Atlas Tirol:** Erhältlich als Download (29,90 €) oder MicroSD/SD-Karte (39,90 €). Kombination aus Übersichtskarte und KOMPASS-Rasterkarten mit routingfähigen Wandertouren. Übersichtskarte im Maßstab 1:200.000; KOMPASS-Rasterkarte im Maßstab 1:50.000.
- **Spanien v4.0:** Die Topo Spanien v4 ist für 159 € als DVD und MicroSD/SD-Karte erhältlich. Maßstab 1:25.000 bis 1:50.000. Sie umfasst das gesamte Land samt Balearen, Kanaren, Cëuta und Melilla. Das Kartenmaterial basiert auf hochwertigen Daten des CNIG und stellt umfassende Höhendaten zur Verfügung.
- **Topo Alpina Spanien:** Dieses Kartenwerk umfasst Rasterkarten im Maßstab 1:25.000–1:50.000 der Regionen Mallorca (Tramuntana), Sistema Central, Catalunya interior-Litoral, Pirineu Catala-Andorra, Espacios naturales de Andalucía und Pirineo aragonés y Navarro. Sie bieten ein digitales Höhenmodell, durchsuchbare POIs und Autorouting auf dem gesamten Netz der Straßen, Wege und Pfade. Die einzelnen Karten sind für je 49 € als Download oder als MicroSD/SD-Karte erhältlich.
- **Topo Polen 2011:** Die Topo Polen 2011 im Maßstab 1:50.000 ist für 99 € als Download und als MicroSD/SD-Karte erhältlich. Sie bietet ein digitales Höhenmodell, durchsuchbare POIs und Autorouting auf dem gesamten Netz der Straßen, Wege und Pfade.
- **Topo Marokko:** Die Topo Marokko im Maßstab 1:25.000 ist für 149 € als DVD und als MicroSD/SD-Karte erhältlich.
- **Topo Tunesien 2010:** Die Topo Tunesien im Maßstab 1:50.000–1:100.000 ist für 149 € als MicroSD/SD-Karte erhältlich.

- **Schweden:** Die Topo Schweden deckt mit vier Kartenwerken im Maßstab 1:50.000–1:100.000 das ganze Land ab: Götaland, Mellersta & Södra Norrland, Norra Norrland und Svealand. Sie ist für je 169€ als DVD, als MicroSD/SD-Karte und als Download erhältlich.
- **Topo Finnland:** Die Topo Finnland mit einem Maßstab von 1:5000 bis 1:10.000 ist für 599€ als Download und MicroSD/SD-Karte erhältlich. Das Kartenmaterial ist auf allen Straßen, Wegen und Pfaden voll routingfähig.
- **Topo Finnland Regionen:** Die Topo Finnland Regionen mit einem Maßstab von 1:5000 bis 1:10.000 teilt das Land in sechs Regionen auf, die für je 199€ als Download und MicroSD/SD-Karte erhältlich sind. Das Kartenmaterial ist voll routingfähig.
- **Dänemark v2:** Die Topo Dänemark v2 ist als DVD, MicroSD/SD-Karte oder als Download zum Preis von je 199€ erhältlich. Sie basiert auf der offiziellen topografischen Karte von Dänemark und gestattet Autorouting für Wanderungen und Radtouren auf dem gesamten Streckennetz von Wegen und Pfaden.
- **BeNeLux:** Die Topo BeNeLux im Maßstab 1:50.000 (Niederlande 1:10.000) ist etwas älteren Datums (2009) und nur als CD erhältlich, Preis: 119€. Das Kartenmaterial ist voll routingfähig.
- **Topo BeNeLux Cycling Map:** Die Topo BeNeLux Cycling Map ist für 129€ sowohl als Download als auch auf einer MicroSD/SD-Karte erhältlich. Das Kartenmaterial ist voll routingfähig.
- **Tschechien 2011:** Die Topo Tschechien 2011 im Maßstab 1:25.000 ist für 89€ als MicroSD/SD-Karte erhältlich. Sie verfügt über eine vollständige Abdeckung des Straßennetzes, 40.000 km Wanderwege und 50.000 km Radwege für die Navigation mit Abbiegehinweisen sowie über 95.000 durchsuchbare POIs.
- **Slowakei:** Die Topo Slowakei ist für 79€ derzeit nur als CD erhältlich. Sie ermöglicht Routing u.a. auf mehr als 13.000 km Wander- und 7000 km Radwegen und beinhaltet 71.000 POIs.
- **Ungarn:** Die Topo Ungarn im Maßstab 1:50.000 ist nur auf CD für 129€ erhältlich. Das Kartenmaterial besteht aus 319 Kacheln, diese umfassen jeweils ca. 18 x 18 km Fläche bei einer Datenmenge zwischen 92–635 KB (somit auch nutzbar für Geräte mit nur 1,4 MB Kartenspeicher!). Datenumfang der CD: insgesamt ca. 80 MB.
- **Topo Großbritannien:** Die Topo Großbritannien, Ausgabe Mai 2009, ist für 179€ auf DVD erhältlich. Sie enthält zahlreiche routingfähige Wege, Tracks und Pfade und viele durchsuchbare POIs. Mitgeliefert wird die Planungssoftware BaseCamp (s.o.).
- **Topo USA:** Die Topo USA im Maßstab 1:100.000 ist nur als DVD erhältlich.
- **Topo USA Südwest und USA West:** Die Topos USA Südwest und West im Maßstab 1:24.000 sind als DVD erhältlich (121€). Sie umfassen routingfähige Straßen, Pfade und Autobahnen in städtischen und ländlichen Gebieten und zahlreiche POIs. Inklusive der Planungssoftware BaseCamp (s.S.213).

- **Topo Kanada:** Die Topo Kanada (Maßstab 1:50.000) ist für 139€ als DVD erhältlich. Sie umfasst routingfähige Straßen, Wege, Pfade und Autobahnen in städtischen und ländlichen Gebieten und zahlreiche POIs. Mitgeliefert wird die Planungssoftware BaseCamp (s. S. 213).
- **Topo Australia & New Zealand:** Die Topo Australia & New Zealand (2012) im Maßstab 1:100.000 ist für 199€ als DVD, MicroSD/SD-Karte und als Download erhältlich. Sie umfasst routingfähige Straßendaten von NAVTEQ, bekannte Pisten durch das Hinterland wie Birdsville, Strzelecki, Oodnadatta, Canning Stock usw. sowie Tracks, Wege, Pfade und Ziele für Fahrten mit Allradantrieb.

Garmin City Navigator

Routingfähige GPS-Geräte sind nicht nur für Radtouren und Wanderungen nützlich, sondern können auch als Auto-Navi fungieren – Sprachausgabe bietet allerdings nur das Montana. Die Topo-Karten hingegen sind für das Routing auf den Straßen nur eingeschränkt geeignet, da sie meist nicht über alle erforderlichen Attribute der Straßen verfügen (z. B. Einbahnverkehr). Für das Routing auf der Straße bietet Garmin rund 30 verschiedene City Navigator Karten (teils auf DVD und MicroSD/SD-Karte, teils auch nur als Download), die nahezu die ganze Welt abdecken. Den City Navigator Europe NT gibt's zum Beispiel für 93€, ganz Nordamerika für 75€, Russland für 99€, Indien für 60€ und Australien/Neuseeland für 145€.

Garmin Trip & Waypoint Manager

Mit dieser praktischen Software, die man für 29€ auf CD bekommt, kann man Wegpunkte, Routen und Tracks zwischen dem Garmin-Gerät und dem PC übertragen. Sie enthält keine detaillierten Karten und man kann damit auch keine Karten auf Garmin-Geräte laden, aber zur Planung einer Tour, zum Organisieren und Speichern von Wegpunkten, Routen und Tracks ist sie sehr hilfreich. Sie enthält auch allgemei-

Freischalten

Viele digitalisierte Karten für GPS-Geräte oder die Routenplanung am Computer müssen für ein bestimmtes Gerät freigeschaltet werden, ehe man sie dafür benutzen kann. Auch am PC können diese Karten ohne Freischaltung z. T. nur eingeschränkt genutzt werden. Achten Sie unbedingt darauf, dass der beigefügte Couponcode (als Kaufnachweis) nicht verloren geht! Man braucht ihn zwingend für die Freischaltung, die dann online rasch, aber leider nicht immer ganz problemlos, zu erledigen ist. Außer dem Couponcode und/oder einem separaten Freischaltcode müssen Sie die Kennnummer Ihres GPS-Geräts bereithalten oder einfacher: Schließen sie es per Datenkabel an Ihren Computer an, dann wird die Kennung direkt vom Gerät abgerufen.

Manche Karten (wie die Topo Schweiz) kann man für zwei Geräte freischalten, bei anderen (z. B. Topo Österreich) muss man eine zusätzliche Lizenz erwerben, wenn man sie auch auf einem zweiten Gerät nutzen will.

ne Übersichtskarten für die ganze Welt mit Fernstraßen, Autobahnen, politischen Grenzen, wichtigen Großstädten, Kleinstädten, Meeren etc., mit denen Sie einen Kontext zu Ihren GPS-Daten erhalten. Darin enthalten ist MapSource (s. S. 210), ein Routenplaner, mit dem Sie Reisen auf dem Computer planen und Wegpunkte, Routen und Tracks zwischen dem Computer und dem Garmin-Gerät übertragen können.

Magellan MapSend DirectRoute

MapSend war so etwas wie die „Magellan-Version" der Garmin MapSource-Software für die zugehörigen Digitalkarten und bietet ganz ähnliche Funktionen. Auch hier umfassen die CDs bzw. DVDs die Vektorkarten plus eine Software zur Planung, Bearbeitung, Auswertung und Archivierung von Touren (Routen, Wegpunkte, Tracks). MapSend **DirectRoute Europe** ist das Pendant zum CityNavigator der MapSource-Reihe. MapSend wurde für Windows XP entwickelt und ist offiziell nicht kompatibel mit Vista oder Win 7. Ein verbesserter Nachfolger dieser Planungssoftware ist VantagePoint (s. u.).

Magellan VantagePoint

VantagePoint ist eine PC-Software von Magellan (keine MAC-Version erhältlich), die man gratis aus dem Internet herunterladen kann, um Outdoor-Touren für Magellan-Geräte zu planen, zwischen Computer und Gerät zu übertragen und zu archivieren. Man kann damit die Karten der Summit Series, City Series und andere Magellan-Karten nutzen, um Wegpunkte, Routen und Tracks am Computerbildschirm darzustellen, zu planen und zu bearbeiten. Verbunden mit Bildern, Sprachaufzeichnungen und Videos, die man geotaggen und einfügen kann, wird daraus ein **komplettes GPS-Journal.**

Satellitenbilder: Mit VantagePoint können Sie hochwertige Satellitenbilder nahtlos auf Magellan eXplorist®- oder Triton™-Geräte laden. Um

Nicht ohne Papier!

So nützlich und angenehm digitale Topos auf dem GPS-Display auch sein mögen, sie können die gute alte Papierkarte keinesfalls ersetzen! Ohne Papierkarte geht nix! Denn das Display des GPS-Gerätes ist einfach zu klein, um den Überblick einer Papierkarte bieten zu können. Und schließlich könnte das Gerät ja ausfallen – und was dann?!

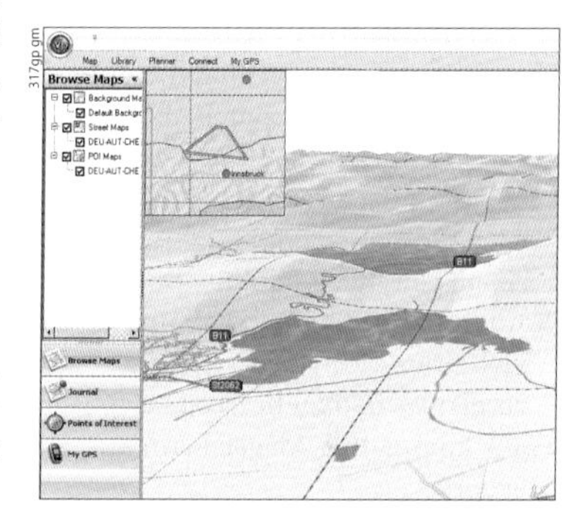

Magellan VantagePoint mit 3D-Darstellung

die Bilder herunterzuladen, ist ein DigitalGlobe-Jahresabo erforderlich, das 30 Euro kostet und den Download von 1 GB pro Tag erlaubt.

Kartenverwaltung: VantagePoint ist eine Oberfläche, die es gestattet, verschiedenste Magellan-Karten der Summit Series, City Series und auch ältere Magellan-Karten darzustellen, damit zu arbeiten und sie zu archivieren.

Geo Geocaching: VantagePoint eignet sich zur Verwaltung aller Geocaches und zur Planung von Geocaching-Trips. Es kann sich direkt bei Geocaching.com einloggen und Beschreibungen, Infos, Logs etc. herunterladen.

GPS Journal: Mit eigenen Wegpunkten, Routen, Tracks, Geocaches, etc. und mit eigenen, per Geotagging eingefügten Bildern, Videos und Sprachnotizen kann man ein individuelles GPS-Journal erstellen.

3D Feature: Alle Topos lassen sich unter VP in 3D darstellen. Man kann in die 3D-Karte hineinzoomen und einen virtuellen Flug erleben.

Smart Search: Die Suchfunktion bietet vielfältige Möglichkeiten, POIs und andere Karteninhalte zu finden – nicht nur nach Namen, sondern auch nach Kategorien oder Entfernung von einem gewählten Punkt.

Routenplanung: VantagePoint bietet vielfältige Möglichkeiten, Routen zu planen und zu bearbeiten, um sie auf kompatible Magellan-Geräte zu exportieren.

Trail Playback gestattet es, gespeicherte Routen und Tracks im Simulationsmodus in 2D oder 3D abzufahren. Mit Start-/Stop-Funktion und Anzeige von Geschwindigkeit, Datum, Uhrzeit und Kurs.

Höhenprofil: Durch das Anklicken von Pfaden, Routen oder Straßen lässt sich deren Höhenprofil darstellen.

Software Auto Update: VantagePoint informiert Sie über Software-Updates für registrierte Triton- oder eXplorist-Geräte und führt Sie durch das Herunterladen und die Installation.

Karten-Transfers: Damit können Sie vorinstallierte Karten von kompatiblen Magellan GPS-Geräten herunterladen, um sie in VantagePoint zu nutzen.

Daten-Synchronisation für eine vereinfachte Datenübertragung zwischen VP und Geräten der eXplorist- und Triton-Serie per simplem Mausklick.

Magellan Topos

Auch in der MapSend-Reihe gibt es bereits eine Auswahl von Vektor-Topos, die auf geeignete GPS-Geräte von Magellan geladen werden können, darunter auch die Summit Series Germany für 149,99 €, basierend auf Daten im Maßstab 1 : 10.000 der Vermessungsämter und der Alpstein Tourismus GmbH. Sie bietet einen ähnlichen Funktionsumfang wie die Garmin-Topos, darunter sehr genaue Höhendaten für die 3D-Darstellung am PC und für die Erstellung von Höhenprofilen. Ein neues Kartendesign in kräftigen Farben, zahlreiche POIs mit teils neuen Symbolen sowie hochauflösende digitale Geländeinformationen mit ausgewählten Wanderwegen und Pfaden sorgen für eine übersichtliche und informative Darstellung. Kartenausschnitte zusam-

Tipps für den Kartenkauf

- Welche Art von Karten brauchen Sie (Basiskarte, Straßenkarte, Topo)?
- Soll die Karte nur für die Offline-Arbeit genutzt werden oder auch für die Online-Arbeit dienen (GPS-Schnittstelle)?
- Wollen Sie Wegpunkte, Routen etc. zwischen Karte und GPS-Gerät übertragen?
- Sollen die Karten oder Ausschnitte direkt auf das Gerät geladen werden (meist können die Karten nur auf Geräte desselben Herstellers geladen werden)?
- Kann Ihr GPS-Empfänger die Karten laden bzw. nutzen? Mit welcher Software sind die Karten kompatibel?
- Sollen auch selbst gescannte Karten verwendet werden?
- Welche Maßstäbe, Skalierungen, Bezugssysteme und Koordinatensysteme stehen dem Benutzer zur Verfügung?
- Können Ausschnitte problemlos selektiert, gespeichert und ausgedruckt werden?
- Kann die Karte individuell bearbeitet werden?

men mit geplanten Routen, den Höheninformationen und einer Auswahl von POIs können auf Speicherkarten geladen und in geeigneten GPS-Geräten verwendet werden. Die ausgewählten Dateien müssen dazu vorher auf der Festplatte gespeichert und anschließend mit der beiliegenden Software überspielt werden. Neben der Deutschland-Topo sind inzwischen auch topografische Vektorkarten von Norditalien und Griechenland erhältlich sowie eine Straßenkarte der City Series für ganz Europa. Im Vergleich zum Garmin-Programm ist das Angebot für Europa also noch etwas spärlich. Deutlich breiter ist es für Nordamerika mit Topos zu je 199,99 US-Dollar für die USA, Kanada oder Mexiko gesamt – plus zahlreichen einzelnen Regionen von Kanada und den USA für je 49,99 US-Dollar.

Karten anderer Hersteller

Auch andere Anbieter von GPS-Geräten bieten eine wachsende Auswahl an Raster- und Vektorkarten, die auf ihre Geräte (und teils sogar auf Modelle anderer Hersteller!) geladen werden können. Bei manchen stehen bislang fast nur Marine- und Straßenkarten zur Auswahl, aber es gibt auch einige Topos, darunter sehr gute routingfähige Karten wie die von Falk.

Karten für Lowrance-Geräte

Lowrance setzt bei Karten vor allem auf Marineprodukte, bietet aber auch einige Outdoor-Topos und eine ganze Menge kostenloser OSM-Straßenkarten plus ein Toolkit, mit dem man Vektor- und Rasterkarten für Geräte wie Endura selbst erstellen kann. Die **Topo LOG II Germany** für 120–150 € auf MicroSD-Karte bietet eine hohe Detailfülle, ein schattiertes Relief, topografische Höhenlinien mit 10 m-Auflösung, Landnutzungsdaten und Gewässer, eine Fülle von verschiedensten Sonderzielen und ein plastisches Kartenbild. Sie umfasst das komplette Straßennetz von NAVTEQ (routingfähig) sowie ein umfassendes Wegenetz (nicht routingfähig). Eine ähnliche aber etwas weniger detailreiche Vektorkarte bietet Lowrance für **Österreich.** Außerdem gab es eine Karte für die Schweiz zu kaufen, die aber derzeit nicht erhältlich ist. **Beachten Sie:** Die Karten sind für die Nutzung auf Lowrance-Endura- GPS-Geräten geeignet, können aber nicht zur Tourenplanung am Computer verwendet werden.

Sehr interessant ist die Möglichkeit, Navigationsprogramme anderer Anbieter auf den Endura-Modellen zu installieren und so deren Karten zu nutzen, z. B. MagicMaps, Kompass Digital Maps, JONA-Karten, sowie alle VDO- und MyNav-Karten, darunter Versionen, die auf Rad- und Wanderwegen routingfähig sind.

Weiter bietet Lowrance für die Straßennavigation mit Endura-Geräten 27 kostenlose Karten auf OpenStreetMap Basis:

- Deutschland 2.0
- Österreich
- Schweiz
- Italien
- Spanien
- Balearen (auch in Spanien enthalten)
- Kanarische Inseln (auch in Spanien enthalten)
- Dänemark
- Norwegen
- Schweden
- Niederlande
- Portugal
- Belgien
- Frankreich
- England
- Irland
- Finnland
- Slowenien
- Tschechische Republik
- Kroatien
- Griechenland
- Polen
- Bulgarien
- Ungarn
- Nordafrika (Westsahara, Marokko, Algerien, Tunesien, Libyen, Ägypten, Sudan)
- Oman und Vereinigte Arabische Emirate
- Golf-Region und Türkei

Sie müssen heruntergeladen und auf MicroSD-Karte gespeichert werden. Auf der MicroSD-Karte muss man dazu einen Ordner „MapRegions" anlegen. In diesen Ordner werden die PSF-Dateien dann kopiert. Alle OSM-Karten können auch gleichzeitig verwendet werden.

Karten für CompeGPS-Geräte

Eine verblüffende Fülle hochwertiger Rasterkarten, die meist auf den Daten der Vermessungsämter basieren, bietet CompeGPS für seine Geräte. Dabei hat man die Wahl zwischen einem kompletten Land, einzelnen Regionen oder Zonen und kann sogar einzelne Kacheln erwerben. So kostet die **Deutschland Topo** mit dem Maßstab 1:25.000 komplett 123,14 €, während einzelne Kacheln für 1,65 € zu haben sind (jeweils netto). Ähnliche Rasterkarten gibt es u. a. für Österreich, die Schweiz, Frankreich, Spanien (auch als Vektorkarte), Großbritannien, Italien, Skandinavien, Ungarn, Polen, die BeNeLux-Länder, Tschechien, die Slowakei, Griechenland, einige nordafrikanische Länder, Kalifornien und Australien. Die Karten sind von der Website herunterladbar und

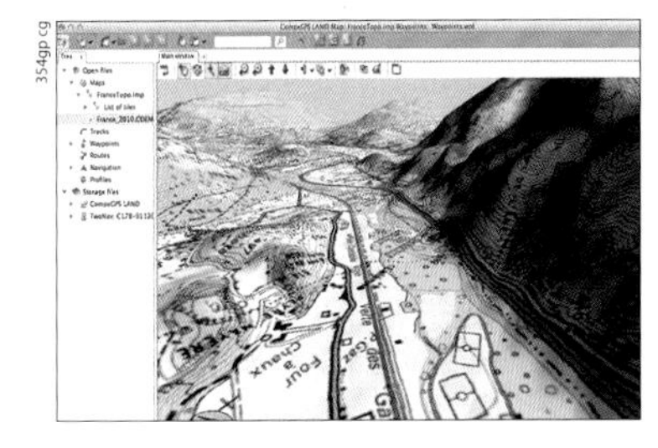

CompeGPS LandMap Topo Frankreich in 3D-Darstellung

können meist auf 3–5 Geräten aktiviert werden. Sie sind mit der kostenpflichtigen Software „Land“ (74,37 € netto) auch zur Planung auf PC und MAC geeignet. Mit TwoNav-Multiplattform können Sie das On/OffRoad-Navigationsprogramm für drei Geräte freischalten – u. a. Android und iPhone/iPad.

Außer den genannten Karten steht den CompeGPS-Nutzern eine große Auswahl vektorieller OSM-Karten zur Verfügung und über QuoVadis lassen sich auch verschiedene Karten anderer Anbieter (Magic Maps, Kompass Digital Maps) auf die Geräte aufspielen und nutzen.

Nähere Infos: www.compegps.de

Karten für Falk-Geräte

Falk bietet für seine Geräte eine Auswahl an hochwertigen, routingfähigen Vektor-Topos, die Wanderern und Radfahrern eine automatische Routenberechnung nach verschiedenen Parametern (z. B. einfache/sportliche Route oder für Radfahrer die Option Radwege, Fußwege und/oder wenig befahrene Straßen bevorzugen).

Die **Premium Outdoor Karte Deutschland** für 149,95 € ist auf MicroSD-Karte erhältlich (ohne Freischaltung nutzbar). Auf den Geräten IBEX und LUX für Deutschland ist diese Karte bereits vorinstalliert. Sie bietet ein detailgenaues Kartenbild mit eher einfachen Gelände-Informationen, Höhenlinien im Abstand von 20 Metern und 2,4 Mio. Kilometern Wegenetz, darunter 1,4 Mio. Kilometer Mountainbike-, Wald-, Wander- und Radwege. Nach selbst gewählten Parametern kann man seine Radtour auf dem 180.000 Kilometer langen Radwegenetz des ADFC planen. Darüber hinaus beinhaltet die Karte über 468.000 spezielle Outdoor-Sonderziele von KOMPASS (z. B. Berggipfel, Berghütten, Liftstationen, usw.) und Informationen zu über 38.000 Sonderzielen mit ausführlichen Beschreibungstexten zu einzelnen Sehenswürdigkeiten, Restaurants, etc. Ähnliche

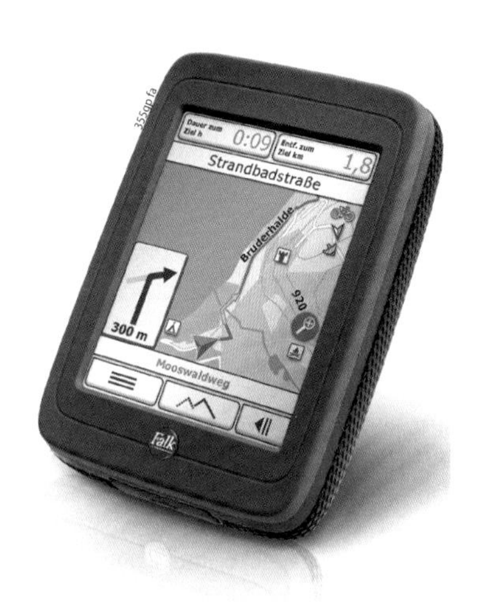

Falk IBEX mit aktivem Autorouting

Online-Routenplanung mit Smartphone und Tablet

Die Internetseite www.falk.de wird seit 2012 in einer für Smartphones und Tablets optimierten Form angeboten. Damit sind der Falk Routenplaner, die Karten sowie mehrere Millionen touristische Sonderziele wie Museen, Restaurants oder Kinos auf HTML5-fähigen Smartphones und Tablets abrufbar. Als ergänzende Funktion zum Routenservice hilft der POI-Finder beim Auffinden der Points of Interest in unterschiedlichen Kategorien wie z.B. Essen & Trinken, Sehenswertes, Shopping, Hotels, Freizeit und Sport. Über Social-Media-Anwendungen (z.B. Twitter) können POIs außerdem bequem weitergegeben werden.

Navigationssoftware Find & Route

FootMap bietet eine u.a. für Lowrance Endura, Falk IBEX und LUX, VDO GP7, MyNav, Smartphones und PDAs geeignete Navigationssoftware auf SD-Karte, die man einfach ins Gerät steckt, um die Outdoor-Navigation zu starten. Die Software kostet ca. 60–80 €, je nach Gerät und vorinstallierten Karten (z.B. mit Deutschland, Alpen, Belgien, Luxemburg, Niederlande, Balearen, Italien und Frankreich). Jahres-Abos für das Herunterladen weiterer kompatibler OSM-Karten kosten je nach Gebiet 10 (Deutschland) bis 20 € (inkl. Europa, Südafrika, Indien und Nordamerika). Eine ähnliche Software unter dem Namen „Ride & Route" gibt es jetzt auch für Reiter. Nähere Infos und eine kostenlose Testversion finden Sie unter www.footmap.de/outdoor_navigation.html.

Premium-Outdoor-Karten gibt es für Österreich, die Schweiz, Südtirol, Norditalien, Mallorca und die BeNeLux-Staaten; eine Premium-Outdoor-Karte TransAlp ist für 189,95 € erhältlich. Die Karten sind für die Nutzung und Planung auf dem GPS-Navi, aber nicht für die Tourenplanung am Computer geeignet. Dafür lassen sich die TourExplorer-Karten von MagicMaps verwenden, die man ebenfalls auf die Falk-Geräte laden kann.

Karten selbst scannen und kalibrieren

Obwohl das Angebot digitaler Karten auf DVD oder Speicherkarte bzw. zum Download rasch wächst, gibt es noch immer viele Regionen und Maßstäbe, die nicht abgedeckt sind. Dann bleibt immer noch die Möglichkeit, auf Papierkarten zurückzugreifen und diese mit dem Scanner selbst zu digitalisieren. Dieser Scan liefert zunächst nichts anderes als ein Bild (z.B. als PNG- oder TIF-Datei), doch mit der entsprechenden Software (z.B. QuoVadis) können diese Bilder **kalibriert** (= **georeferenziert)** werden und sind dann für die GPS-Offline Arbeit oder sogar für GPS-Online (Moving Map) verwendbar. Georeferenziert bedeutet, dass jedem Bildpunkt des Scans ein spezifisches Koordinatenpaar zugewiesen wird, sodass zu jeder Mausposition die Koordinaten angezeigt und gespeichert werden können. Das heißt, man kann dann Wegpunkte oder GPS-Routen per Mausklick erstellen und direkt auf den Empfänger übertragen (nicht aber die Karten selbst!). Damit wird sich der Zeitaufwand für das Scannen rasch wieder amortisieren.

Kalibriert werden die Scans durch eine Funktion der Software, die es ermöglicht, bestimmten Punkten, deren Koordinaten bekannt sind, diese fest zuzuordnen. Aus diesen Informationen errechnet das Programm dann für alle anderen Bildpunkte die zugehörigen Koordinaten (oft sogar für verschiedene Koordinatensysteme) und kann sie meist auch mit einem Gitter darstellen. Erforderlich sind mindestens 2–3 solcher **Passpunkte.** Manche Programme erlauben es auch, die Scans mit bis zu 9 Passpunkten zu kalibrieren, wodurch Verzerrungen ausgeglichen und genauere Ergebnisse erzielt werden. Bei Karten mit Gitter wählt man die Kreuzungspunkte der Gitterlinien. Voraussetzung für das Kalibrieren ist die richtige Eingabe von Gitter und Bezugssystem der Karte. Falls man das Bezugssystem nicht herausfinden kann, arbeitet man mit WGS84 und muss dann gegebenenfalls bei der Arbeit mit Wegpunkten die konstante Verschiebung berücksichtigen. Karten können u.a. in GoogleEarth kalibriert werden, was aber ohne Erfahrung nicht ganz einfach ist. Mit die beste Software für eine relativ bequeme und sehr präzise Kalibrierung bietet QuoVadis (s. S. 239). Um Karten ohne Gitter zu kalibrieren, muss man mittels einer anderen Karte, einer Online-Karte (z. B. GoogleMaps) oder gar vor Ort mit dem GPS-Gerät die Koordinaten markanter Punkte ermitteln, die auf der Karte klar erkennbar sind und als Passpunkte verwendet werden können.

Scannen lassen

Wem es zu mühsam ist, Karten selbst zu scannen und aus A4-Stücken wieder zusammenzusetzen, der kann dazu den Service kommerzieller Anbieter mit Großformat-Scannern nutzen. Einen Scan- und Kalibrier-Service bietet z. B. die Firma Därr Expeditionsservice, Schertlinstr. 17, 81379 München, Tel. 089 282032, Fax 089 282525, E-Mail: info@daerr.de

1.) Scan-Rüstkosten 10 €/Auftrag
2.) Scan-Service für 20 €/Karte
3.) Scan-Kalibrierung für QV (nur bei bereits vorhandenen Gitterlinien) 9,95 €/Karte

Karten aus dem Internet

Das breiteste Angebot an digitalen Raster- und Vektorkarten aller Art findet man im Internet: kommerzielle Anbieter, die Karten auf CD oder DVD verkaufen (z. B. www.gpsmaps.de), zunehmend aber auch Nutzer-Vereinigungen, deren Mitglieder aus frei zugänglichen Geodaten (z. B. von OSM) selbst Karten erstellen, die am Computer verwendet und sogar auf verschiedene GPS-Geräte geladen werden können. Teilweise sind Kartenbild und Geländedarstellung nicht so anschaulich und informativ wie

Tipps zum Scannen

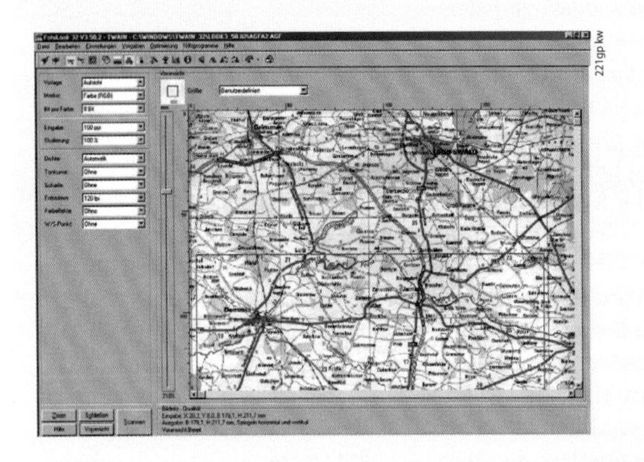

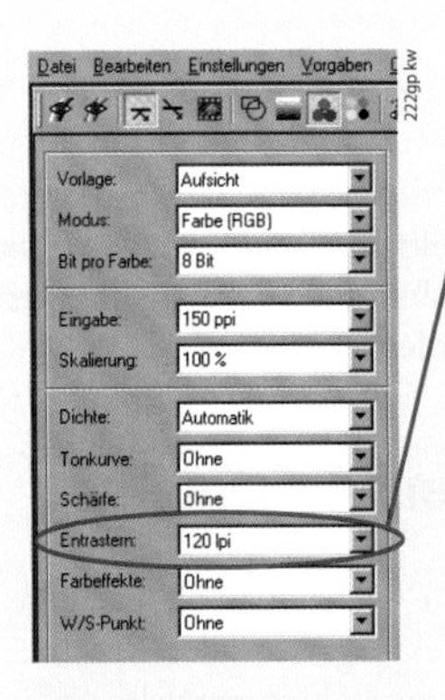

> Zum Speichern hat sich das PNG-Format mit 256 Farben bewährt

< Eine gute Scan-Software kann gedruckte Vorlagen entrastern

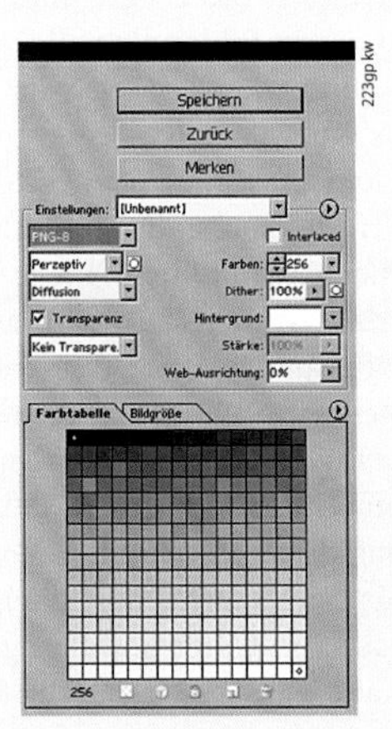

- Um die Dateigrößen der Scans in Grenzen zu halten, empfiehlt sich eine Auflösung von etwa 150 dpi (max. 200 dpi) mit maximal 256 Farben. Damit erhält man ein passables Kartenbild und keine zu großen Dateien.
- Wenn es die Scan-Software erlaubt, sollte die Karte beim Scannvorgang „entrastert" werden, um die Entstehung eines störenden, flächigen Musters (Moiré) zu verhindern.
- Zum Abspeichern der Karten-Scans hat sich das Dateiformat PNG bewährt. JPEG-Dateien sind zwar recht klein, erfordern aber bei der Nutzung einen sehr großen Arbeitsspeicher.
- Die einzelnen Scans im A4-Format können z. B. mit dem Bildbearbeitungsprogramm PanaVue wieder zusammengesetzt werden.

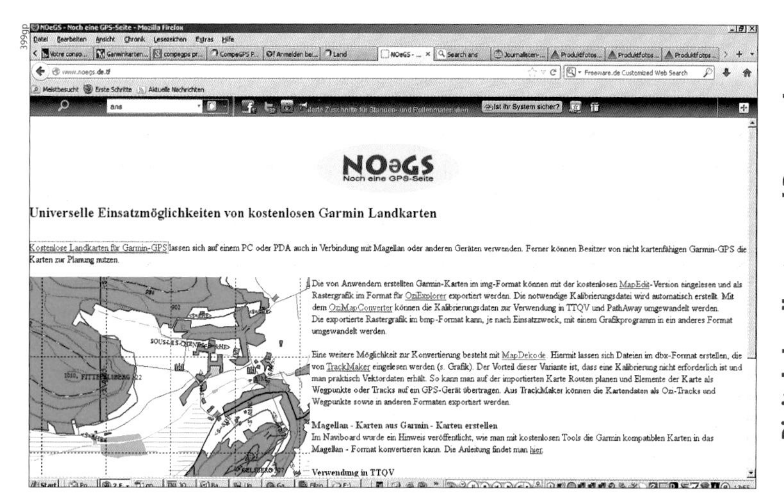

bei den kommerziellen Karten. Manchmal sind die Höhenlinien gröber oder es sind gar keine Höhendaten vorhanden, sodass man keine Höhenprofile erstellen kann. Aber manche der Karten sind auch ausgezeichnet und können die kommerziellen Karten sogar übertreffen. Da bei den Projekten ständig eine große Anzahl von Usern an den Karten arbeitet, kann die Qualität auch innerhalb einer Karte von Region zu Region schwanken. Insgesamt nimmt die Qualität dieser Karten aber laufend zu.

Das Projekt **Maps4free** wurde leider eingestellt (nur das Forum wird vorerst noch weitergeführt), aber es gibt auch eine ganze Reihe weiterer Anbieter (s. u.). Besonders interessant ist das Programm von Maps 'n Trails (www.mapsntrails.com/de), das Angebote verschiedener Projekte zusammenstellt, um das Suchen zu erleichtern.

Es werden Karten sehr unterschiedlicher Art und Qualität zum Download angeboten, darunter auch eine ganze Reihe von Digi-Karten, die in Quo Vadis, MapSource und ähnliche Programme eingebunden und auf bestimmte GPS-Geräte geladen werden können.

Eine umfassende Liste mit Links für Karten in aller Welt (auch sehr exotische Ziele) findet man auf der Seite von NOeGS (www.noegs.de.tf), darunter auch eine große Auswahl kostenloser Garmin-Landkarten von Destinationen in aller Welt.

NOeGS: eine sehr hilfreiche Seite für alle, die Karten aus dem Internet laden wollen

Wie kommen die Gratiskarten aufs Gerät?

So fein die Sache mit den kostenlosen Karten ist, manchmal kommt der Haken, wenn man sie auf sein GPS-Gerät laden will. Denn das ist leider nicht immer ganz so einfach. Am einfachsten hat man es mit fertigen gmapsupp.img-Dateien, die man per Windows-Explorer auf ein Garmin-Gerät oder eine Speicherkarte kopieren kann. Das funktioniert allerdings nur mit einem Gerät, das sich bei Verbindung mit dem Computer per USB-Kabel als USB-Speicher anmeldet. Aber Vorsicht: Auf einem Speichermedium kann sich natürlich immer nur eine Datei dieses Namens befinden! Sofern sich auf dem Ziellaufwerk (ob Speicherkarte oder Internspeicher) bereits eine Datei dieses Namens befindet, wird diese überschrieben und ist damit unwiederbringlich verloren. Vorsichtshalber sollte man diese Kartendateien daher immer nur auf leere Speicherkarten schreiben.

Nach dem Kopieren auf den Internspeicher bzw. dem Einlegen der Speicherkarte steht die Landkarte dann direkt zur Verfügung. Wichtig ist, dass die Karte ins Unterverzeichnis Garmin kopiert wird. Auf dem Gerät ist das Verzeichnis bereits vorhanden, auf der Speicherkarte muss man es eventuell erst anlegen. Sind auf dem Gerät noch andere Karten vorinstalliert, kann es passieren, dass die Reihenfolge, in der die Karten gezeichnet werden, nicht stimmt und die neu aufgespielte Karte im Hintergrund bleibt. Dann muss man ggf. eine bereits installierte Karte deaktivieren, um die neue Karte zu sehen.

Eine genaue Anleitung, wie man in anderen Formaten vorliegende Karten auf sein GPS-Gerät bekommt, findet man unter www.kowoma.de/gps/freieKarten/freieKarten.htm.

Weitere Quellen:

- downloads.cloudmade.com (englisch): Karten aus dem OSM-Projekt, die regelmäßig neu erstellt und damit verbessert werden. Viele sind bereits als gmapsupp.img zum Hochladen auf das GPS-Gerät verfügbar.
- openmtbmap.org (englisch): Routingfähige Karten der meisten Länder, optimiert für Mountainbiker, Radfahrer und Wanderer, aufbereitet zum Integrieren in Garmin Mapsource oder Garmin GPS.
- wiki.openstreetmap.org (englisch): Übersicht über Karten, die User aus dem OSM-Projekt generieren.
- gpsmapsearch.com: Eine Art Suchmaschine für frei verfügbare Karten, über die man viele Karten findet – allerdings von sehr unterschiedlicher Qualität.

Touren aus dem Internet

Zunehmend werden auch fertige Touren als Tracks oder Routen im Internet angeboten und ausgetauscht – u. a. von Tourenportalen (s. Kap. „Adressen“ s. S. 259), die teils kostenlose, teils kostenpflichtige (dafür aber gut bearbeitete) Touren anbieten; von Fremdenverkehrsämtern, die gut und detailliert ausgearbeitete Touren in ihrer Region offerieren; von einschlägigen Zeitschriften oder von Nutzern, die ihre Touren untereinander austauschen. Viele nützliche Links zu diesem Thema findet man ebenfalls auf der NOeGS-Seite (www.noegs.de.tf) unter allgemeinen Links („FAQ 1"). Natürlich gibt es nicht nur fertige Wander- und Radtouren für GPS-Geräte zum Download, sondern auch für Smartphones und Handys. Dann kann man selbst vor Ort und ohne Computer rasch noch die gewünschte Traumtour herunterladen und sich mit entsprechenden Apps gleich entlang dieser Route lotsen lassen. Alternativ kann man digitale Landkarten für sein Smartphone auch auf MicroSD-Karte erwerben.

Anbieter von Smartphone-Software haben teilweise eigene Tourenarchive (Viewfinder) oder kooperieren mit den Tourenportalen (z. B. ape@map).

Dank weit kleinerer Dateien sind solche Routen und Tracks (im Gegensatz zu den Landkarten) auch mit langsamem Internetzugang rasch herunterzuladen. Auf Kompatibilität ist zu achten, aber meist können die Daten auf Garmin-, Magellan-, Lowrance- und andere GPS-Geräte geladen werden. Dazu lädt man die Daten zunächst aus dem Portal auf den Computer herunter – entweder im allgemeinen GPX-Format, das mit allen Programmen kompatibel ist, oder im Format seiner Planungssoftware (z. B. QuoVadis oder MagicMaps). Dann öffnen Sie die Tour mit der entsprechenden Software, um sie zu überprüfen und ggf. nachzubearbeiten – beispielsweise um Abkürzungen oder Abstecher einzufügen, den Track zu vereinfachen oder aufzuteilen. Bei neueren Geräten, die 10.000 oder noch mehr Punkte speichern, wird dies nicht nötig sein, aber ältere Geräte können manchmal nur Tracks mit maximal 500 Punkten speichern. Dann muss man sie mit den entsprechenden Werkzeugen seiner Planungssoftware in mehrere Etappen unterteilen, die jeweils weniger als 500 Punkte umfassen. Außerdem kann man z. B. weitere Wegpunkte, POIs oder eigene Infos einfügen. Um GPX-Daten in andere Formate umzuwandeln und

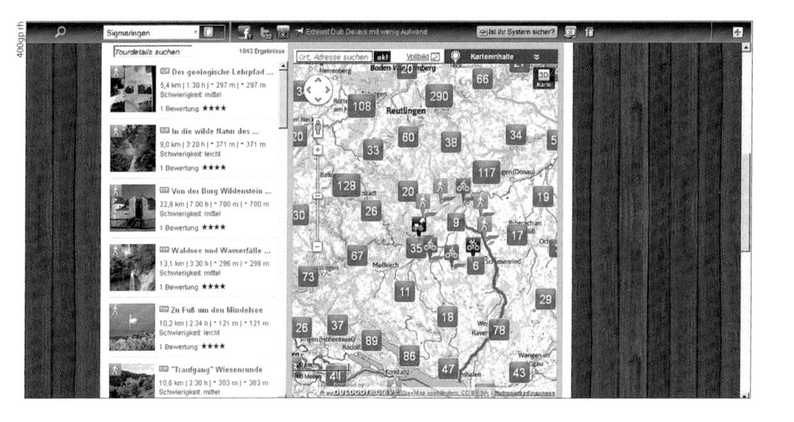

400gp.rh

Das Portal von Planetoutdoor bietet eine große Auswahl an fertigen Touren und Suchfunktionen

die Zahl der Trackpunkte anzupassen, bietet GPS-Tracks auf seiner Website einen **GeoDaten Transformer:** www.gps-tracks.com/GeoDataTransformer.asp.

Wer keine Planungssoftware besitzt, arbeitet mit GPX-Dateien und einem einfacheren Wegpunktprogramm wie EasyGPS, das man rasch kostenlos aus dem Netz laden kann (s. u.).

Anschließend verbindet man Gerät und PC über ein USB-Kabel und erteilt über das Menü der Planungssoftware den Befehl, den Track (evtl. auch Wegpunkte etc.) an das Gerät zu senden.

Tourenportale

- www.outdooractive.com/de
- www.planetoutdoor.de
- www.gps-tour.info
- www.gpsies.de

Sie können aber auch einfach bei Google nach „Tourenportal" suchen lassen, evtl. kombiniert mit der gewünschten Aktivität (Wandern, Mountainbike, Schneeschuh etc.) oder Region (Schwarzwald, Vorarlberg, Tirol etc.).

Software für Karten und GPS

Es gibt eine ganze Flut nützlicher GPS-, Karten-, Routen- und Planungs-Programme für den PC, von denen sich viele aus dem Internet herunterladen lassen – darunter auch eine ganze Reihe von Shareware- und Freeware-Programmen. Der Leistungsumfang ist höchst unterschiedlich: Einfache Programme erlauben nur den reinen Datenaustausch (Up-/Download von Tracks und Wegpunkten) zwischen Computer und GPS-Gerät, was aber schon ausreichen kann, um am Computer geplante Touren auf das Gerät zu übertragen oder vom Gerät aufgezeichnete Tracks zur Darstellung, Bearbeitung und Archivierung auf den Computer zu holen. Leistungsfähige Programme hingegen ermöglichen es, digitale Karten (von der DVD, aus dem Internet oder selbst gescannte) einzubinden, um per GPS aufgezeichnete Routen und Tracks darauf darzustellen bzw. am PC erstellte Routen auf das GPS-Gerät zu laden. Einige Programme bieten zusätzlich eine „Moving-Map-Funktion" (GPS-Schnittstelle), d. h., sie können bei angeschlossenem GPS-Gerät die Position auf der Karte darstellen und eignen sich daher sogar für die Online-Routennavigation.

Der Übersichtlichkeit halber sind die Programme in Kategorien unterteilt, wobei jedoch zu beachten ist, dass die Übergänge fließend sind:

- Betrachter-Software
- Wegpunkt-Software
- Karten-Software
- Software für Planung und Navigation

Da all diese Programme stetig weiterentwickelt werden, lohnt es sich, öfters nachzusehen, ob denn ein Update verfügbar ist.

⊡ Waypoint+ hat sich als Wegpunkt-Software fast schon zum Standard entwickelt

Betrachter-Software

Die Darstellung der Karte auf dem PC-/Notebook-Bildschirm erfordert eine Betrachter-Software. Die muss man nicht extra kaufen, da sie mit den Karten mitgeliefert wird. Allerdings gibt es eine Vielzahl unterschiedlicher Formate und manche digitalen Karten sind nur mit einer darauf spezialisierten Software zu lesen. Aufwendigere Programme wie z. B. CompeGPS oder QuoVadis können digitale Karten unterschiedlicher (aber nicht aller!) Formate nutzen. Beachten Sie außerdem, dass die mitgelieferte Betrachter-Software je nach Hersteller sehr unterschiedliche Möglichkeiten bieten kann: von der bloßen Darstellung der Karte über verschiedenste Bearbeitungs-Funktionen und Funktionen zur Arbeit mit Wegpunkten und Tracks bis hin zur straßengebundenen Routenplanung und Navigation.

Wegpunkt-Software

Mit diesen einfachen Programmen kann man Daten zwischen GPS-Gerät und PC austauschen und auf der Festplatte archivieren. Vorteilhaft sind sie vor allem für die Übertragung von Wegpunkten, Tracks und GPS-Routen (als Reihe von Wegpunkten, nicht zu verwechseln mit Straßenrouten!). Die meisten erlauben es auch, Wegpunkte und Routen sehr komfortabel per Mausklick am PC zu erzeugen und dann auf das GPS-Gerät zu übertragen – und einige können sogar selbst gescannte Karten kalibrieren (s. S. 226). Hier einige Beispiele:

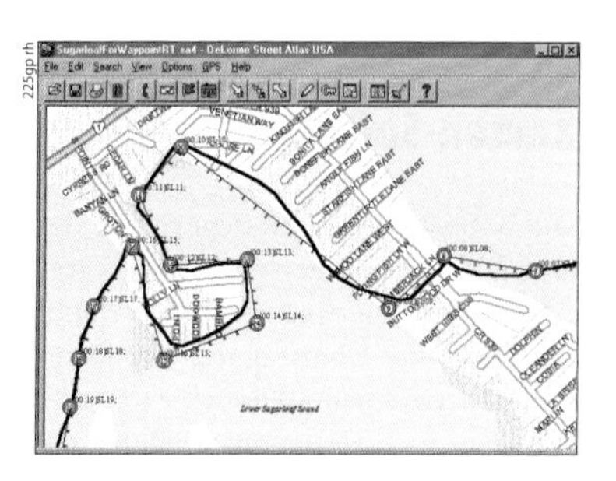

Waypoint+

(nur für Garmin-Geräte)

Einfaches Freeware-Programm (für alle gängigen Windowsversionen) zum Erzeugen, Bearbeiten und Übertragen von Wegpunkten, Routen und Tracks zwischen Computer und Garmin-GPS-Gerät, das sich fast schon zum Standard entwickelt hat. Es unterstützt geografische Koordinaten, aber keine Gitter. Neben der Darstellung auf einer Blanko-Karte ermöglichen neuere Versionen aber auch die Zusammenarbeit mit Street-Atlas-Karten (SA3 und SA4).

- www.soft82.com/download/windows/waypoint/oder www.softpedia.com/get/Science-CAD/Waypoint.shtml (Englisch)

G7ToWin

Dieses Freeware-Programm für Garmin- und einige Magellan- und Lowrance-/Eagle-Geräte ist die Windows-Version des DOS-Programms G7To. Es ähnelt Waypoint+, unterstützt aber Garmin-Symbole sowie zahlreiche andere Symbole und bietet einige zusätzliche Funktionen wie beispielsweise UTM-Koordinaten, eine sehr übersicht-

Auf Gitter und Bezugssystem achten!

Auch beim Übertragen von Wegpunkten, Routen und Tracks zwischen GPS-Gerät und digitaler Karte ist darauf zu achten, dass beide das gleiche Gitter und Bezugssystem verwenden. Viele digitale Karten können zwischen verschiedenen Systemen umrechnen, sodass man die Anpassung auch bei der Karte statt beim GPS-Gerät vornehmen kann. Nach Möglichkeit stets UTM-Gitter und WGS84 auswählen.

liche Darstellung und die Umwandlung von Tracks in Routen. Außerdem erlaubt es die Speicherung der Daten in unterschiedlichen Formaten, sodass sie von anderen Programmen (wie Fugawi, MapSource etc.) genutzt werden können. Das Programm ist noch erhältlich, wird aber seit 2012 nicht weiter aktualisiert.

■ www.gpsinformation.org/ronh

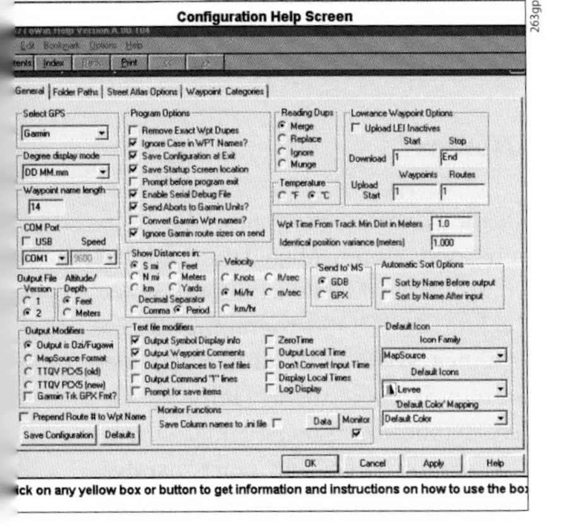

263gp

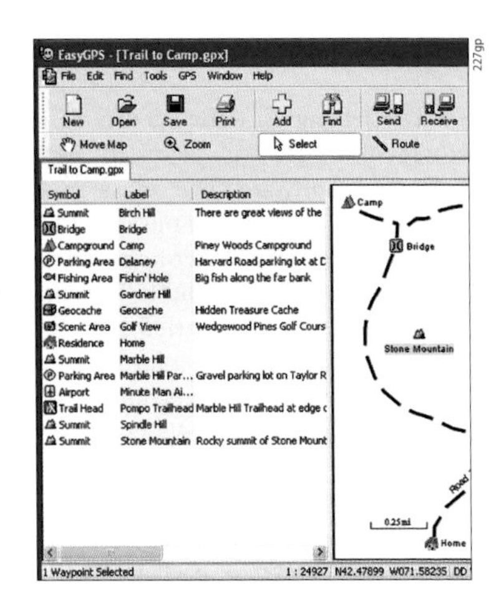

227gp

EasyGPS

Kostenloses und ebenfalls sehr übersichtliches Programm für Windows XP, Vista und 7, das den Datentransfer mit den meisten Garmin-, Magellan- und Lowrance-Modellen erlaubt und verschiedene Formate unterstützt. Es bietet eine gute Wegpunktverwaltung, Suchfunktionen, komfortables Zoomen und Verschieben und ist vor allem bei Geocachern beliebt. Die Koordinaten der jeweiligen „Verstecke" können damit direkt von den Geocaching-Websites heruntergeladen werden.

■ www.easygps.com

Karten-Software

Die Software dieser Kategorie, in der ebenfalls viele Free- und Shareware-Programme zu finden sind, erlaubt nicht nur die Übertragung von Wegpunkten zwischen GPS-Gerät und PC, sondern auch deren Darstellung auf einer Landkarte. Umgekehrt lassen sich Wegpunkte und Routen per Mausklick auf der Karte erzeugen und auf das GPS-Gerät laden. Allerdings können sie nur bestimmte Kartenformate nutzen (z. B. keine Top50) und bieten natürlich nicht den Funktionsumfang wie eine Planungs-/Navigations-Software (s. u.). Oft gestatten sie das Kalibrieren selbstgescannter Karten – allerdings nicht so exakt und komfortabel wie bei den Planungs-Programmen.

GarTrip

Sehr umfassendes und leistungsstarkes Shareware-Programm (ca. 3 MB) in deutscher oder englischer Sprache für alle gängigen Windowsversionen (nicht WinCE oder Windows Mobile), das mit allen Eigenschaften (lediglich reduziertem Volumen von Weg- und Trackpunkten) unbegrenzt getestet werden kann. Die Registrierung für die Vollversion kostet 30 € netto. Neben Wegpunkt-Eingabe und Datenübertragung vom und zum GPS-Gerät (UTM-, GK- und andere Gitter werden unterstützt) ermöglicht es die Einbindung gescannter Karten, die Bearbeitung, Analyse (z. B. Höhenprofile) und Archivierung von Routen und Tracks sowie den Im- und Export von Daten zu Waypoint+, OziExplorer, Fugawi und anderen Programmen. Wegpunkte, Routen, Tracks und Koordinatengitter können maßstabsgerecht ausgedruckt werden. Die neueste Version unterstützt auch KML-Daten (Google Earth), Track-Play (Abspielen des Tracks) und Track-Trimming (Ausgleich von Ungenauigkeiten durch schlechten Satellitenempfang) sowie das Geotaggen von Fotos.

■ www.gartrip.de/index_d.htm

Tipp

Druckt oder kopiert man die Routen oder Tracks mit Koordinatengitter auf eine Folie, kann man sie direkt über die Papierkarte legen oder aufkleben.

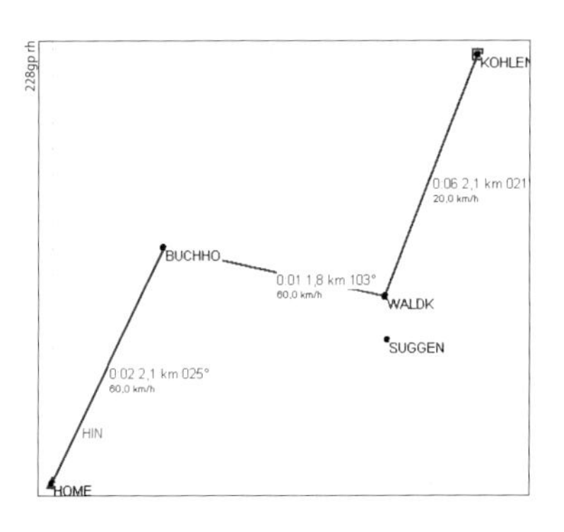

228gp rh

GPSTrackMaker

Diese Software ist für fast alle Garmin-, Magellan-, Lowrance-/Eagle-Geräte geeignet.

Als Freeware-Version für Windows XP, Vista, 7 oder 8 aus dem Netz ladbar. Es gibt zwei Editionen der neuen Version 13.8.517: eine, die GoogleMaps und GoogleEarth sowie Tracking per GPRS unterstützt, aber keine Karten enthält (ca. 12 MB), und eine, die zusätzlich eine Basiskarte für Nordamerika umfasst (55 MB). Das Programm unterstützt gescannte Karten (Kalibrierung

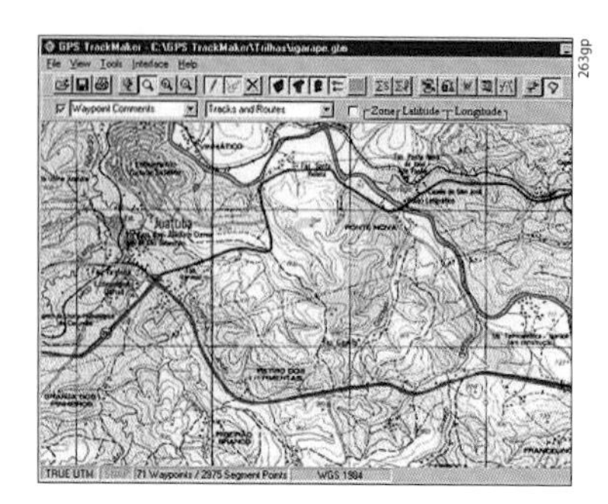

GPSTrackMaker kann viele verschiedene Kartenformate nutzen

mit nur zwei Punkten, also nicht sehr genau), Moving Map und Autoload von Karten und ist daher sogar für die Fahrzeug-Navigation brauchbar. Es importiert die Formate PCX5, Waypoint+, MapInfo, ArcInfo und ArcView. GPS-Daten können auch ohne Karte auf dem Bildschirm dargestellt und bearbeitet werden. Außerdem kann man sie mit Symbolen (Icons) für Wegpunkte versehen. Der GPSTrackMaker hat eine gute Zoomfunktion und berechnet Entfernungen und Durchschnittsgeschwindigkeit. An Analyse-Funktionen bietet er u. a. Höhenprofile, Geschwindigkeits-Log und Track-Replay.

Im Gegensatz zu vielen anderen GPS-Softwareprodukten kann der TrackMaker auch Landkarten im Vektorformat lesen, darunter die Formate zahlreicher Karten, die kostenlos aus dem Internet geladen werden können (eine gute Auswahl wird direkt auf der GPSTM-Site angeboten).

■ www.trackmaker.com

GPS Utility (GPSU)

(für fast alle Garmin-, Lowrance- und Magellan-Geräte; eine komplette Liste finden Sie unter www.gpsu.co.uk/gps recs.html)

Englische Software als Free- oder Shareware-Version (Registrierungsgebühr 60 US$ netto) für alle gängigen Windowsversionen, die man kostenlos herunterladen kann (ca. 2 MB). Ganz neu ist ein Batch File Converter, mit dem man in GPSU eine ganze Reihe von Daten gleichzeitig aus einem Format in ein anderes konvertieren kann. Ohne Registrierung steht nur eine begrenzte Zahl von max. 100 Weg- und 500 Trackpunkten sowie max. 5 Routen mit 10 Wegpunkten zur Verfügung. Das Programm ermöglicht z. B. den Import/Export von MS Auto Route Express, Google Earth, TomTom und zahlreichen anderen Daten sowie die Darstellung von Wegpunkten, Tracks etc. auf gescannten, kalibrierten Karten im Bitmap-Format. Es kann zwischen zahlreichen Gittern und Bezugssystemen umrechnen und bietet die Möglichkeit, eine Fülle verschiedener Infos nach Bedarf zu filtern, zu sortieren, zu analysieren und zu archivieren. Bei der Vollversion werden auch weitere Grafikformate, Höhenfunktionen, POIs von Magellan etc. unterstützt.

Auf der gleichen Seite findet man einige weitere hilfreiche Programme – etwa zum Konvertieren von Daten unterschiedlicher Formate.

■ www.gpsu.co.uk

Oben: GPSUtility bietet vielfältige Funktionen
Unten: GPSy für Macintosh

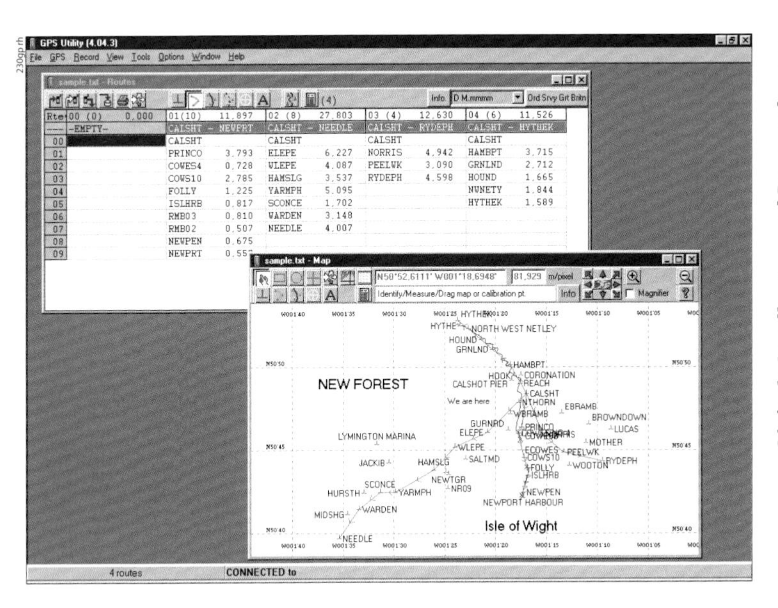

230gp rh

GPSy und MacGPS Pro

Zwei Programme für Macintosh-Nutzer, die mit vielen gebräuchlichen GPS-Programmen und Kartenformaten kompatibel sind.

- www.gpsy.com
- www.macgpspro.com

228gp rh

Software für Planung und Navigation

Diese auch als Planungs-Software bezeichneten Programme bieten viel umfassendere Möglichkeiten als die bisher genannten und eignen sich sogar für die Moving Map Online-Navigation, z. B. wenn man das GPS-Gerät unterwegs in Verbindung mit dem Notebook nutzt. Im GPS-Offlinebetrieb können damit nicht nur Wegpunkte, Tracks und Routen bequem per Mausklick erzeugt und dann in das GPS-Gerät übertragen werden, sondern zunehmend auch die Karten selbst! Auf die GPS-Geräte können allerdings nur bestimmte Raster- und Vektorkarten geladen werden, die speziell für die jeweiligen Geräte angeboten werden (s. Kap. „Karten zur Nutzung im GPS-Gerät“ S. 208).

232gp th

▢ Selbst einige der mobilen Geräte können unterwegs im Fahrzeug zur vollwertigen Turn-by-turn Straßen-Navigation verwendet werden

Aktuelle Versionen dieser Programme können nicht nur eine Vielzahl verschiedener Raster- und Vektorkarten (z. B. von Routenplanern oder Navigations-CDs) öffnen und nutzen, sondern auch auf kompatible GPS-Geräte übertragen.

Außerdem ermöglicht diese Software die Bearbeitung verschiedener (auch selbst eingescannter) Karten. Damit können Sie jede Papierkarte für die GPS-Nutzung am Computer verfügbar machen, indem Sie die Karten scannen und kalibrieren (s. S. 226). So erhalten Sie eine umfassende elektronische Kartothek, die Sie mit dem Moving Map-Navigationssystem nutzen können. Vorteile sind z. B.:

- Bearbeitung aller Karten, die als Rasterdaten (z. B. Scans) oder aus anderen Quellen vorliegen.
- Verzerrungen durch das Einscannen, Papierverzug etc. werden automatisch korrigiert.
- Bequemes und sehr präzises Ablesen der Koordinaten.
- Automatisches Laden einzelner Karten entsprechend der aktuellen Position. So navigieren Sie selbst bei vielen Einzelkarten oder unterschiedlichen Maßstäben quasi „nahtlos".
- Alle üblichen Kartenprojektionen für Land- und Seekarten und viele „Exoten" werden unterstützt.
- Koordinaten vom GPS-Gerät werden entsprechend der Karte automatisch umgerechnet.
- Ausdruck von Routen, Wegpunkten und Kursaufzeichnungen.
- Über 100 Kartenbezugssysteme stehen zur Verfügung.
- UTM-, GK-, Schweizer u. v. a. Gitter und Projektionen werden unterstützt.
- Aktuelle Position und Streckenaufzeichnung werden am Bildschirm angezeigt.
- Umfangreiche Navigationsfunktionen: Entfernung, Kurs, Peilung, Geschwindigkeit etc.
- Routen und Wegpunkte lassen sich per Mausklick am PC erzeugen und auf Garmin, Magellan oder Eagle GPS-Empfänger übertragen.
- Wegpunkte und Tracks lassen sich vom GPS-Gerät zum Speichern und Bearbeiten auf den PC überspielen.
- Per Mausklick lässt sich ein Geografisches Informationssystem (GIS) erzeugen.

Da die Programme nicht identisch sind, bietet **nicht** jedes **alle hier genannten Leistungen.**

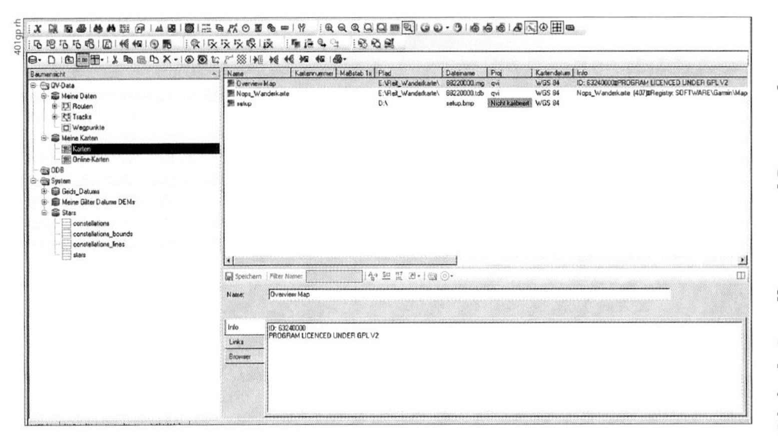

QuoVadis (QV)

Dieses deutsche Planungs-, Analyse- und Navigationsprogramm (für Windows® XP, Vista, 7, 8) ist meines Erachtens das derzeit vielseitigste und leistungsstärkste überhaupt. Dazu gehören eine übersichtlich strukturierte Oberfläche, ein gut gemachtes Handbuch und sogar ein eigenes Support-Forum. QV bietet ähnliche Grundfunktionen wie Fugawi und OziExplorer (s. u.) – plus einiges mehr. Um die große Funktionsfülle der Software zu nutzen, ist wohl etwas Einarbeitungszeit nötig, doch die wesentlichen Funktionen wird man dank des klaren Aufbaus relativ rasch meistern.

Zu den Grundfunktionen zählen die Möglichkeiten:

- auf digitalen Karten eine Reise, eine Tour oder einen Ausflug zu planen
- die geplante Tour auf ein GPS-Gerät zu überspielen
- die Karten für die Tour auszudrucken oder auf ein geeignetes Gerät zu überspielen
- nach der Tour die GPS-Tracks auf den Computer zu kopieren, zu archivieren und auf der Karte darzustellen

Eine besondere Stärke ist der „X-Plorer“ (ähnlich dem Windows-Explorer), der eine sehr bequeme und leistungsstarke Verwaltung von Karten, Wegpunkten, Routen, Tracks etc. erlaubt. Darin können Sie mit verschiedenen Ordnern und Unterordnern arbeiten, die Ordner umbenennen, kopieren und verschieben – fast wie man es von Windows her gewohnt ist.

Ein weiteres Plus ist, dass QV eine Vielzahl unterschiedlicher Kartenformate unterstützt, darunter praktisch alle gängigen Topo- und Wanderkarten im Raster- oder Vektor-Format wie Top50, Swiss, Austrian, MagicMaps, Kompass Karten, Alpenvereinskarten, OSM, Google, Bing und Vektorkarten für

QuoVadis ist eine führende Planungssoftware mit einer großen Fülle von Funktionen und unterstützt zahlreiche Kartenformate

Garmin-Geräte sowie weitere freie Vektorkarten. Mit QV können Karten u. a. von folgenden Programmen importiert bzw. dorthin exportiert werden: Top50, Alpenverein, Kompass Digital-Map, Fugawi, OziExplorer, Garmin, Marco Polo. So können die verschiedensten Karten in einem Archiv verwaltet und mit anderen Nutzern und Programmen ausgetauscht werden. Wie bei Fugawi sind 3D-Darstellung und Flugsimulation möglich. Darüber hinaus erlaubt die Software aber auch die Planung von Touren im anschaulichen 3D-Modus. Weiterhin kann man Kartenausschnitte aus QV auf Smartphones, Palm oder Pocket-PC übertragen und für die GPS-Navigation (u. a. mit PathAway oder ape@map) vorbereiten.

Die Kalibrierung gescannter Karten ist mit bis zu 9 Punkten möglich, recht einfach durchzuführen und entsprechend präzise. Unterstützt werden eine Vielzahl von Gittern und Bezugssystemen. Das Programm bietet eine sehr gute und komfortable Moving Map-Funktion. Für die Online-Darstellung und Datenübertragung muss das Übertragungsprotokoll im Interface-Menü von Garmin GPS-Geräten nicht geändert werden. Mit den entsprechenden Straßenkarten ist sogar Straßenrouting bis zur Hausnummer und komfortable Turn-by-Turn-Autonavigation möglich. Ein Verzeichnis lieferbarer Karten findet man auf der Website. Einen sehr guten Überblick über die Funktionen der einzelnen Versionen (Freeware, Standard, Poweruser) bietet die Tabelle unter wiki.quovadis-gps.com/doku.php?id=de: 05_intro: c_productline.

Weiterhin gibt es ein sehr breites Spektrum an Möglichkeiten für die Track-Auswertung am PC: von Höhenprofil und Geschwindigkeits-Log bis zum Replay ist alles möglich. Tracks können beispielsweise in verschiedenen Farben dargestellt werden, die unterschiedliche Geschwindigkeiten repräsentieren. Man kann darin eigene Zusatzinfos (Texte, Adressen, Fotos etc.) einfügen und natürlich lassen sie sich beliebig archivieren und später wieder abrufen. Außerdem lassen sie sich mit dem „Track-Prozessor" bearbeiten und glätten, um überflüssige Punkte zu löschen, Lücken zu schließen und Ungenauigkeiten durch schlechten Satellitenempfang zu korrigieren.

Eine Zusatzfunktion „übersetzt" kyrillische Namen in unser Alphabet (sehr hilfreich, wenn man die präzisen russischen Generalstabskarten verwendet, die es – z. B. bei Därr – von der ganzen Welt gibt); eine andere ermöglicht die Umrechnung von Koordinaten in verschiedene Formate.

Mit dem zusätzlichen Roadbook-Editor der Poweruser-Version kann man Routen sehr komfortabel in ein Roadbook mit Kartenausschnitten umwandeln und dann ausdrucken oder archivieren.

Die Standardversion mit einfachen Übersichtskarten aller Länder und Kontinente kostet ca. 150 €. Eine 25 Tage voll funktionsfähige Demoversion (inkl. Roadbook-Editor) kann man kostenlos von der Website herunterladen.

■ www.quovadis-gps.de

Fugawi Global Navigator

Fugawi Global Navigator™ ist ein leistungsstarkes Programm (199 €; bei manchen Anbietern auch billiger) für alle neueren Windowsversionen (inkl. Windows 8) mit deutscher Benutzeroberfläche. Es unterstützt zahlreiche verschiedene Straßen-, Wanderkarten und Topos, darunter Geogrid®-Karten wie z. B. TOP50® und AMAP, Map 25 und Swiss Map 50 V3, Wanderkarten wie Alpenvereinskarten Digital, KOMPASS, topografische Karten des USGS und MagicMaps® und kostenlose Garmin-Vektorkarten im GMF-Format. Außerdem hat Fugawi eine gute Auswahl eigener, relativ preisgünstiger Topos und anderer Karten. Selbst gescannte oder aus dem Internet geladene Karten können mit drei oder mehr Punkten kalibriert werden, sodass man bequem per Mausklick Wegpunkte und Routen erzeugen kann, die sich auf das GPS-Gerät überspielen lassen. UTM-, GK- und zahlreiche andere Gitter und Bezugsysteme werden unterstützt. Außerdem können mit dem Programm digitalisierte Kartenbilder auf Smartphones und Palm-Geräte (ab OS 3.5) übertragen werden (die erforderliche Software ist integriert).

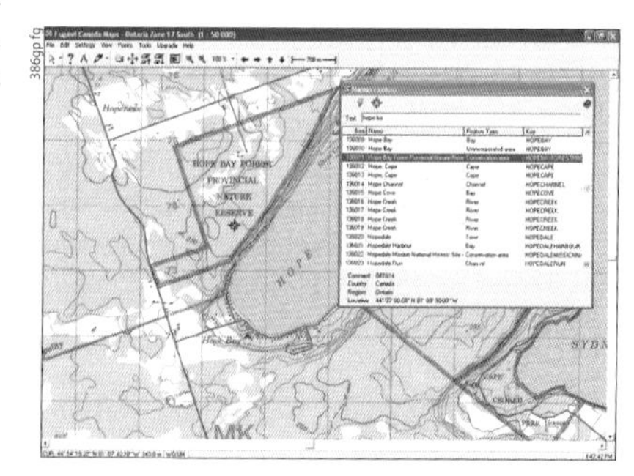

☒ Fugawi Global Navigator: eine leistungsstarke Planungssoftware, die auch Karten auf Smartphones übertragen kann

Mit digitalen Karten wie NOAA RNC™ Topos, Garmin IMG Format Karten, Fugawi Straßenkarten oder selbst gescannten Karten kann der Global Navigator kombiniert mit Notebook und GPS-Empfänger zum Navigieren in Echtzeit verwendet werden.

Features im Überblick:

- 3D-Ansicht aller importierten Karten mit Anzeige von Wegpunkten, Routen und Tracks
- Über 100 Kartenbezugs- und Koordinatensysteme
- Auswahl zwischen britischen, metrischen oder nautischen Einheiten
- Kalibrieren aller Karten, sofern sie geografische Koordinaten besitzen
- Freihandzeichnen von Routen und Tracks
- Darstellung von Höhenprofilen
- Entfernungsmessung
- Verknüpfung von Bild- und Tondateien mit Wegpunkten
- Erzeugen von Kartenausdrucken auch mit Kartengitter oder Breiten-/Längengraden
- Tag-, Dämmerungs- und Nachtbildschirm
- Unterstützung der Wegpunktsymbole gängiger GPS-Empfänger
- Intelligente Track-Reduzierung
- Echtzeit-Navigation bei GPS-Anschluss
- Geocaching-Unterstützung
- Import/Export verschiedener GPS-Datenformate (u.a. GPX), Laden von Wegpunkten, Routen und Tracks von und auf Ihren GPS-Empfänger
- Kompatibel zu iNavX Marine-Software für iPhone
- Bequemes Übertragen von Karten, Wegpunkten, Routen und Tracks zur Navigation auf PDAs (Palm und Pocket PC)

Eine auf 10 Tage begrenzte Demo-Version (Vollversion ohne GPS-Anschluss) kann man von der Website herunterladen. Dort werden auch die Programmfunktionen dargestellt und man erhält eine animierte Einführung.

- Info: www.fugawi.com (z.T. Deutsch)

OziExplorer

(für Garmin, Magellan, Lowrance/Eagle und andere Geräte)

Australisches Shareware-Programm (Preis: ca. 75 €) in englischer und deutscher Sprache, das unter allen gängigen Windowssystemen (inkl. Windows 8) läuft und aus dem Internet heruntergeladen werden kann; kostenlose Demo-Versionen mit eingeschränkter Funktion sind ebenfalls verfügbar. Es ist ähnlich wie Fugawi bzw. QV aufgebaut und kann ebenfalls gescannte Karten oder Karten auf CD lesen. Die Kalibrierung mit bis zu 9 Punkten schafft eine hohe Genauigkeit. Weiterhin bietet das Programm eine Moving Map-Funktion und den Import von Karten verschiedener Formate. Die meisten üblichen Topo-Formate hingegen kann es leider nicht öffnen. Für die 3D-Darstellung und Übertragung von Karten zur GPS-Navigation mit Mobilgeräten ist jeweils eine Zusatzsoftware erforderlich. Sehr gut sind die Track-Funktionen, mit denen man z.B. auch auf gescannten Landkarten das Wege-/Straßennetz etc. nachbilden lässt, sodass man eine individuelle Basiskarte erhält, die man dann auch auf ein älteres GPS-Gerät übertragen kann!

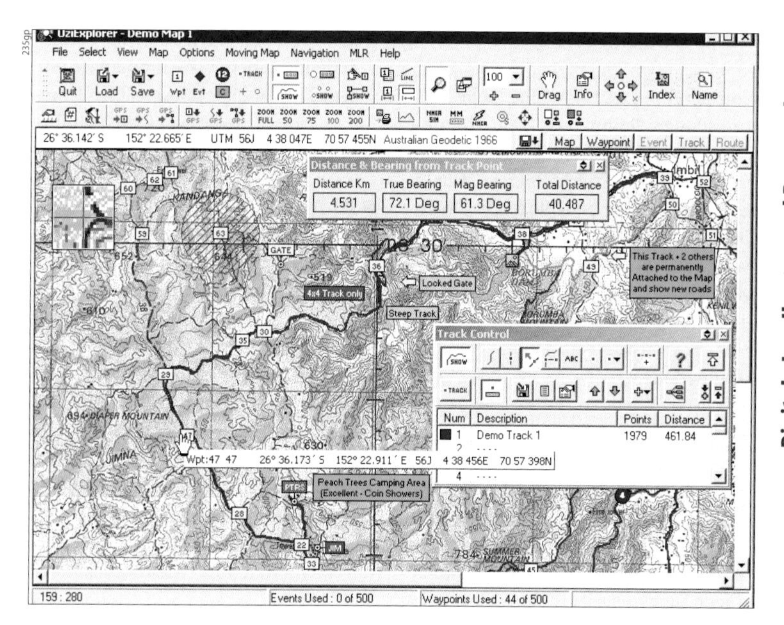

Die Hauptfunktionen im Überblick:

- Einsatz von selbst gescannten und kalibrierten Karten oder Bildern
- Nutzung von Digitalkarten in verschiedenen Formaten (BSB, Maptech, USGS, DRG)
- Direkte Unterstützung der meisten Lowrance/Eagle-, Garmin-, Magellan- und MLR-GPS-Geräte für das Senden und Empfangen von Wegpunkten, Routen und Tracks
- Erstellen von Wegpunkten, Routen und Tracks auf der Karte und Übertragen auf das GPS-Gerät (wenn das GPS-Gerät diese Funktion unterstützt)
- Herunterladen von Wegpunkten, Routen und Tracks vom GPS-Gerät und Darstellung auf der Karte (wenn das GPS-Gerät diese Funktion unterstützt)
- Unterstützung von über 100 Kartendatumsformaten
- Unterstützung zahlreicher Karten-Projektionen und Netzsysteme, einschließlich UTM, BNG, IG, Schweiz, Schweden, NZG, Frankreich
- Druck von Karten- und Wegpunkt-Listen
- Echtzeit-Darstellung der aktuellen Position auf der Karte (MovingMap) mit automatischem Kartenwechsel
- Navigation entlang einer gewählten Route – im MovingMap Modus – mit Ausgabe neuer Kursdaten beim Erreichen eines Wegepunktes
- Anzeige verschiedener Parameter – im MovingMap Modus – wie: Geschwindigkeit, Kurs, nächster Wegepunkt, Entfernung, CTS, XTE, ETE und ETA, Info: www.oziexplorer3.com/loc/ger/oziexp_ger.html

CompeGPS Land (CGPSL)

CompeGPS Land ist eine sehr leistungsfähige Planungs-Software, die für Windows (XP/Vista/7/8) und Mac (OS X 10.6 oder höher) erhältlich ist. Die Lizenz allein kostet etwa 90 € (bei Download der Software); für Lizenz und Software auf CD bezahlt man etwa 100 €. Mit einer Lizenz kann CompeGPS Land auf bis zu 3 Geräten installiert werden. Eine Testversion kann man ebenfalls herunterladen.

Zu den wesentlichen Features zählen:

- Nutzung verschiedenster Karten: Topos, Rasterkarten, Vektorkarten, Satellitenfotos, kostenlose Onlinekarten viele gängige Formate (*.ecw, *.bmp, *.jpg, *kmz, *.tif, *.tiff, *.png) und eigene Scans
- Erstellen und Bearbeiten von Tracks, Routen und Wegpunkten am Computer
- Analysieren von Tracks und Routen anhand einer Vielfalt von Daten, Grafiken, etc. und Archivieren nach Aktivitäten mit Distanzen, Steigung, etc.
- Plug&Play Kommunkation mit Two-Nav Geräten. Upload von Wegpunkten, Tracks, Routen und Karten direkt vom Verzeichnis auf das Gerät bzw. Download vom Gerät
- Kompatibel mit anderen GPS Geräten (u. a. Garmin, Magellan), aber nicht zur Übertragung von Karten

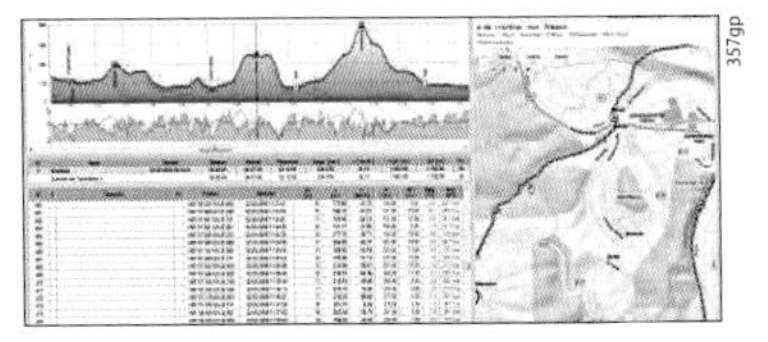
357gp

- Moving-Map-Navigation in Verbindung mit einem GPS-Empfänger und dem Notebook; inklusive Trip-Computer mit Anzeige von Geschwindigkeit, Höhe, Zeit zur Ankunft und weiteren Angaben.
- 3D-Ansicht
- Geotagging von Bildern

CompeGPS ist von Funktionsumfang und Angeboten her mit QV vergleichbar und könnte eine Alternative sein – allerdings nur für Besitzer von TwoNav-Geräten (des gleichen Herstellers), auf die man damit auch Karten überspielen kann. Die Software kommuniziert zwar auch mit vielen anderen gängigen Geräten – aber nur zum Austausch von Wegpunkten, Tracks und Routen; Karten können darauf nicht übertragen werden.

Info: www.compegps.de/produkte/software/land

GPS-Track-Analyse

Wer seine Touren im Nachhinein nach allen Regeln der Kunst analysieren will, findet in GPS-Track-Analyse die zu diesem Zweck sicher unschlagbare Software. Die Freeware läuft unter Windows 7, Vista und XP, braucht etwa 2,5 MB Platz und kann bei Computerbild kostenlos heruntergeladen werden: www.computerbild.de/suche/downloadsuche.html?s_box=1&refcat=3&s_text=Track+Analyse.

Mit GPS-Track-Analyse kann man GPS-Tracks auf vielfältige Weise auswerten und grafisch darstellen. Das Programm unterstützt die Formate GPX, NMEA, KML, MapSource Track,

MapSource Route und Trainings Center. Weiter ist es möglich, gespeicherte Routen und Tracks zu bearbeiten, zu löschen und zu durchsuchen. Zudem lassen sich Fotos über die Aufnahmezeit oder die Geokoordinaten in einen Track einbinden.

Hier einige der wesentlichen Funktionen im Überblick:

- Öffnen von GPX-, NMEA-, KML-, MapSource Track-, MapSource Route- und Trainings Center-Dateien
- Erstellen von Tracks mittels Wegpunkten aus geocodierten Fotos (*.jpg)
- Import von ASCII-Dateien: TXT, CSV, Fugawi 3, Magellan Direct Route, MapKon, OziExplorer und selbst definierten Import-Filtern
- Speichern von GPX-, NMEA- und CSV-Dateien
- Erstellen von Routen-Dateien aus Tracks für Navi-Systeme von Garmin, Becker, Navigon und TomTom
- Verbinden, Trennen, Duplizieren, Umkehren, von Tracks
- Daten aus einer Instanz einfügen und in eine andere Instanz übertragen
- Reduzieren von Tracks
- Möglichkeit, Zeitzone und Startzeit zu korrigieren
- Wegpunkte im gpx-Format zum aktuellen Track importieren
- Herzfrequenz und Trittfrequenz zum aktuellen Track hinzufügen
- Autokorrektur, Fehlerstellen suchen und korrigieren
- Ausschneiden, Kopieren, Einfügen, Verschieben, Löschen
- Höhenprofil glätten
- Markierte Höhen angleichen/ korrigieren
- Höhenprofil um festen Wert korrigieren
- SRTM-Daten zuweisen
- Bezugsmodell zwischen Ellipsoid, Geoid und EGM 2008 ändern (WGS84)
- Einheitensysteme metrisch, Nautische Meilen, Meilen
- Trackverwaltung mit Darstellung der Tracks in Microsoft Bing Map
- Kartenansichten mittels Microsoft Bing Map
- Automatische oder manuelle Skalierung der Höhenmodelle
- Optionale grafische Darstellung von Geschwindigkeit, Steigung, Herzfrequenz, Trittfrequenz, Temperatur
- Optionale Darstellung von Steigungen als farbige Füllungen
- Optionale farbige Darstellung von verschiedenen Fahrbahnuntergründen
- 3D-Höhenmodell in allen Achsen frei dreh- und schwenkbar
- Alle Grafiken in verschiedenen Formaten speicherbar
- Alle Grafiken inkl. Druckvorschau druckbar
- Fotos einbinden nach Zeit oder Koordinaten
- Geotaggen und Bezeichnen von eingebundenen Fotos (Exif, Iptc)
- Ausführliche Statistik und Steigungsanalyse in einer Tabelle
- Steigungsdiagramm mit Glättungsfunktion
- Export von Wegpunkten nach GoogleMaps und GoogleEarth
- Export aller Datendateien und Grafiken in einen Projektordner, optionale Erstellung einer HTML-Seite für den Projektordner

Info: www.gps-track-analyse.de

GPSBabel

Wer hat sich nicht schon geärgert über die Flut unterschiedlicher Datenformate, in denen die Geräte der verschiedenen Hersteller ihre Wegpunkte, Routen und Tracks erzeugen und speichern. GPSBabel schafft Abhilfe, indem es zwischen den verschiedenen Formaten konvertiert. Das kostenlose Programm (ca. 10 MB) mit Versionen für Windows, Mac und Linux kann u. a. von der Chip-Website heruntergeladen werden: www.chip.de/downloads/GPSBabel_44050667.html.

GPSBabel unterstützt über 100 verschiedene Formate, um Wegpunkte, Tracks und Routen von einem Gerät zum andere zu übertragen. Zudem lassen sich die Daten nach Zeitpunkt oder Gebiet filtern, um nur die notwendigen Daten zu konvertieren. Einen Überblick, welche Daten von wo nach wo konvertiert werden können, bietet die Tabelle auf der (englischen) Website des Projekts.

■ www.gpsbabel.org

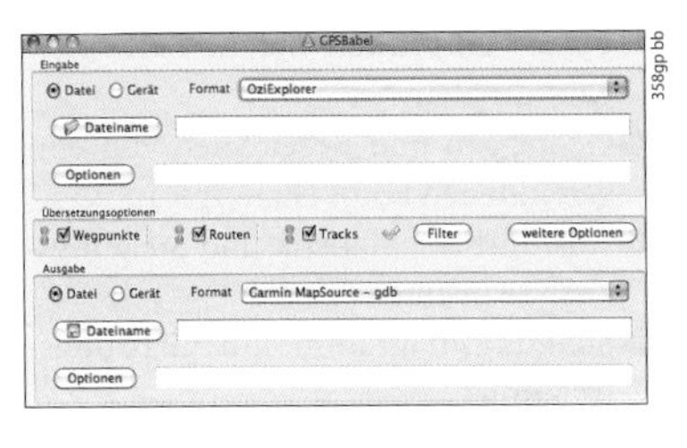

358gp bb

Selbst gemachte Kartenskizzen

Planungsprogramme wie QV, Fugawi und OziExplorer (sowie in begrenzterem Maße auch einfachere Programme) bieten die Möglichkeit, einfache Kartenskizzen selbst herzustellen, indem man Pfade, Gewässer etc. als Tracklinie markiert und Hütten, Brücken, Furten, Gipfel, Pässe etc. als Wegpunkte einfügt. Diese Kartenskizze kann man dann sogar auf einfachere GPS-Geräte laden, die nicht kartenfähig sind, um unterwegs damit zu navigieren. Mit QV kann man sogar recht einfach selbst Karten erzeugen, die sich auf Garmin-Geräte laden lassen!

Welche Software für welchen Zweck

Kostenlose Wegpunkt-Programme wie EasyGPS reichen völlig, wenn man vorwiegend fertige Touren aus Internetportalen herunterladen und auf seinen GPS-Empfänger aufspielen möchte. Auch die Anbieter von GPS-Geräten stellen zu diesem Zweck kostenlose Programme zur Verfügung – beispielsweise BaseCamp von Garmin, VantagePoint von Magellan oder Navi-Manager von Falk, etc. Mit diesen Programmen kann man auch selbst Wegpunkte erzeugen, Routen planen und Tracks archivieren. Die Software der Gerätehersteller ermöglicht es zudem, deren Karten und freie Karten im Format der Gerätehersteller für die Planung zu nutzen und Ausschnitte davon oder sogar die ganze Karte auf geeignete GPS-Geräte zu übertragen. Allerdings sind diese Programme meist nur mit neueren Geräten kompatibel. Wer ein älteres Modell besitzt, muss ggf. auf eine ältere Software des Geräteherstellers zurückgreifen (falls erhältlich) oder aber auf Programme wie EasyGPS, GPSTrackMaker o. Ä.

Diese reichen für die einfache Routenplanung und die Archivierung von Routen und Tracks, bieten aber nicht den Funktionsumfang und Komfort der neuen Programme, mit denen sich auf routingfähigen Karten auch an Wege gebundene Routen mit wenigen Mausklicks erstellen lassen.

Die bei manchen Karten mitgelieferte Software (z. B. von MagicMaps oder KOMPASS Digital Maps) ermöglicht eine komfortable Routenplanung, Nachbearbeitung, Auswertung und Archivierung mit vielfältigen Optionen und teilweise sogar die Möglichkeit, Routen für Radtouren und Wanderungen per Autorouting auf dem Wegenetz errechnen zu lassen. Zudem hat man z. B. bei MagicMaps sogar die Möglichkeit, nicht nur Wegpunkte und Routen, sondern auch Kartenausschnitte auf das GPS-Gerät zu laden.

Umfangreiche Planungsprogramme wie QuoVadis oder CompeGPS Land bieten das volle Programm für alle, die ihre Touren am Computer ausarbeiten und dazu ein breites Angebot an Karten oder sogar selbst gescannte Papierkarten nutzen wollen. Mit vielfältigen, ausgefeilten Funktionen lassen sich Touren sehr komfortabel planen, analysieren und archivieren, Karten verschiedenster Art nutzen und auf GPS-Geräte oder sogar Smartphones übertragen.

GPS-Navigation mit Smartphones und Tablets

Handys sind längst mehr als einfach nur Telefone. Durch die Kombination mit dem PDA (Personal Digital Assistant) haben sie sich zu mobilen Kleinstcomputern entwickelt, die nicht nur Internet- und E-Mail-Anschluss bieten, sondern zugleich als Kamera und MP3-Player dienen – und nun zunehmend auch als GPS-Empfänger für die Navigation genutzt werden. Die meisten Smartphones verfügen inzwischen über hochwertige GPS-Module. Einige sind sogar wasser- und staubdicht und damit auch für den anspruchsvolleren Outdoor-Einsatz geeignet. Sonst hilft z. B. das ToughCase von Magellan (s. S. 257). Auch passende GPS- bzw. Navi-Apps inklusive Kartenmaterial werden in immer größerer Auswahl angeboten. Und vor allem: Ein Smartphone „hat man sowieso", sodass die Anschaffung eines zusätzlichen GPS-Geräts überflüssig wird. Kein Wunder also, dass die Smartphones den mobilen GPS-Geräten zunehmend **Konkurrenz** machen. Allerdings haben sie noch immer eine Reihe **unverkennbarer Schwächen** und es gibt ein paar Dinge zu beachten, wenn man die Allrounder häufiger für Outdoor-Zwecke nutzen will.

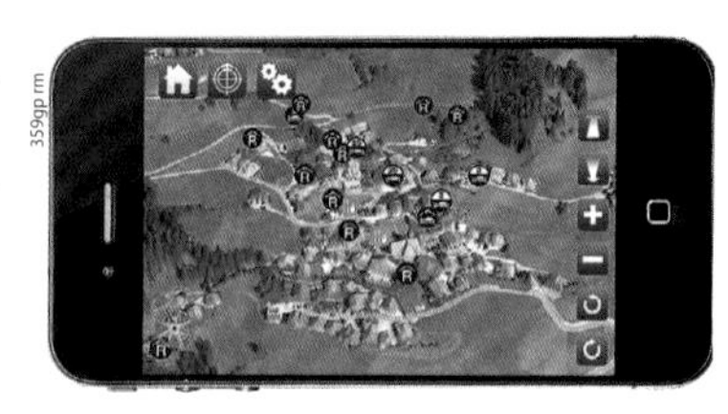

359gp rm

Zunehmend werden auch Smartphones zur GPS-Navigation genutzt

Probleme, Nachteile und Abhilfen

Allroundern sagt man nach, dass sie „zwar vieles können – aber nichts wirklich gut“. Bei den Smartphones betrifft dies eine ganze Reihe (aber nicht alle) der für die GPS-Navigation erforderlichen Eigenschaften, bei denen sie mit den eigens für Outdoor-Zwecke entwickelten Handgeräten einfach nicht mithalten können. Andererseits gibt es für etliche (wenngleich nicht alle) Probleme auch relativ passable Abhilfen.

Ein wesentliches Manko sind die **sehr begrenzten Akkulaufzeiten.** Im Dauerbetrieb geht den meisten Smartphones schon nach einigen Stunden der Saft aus und die besten Modelle gestatten maximal 7–9 Stunden Dauerbetrieb. Während man bei einer Wanderung im Schwarzwald immer wieder Gelegenheiten zum Nachladen findet, wird man auf Wildnistouren in Lappland Probleme damit haben. Mehrere Ersatzakkus können zwar Abhilfe schaffen, aber erstens schränken sie den wesentlichen Vorteil (keine zusätzliche Anschaffung) schon spürbar ein und zweitens stößt auf längeren Touren auch diese Lösung an ihre Grenzen. Dann bleibt nur die Anschaffung eines Outdoor-Solarmoduls, das evtl. teurer ist als ein GPS-Gerät. Eine solide Lösung bietet das flexible **Solaris 12 Panel von Brunton** (www.brunton europe.com), das nur 312 g wiegt und mit 12 Watt ausreicht, um Geräte und Akku-Packs zu laden. Es kostet mehr als manches GPS-Gerät – doch billigere Modelle liefern bei schlechtem Wetter nicht genügend Strom.

Der größte Nachteil sind neben der kurzen Akkulaufzeit die **Displays** der Smartphones, die zwar groß sind und eine gute Auflösung bieten, aber bei direktem Sonnenlicht schlecht ablesbar sind. GPS-Geräte hingegen besitzen transflexible Displays, die auch bei Sonne und ohne zusätzliche Hintergrundbeleuchtung noch gut erkennbar sind.

Weiterhin haben Handys in der Regel nicht die Robustheit und Wasserdichtheit der Outdoor-GPS-Geräte, sodass sie zwar für Schönwetter-Spaziergänge taugen, aber im harten Outdoor-Einsatz gefährdet sind. Abhilfe schaffen spezielle **Outdoor-Smartphones,** die stoßfest und staub- und wasserdicht sind, wie z. B. das Samsung Galaxy Xcover oder das Motorola Defy. Wer bereits ein Gerät besitzt, kann es z. B. mit dem **Tough-Case von Magellan** (s. S. 257) oder mit dem iPhone-Armor von Brunton schützen (beide nur für iPhone oder iPod).

Die meisten neueren Smartphones besitzen einen eingebauten GPS-Empfänger; Modelle ohne Empfänger kann man z. B. mit einer **GPS-Maus** (ca. 40–60 €) nachrüsten, einem GPS-Empfänger, der Signale empfängt, Positionsdaten errechnet und entweder drahtlos per Bluetooth oder über Kabel an das Handy übermittelt (auf Kompatibilität achten!). Das hat zudem den Vorteil, dass man sein Smartphone gut geschützt in der Innentasche tragen und den Empfänger am Schultergurt oder im Deckel des Rucksacks optimal platzieren kann.

Noch vorteilhafter ist ein **GPS-Logger** (70–120 €), der zudem Tracks aufzeichnen und speichern kann. Das kommt auch dem Stromverbrauch entgegen, da man dann das Gerät nur gelegentlich zur Positionsüberprüfung einschalten muss. Zudem haben die Logger oft einen besseren Chipsatz, der eine schnellere Positionsbestimmung erlaubt und weit mehr Tracks speichert als das Smartphone. Ein gutes Beispiel ist der **Wintec WBT-202 GPS Logger** mit **u-blox 5** Chipsatz und 50-Kanal-Empfänger, der GPS-, GALILEO-, WAAS-, EGNOS- und MSAS-Signale parallel empfangen kann und so eine sehr schnelle und präzise Positionsbestimmung erlaubt. Der interne Speicher fasst bis zu 260.000 Wegpunkte; der MicroSD-Speicherslot für bis zu 2 GB erweitert die Kapazität auf 134 Millionen Wegpunkte! Das Gerät kann bis zu 28 Stunden genutzt werden und kostet ca. 110 Euro. Trotz seiner Beliebtheit soll das Gerät bis Ende 2013 auslaufen und durch den Columbus V-990 mit Windows-, Mac- und Linux-Unterstützung ersetzt werden, der sogar Sprachdateien aufnehmen und einzelnen Wegpunkten zuordnen kann.

GPS-Outdoor-Smartphones

Motorola Defy+

Betriebssystem: Android 2.3
Display: 4,6 x 8,2 cm, 480 x 854 Pixel, Touchscreen, kapazitiv
CPU/RAM: TI OMAP 1 GHz/512 MB
Speicher (Flash): 2 GB intern + Micro-SDHC-Kartenslot
Schnittstellen: Micro-USB, Bluetooth, WLAN, UMTS, HSDPA, HSUPA
Akku: Li-Ionen, 1700 mAh
Größe (HxBxT): 13,2 x 6,7 x 2,0 cm
Gewicht incl. Akku: 205 g

Mit dem Defy bot Motorola 2010 als erster Hersteller ein speziell für Outdoor-Einsätze entwickeltes GPS-Smartphone an. Es besitzt ein empfindliches GPS-Modul, ein wasser- und staubdichtes Gehäuse und ein kratzfestes Display. Vorinstalliert ist Google Maps Navigation, was jedoch eher für die Straßennavigation gedacht ist. Für die Outdoor-Navigation besser geeignet ist die kostenlose Software OsmAnd, mit der man Open Street Map-Karten im Vektorformat aus dem Internet herunterladen und auf dem Smartphone nutzen kann, um auch offline (ohne Internetverbindung) kartenbasiert zu navigieren.

Menüübersicht auf dem Smartphone

Sony Ericsson Xperia active

Betriebssystem: Android 2.3
Display: 4,6 x 6,1 cm, 320 x 480 Pixel, Touchscreen, kapazitiv
CPU/RAM: 1 GHz Snapdragon/512 MB
Speicher (Flash): ca. 320MByte intern + MicroSDHC-Kartenslot
Schnittstellen: Micro-USB, Bluetooth, WLAN, UMTS, GSM, HSPA
Akku: Li-Ionen, 1200 mAh
Größe (HxBxT): 9,2 x 5,5 x 1,65 cm
Gewicht incl. Akku: 111 g

Das Xperia active ist wasser- und staubresistent und besitzt ein kratzfestes Display. Es ist etwas kleiner als das Defy, dafür bietet es zusätzlich ein ANT+-Interface für Pulsmesser und eine entsprechende App.

Samsung Galaxy Xcover

Betriebssystem: Android 2.3
Display: 3,6 Zoll, 320 x 480 Pixel, Touchscreen, kapazitiv
CPU/RAM: 800 MHz Marvell MG 2/512 MB
Speicher (Flash): ca. 150 MB intern + MicroSDHC-Kartenslot
Schnittstellen: Micro-USB, Bluetooth, WLAN, UMTS, GSM, HSPA
Akku: Li-Ionen, 1500 mAh
Größe (HxBxT): 12,2 x 6,6 x 1,2 cm
Gewicht incl. Akku: 136 g

Das seit November 2011 erhältliche Outdoor-Smartphone mit Android-Betriebssystem ist begrenzt wasserdicht und staub- sowie stoßgeschützt. Gut sind die vorinstallierten Programme für Outdoor-Aktivitäten. Der Prozessor ist allerdings langsamer als bei den Motorola- und Sony-Modellen.

Panasonic ELUGA

Betriebssystem: Android 2.3
Display: 4,3 Zoll, 540 x 960 Pixel, Touchscreen, kapazitiv
CPU/RAM: 1 GHz Dual Core (TI)/1 GB
Speicher (Flash): ca. 8 GB intern
Schnittstellen: Micro-USB, Bluetooth, WLAN, UMTS, GSM, HSPA
Akku: Li-Ionen 1150 mAh, nicht wechselbar!
Größe (HxBxT): 12,3 x 6,2 x 0,78 cm
Gewicht incl. Akku: 103 g

Ein wasser- und staubfestes Android-Smartphone für Outdoor-Zwecke. Der Akku besitzt allerdings mit 1150 mAh eine relativ geringe Kapazität und ist leider nicht austauschbar.

361gp rm

Takwak tw 700

Betriebssystem: Android
Display: 3,5", 320 x 480 Pixel, Touchscreen, resistiv
CPU/RAM: ARM Cortex A9 mit 533 MHz (Dual Core)/512 MB
Speicher (Flash): ca. 2 GB intern (1 GB verfügbar); MicroSDHC bis max. 32 GB (4 GB Karte mit vorinstallierten OSM Karten DACH, UK, Norditalien liegt bei)
Schnittstellen: Micro-USB, Bluetooth, WLAN, GSM, GPRS
Akku: Li-Ionen 2700 (Laufzeit bei „nur Navigation" 12 Std.; in der Praxis 9–10 Std.)
Größe (HxBxT): 12,3 x 6,2 x 0,78 cm
Gewicht incl. Akku: 207 g

Das neue Takwak tw700 präsentiert sich als **interessantes All-in-One-Gerät.** Es vereint Android-Smartphone, Outdoor-Navi, Walkie Talkie und Gruppen-Kommunikator in einem äußerst robusten, staub- und wasserdichten (IPX7; bis 30 Minuten in 1 m Tiefe) Gehäuse. Auch der resistive Touchscreen ist nicht nässeempfindlich und kann sogar mit dünneren Handschuhen bedient werden. Zum Empfangen von GPS-Signalen dient ein **SiRFstarIV Self-Assisted GPS-Empfänger.** Damit berechnet das tw700 die Bahndaten der Satelliten im Voraus und kann so die Position schneller bestimmen – wenngleich nicht ganz so schnell wie Handgeräte von Garmin mit AGPS. Das Takwak ermöglicht sehr genaue Track-Aufzeichnungen und das Display lässt sich auch bei Sonne erstaunlich gut ablesen (die Hintergrundbeleuchtung muss dann aber auf maximal gestellt werden); mit Outdoor GPS-Geräten kann es sich allerdings auch hier nicht ganz messen. Zudem bietet das Takwak einen elektronischen Kompass, einen barometrischen Höhenmesser und einen Beschleunigungssensor.

Vorinstalliert ist die App „twOutdoor". Daneben gibt es noch eine Kompass- („Marine Kompass") und eine Barometer-App zum Darstellen von Luftdruckschwankungen („Barometer HD").

Die Software von MagicMaps umfasst u. a. folgende Funktionen:

- AutoRouting (Wegpunkt, Adresse). Zur Auswahl stehen verschiedene Optionen wie „Fußgänger, kürzeste Route" oder „Fahrrad, Mountain-

bike“. Die Route wird auf der Karte rot markiert, ein Richtungspfeil und ein Hinweiston helfen beim Abbiegen
- Erzeugen von Wegpunkten auf der Kartenseite
- Navigieren mithilfe von Tracks
- Aufzeichnen und Speichern von Tracks
- Gruppennavigation mit anderen Takwak-Nutzern (Datenaustausch zwischen den Geräten)
- Trip-Computer mit Daten wie Geschwindigkeit, Höhenmeter etc.

Zudem funktioniert das Gerät als vollwertiges Walkie Talkie und kommuniziert dabei nicht nur mit anderen tw700-Geräten, sondern mit allen Walkie Talkies, die den Standard PMR446 unterstützen. Als Reichweite werden in bebauten Gebieten ca. 400 m, in flachem, offenem Gelände bis zu 2000 m angegeben. Insgesamt ist das Takwak tw700 ein sehr vielseitiges Smartphone, das in vielen entscheidenden Punkten näher als alles Bisherige an ein Outdoor GPS-Gerät herankommt (es aber nicht ganz erreicht) – und es ist bislang das erste und einzige Gerät in seiner Klasse.

Funktion und Vorteile

Die Handy-Navigation funktioniert auf zwei verschiedene Arten: als **Offboard-** oder als **Onboard-Navigation.** Für **Onboard-Systeme** reichen kleine Programme mit geringem Speicherbedarf, die im internen Speicher Platz finden. Alles weitere – Kartenmaterial, Routenberechnung und Zielführung – funktioniert (nur) online und wird nach Bedarf via GPRS/UMTS auf das Mobilgerät geladen. Das spart einerseits Speicherplatz für Karten, von denen man meist nur kleine Ausschnitte benötigt, bietet stets die aktuellsten Karten und zudem die Möglichkeit, fast überall und jederzeit spontan navigieren zu können, ohne vorher die erforderlichen Karten zu besorgen. Andererseits ist damit die Navigation nur dann möglich, wenn man auch Zugang zum Handynetz hat – also nicht in entlegenen Naturgebieten.

Bei der **Offboard-Navigation** ist das Kartenmaterial im internen Speicher, bzw. auf der Speicherkarte im Mobilgerät selbst abgelegt. Die zur Routenberechnung erforderliche Software muss ebenfalls auf dem Gerät vorhanden sein. Die Zielführung erfolgt über Kartennavigation oder Richtungspfeil und ist auch in Gebieten ohne Netzabdeckung möglich. Für aktuelle Smartphones mit Betriebssystemen wie Android, iOS oder Windows Phone 7 sind sowohl Onboard- als auch Offboard-Lösungen verfügbar. Entweder sie sind in den App Stores erhältlich oder sogar bereits vorinstalliert wie Ovi-Karten bei den Symbian-Handys von Nokia. Hersteller wie TomTom oder Navigon bieten vor allem für das iPhone interessante Navigations-Software an. Zunehmend verbreiten sich **Kombi-Lösungen:** Die Routenplanung und -führung wird dabei onboard (also netzunabhängig) erledigt, aber für zusätzliche Informationen greifen die Geräte je nach Bedarf auf Informationen aus dem Internet zurück.

Offboard-Navigation ist eher etwas für Gelegenheitsnutzer und Exkursionen im Nahbereich, da nicht überall Zugang zum mobilen Internet besteht. Außerdem ist das recht große Datenvolumen für die Übertragung von Land-

karten zu berücksichtigen, sodass für die häufigere Nutzung eine Internet-Flatrate ratsam ist. Die Onboard-Lösungen unterscheiden sich untereinander nicht wesentlich und bieten eine ähnlich komfortable Navigation wie mit dem GPS-Gerät.

Software und Karten

Auf Smartphones für die GPS-Navigation sind oft entsprechende Apps und teilweise auch Karten bereits vorinstalliert. Allerdings handelt es sich meist um GoogleMaps oder OSM-Karten für die Straßennavigation. Um auch auf Wanderwegen und im Gelände zu navigieren, benötigt man topografische Rasterkarten wie die amtlichen Topos der Landesvermessungsämter oder Alpenvereinskarten, die onboard im Gerät gespeichert werden; die Offboard-Navigation (s. o.) ist nur für Ausnahmefälle bzw. mit Flatrate zu empfehlen.

MagicMaps

Die Möglichkeit, Topos auf das Handy zu laden, bietet z. B. MagicMaps mit einer guten Auswahl topografischer Karten für Mitteleuropa. Mit MagicMaps Scout, einer App für iPhone oder Android-Smartphones, kann man im Map Store des Anbieters Kartenregionen erwerben und auf dem Mobilgerät für die Orientierung und Navigation nutzen.

Im Outdoor-Einsatz sind Karte, Kompass und GPS-Gerät noch Standard

Man kann sie entweder direkt über das Mobilfunknetz laden; günstiger ist es jedoch über eine WLAN-Verbindung.

- Die Kartenregionen können offline verwendet werden, d.h. man benötigt keinen Internetzugang und spart so gerade im Ausland teure Roaminggebühren.
- Die fest installierten Karten bewähren sich in Waldgebieten und Gebirgsregionen, wo die volle Netzabdeckung oft nicht gewährleistet ist.
- Die Karten entsprechen in ihrem Kartenbild den gewohnten Papierkarten und enthalten flächendeckende Informationen, die in den online verfügbaren Vektorkarten oft fehlen.
- Sie können jedoch nicht für die Tourenplanung am Computer verwendet werden.

Vorteilhafter ist es, wenn man seine Karten zunächst auf den Computer laden und von dort auf das Handy übertragen kann, sodass man mit den gleichen Karten auch am Computer arbeiten und Routen planen oder Tracks darstellen und archivieren kann. Die Vorbereitung einer Tour am PC hat den Vorteil, dass man auf einem großen Bildschirm mehr Übersicht bei der Planung hat und einem außerdem eine Vielzahl an komfortablen Planungs- und Analysefunktionen zur Verfügung stehen. Anschließend kann die erstellte Tour mit dem dazu passenden Kartenausschnitt auf das Smartphone übertragen und dort für die Navigation verwendet werden. Diese Möglichkeit haben Nutzer der Tourenplanungssoftware **Tour Explorer** (ab Version 5.0; s. S. 199). Sie können Ausschnitte von auf dem Computer gespeicherten Karten via WLAN auf ihr Android-Smartphone übertragen. Die Übertragung über USB ist bislang nicht möglich. Nur über den Tour Explorer (nicht über den MagicMaps Scout) können detaillierte topografische Karten im Maßstab 1:25.000 auf dem Smartphone genutzt werden.

Ähnliche Möglichkeiten bieten u.a. ape@map (s. unten) und CompeGPS Land (s. S. 244).

Ape@map

Eine der besten Apps für die Kartennutzung auf Android und iPhone ist ape@map, eine spezielle GPS-Kartenanwendung für den Sport- und Freizeitbereich. Von der Website des Anbieters (www.apemap.com) lädt man zunächst das Programm für den Computer herunter, mit dem man die Karten nutzen, Routen planen und sowohl Routen und Tracks als auch die Karten auf das Handy übertragen kann. In der Desktop-Installation ist auch die Installation der kostenfreien ape@map-Handysoftware inklusive Testkarte und Ortsdaten enthalten. Ein Upgrade auf die Vollversion der ape@map-Handysoftware (19,90 €) ist im Online-Shop möglich. Nach Installation des Desktop wird die ape@map-Handysoftware installiert. Das dauert wenige Augenblicke und erfordert einen PC-Internetanschluss. Am Handy wird kein mobiles Internet benötigt. Kauft man eine Lizenz, so kann sie innerhalb der ersten zwei Jahre zweimal auf ein anderes Handy übertragen werden.

Ape@map ermöglicht die Nutzung vieler hochwertiger Karten zur Tourenplanung am Computer und die Übertragung auf das Mobilgerät:

- KOMPASS-Karten
- DAV & ÖAV
- BEV Amap Fly
- EADS TOP (Deutschland)
- QuoVadis Karten
- Swiss Map (swiss map online wird nicht unterstützt, Swiss Map 50 ab V3)
- Open Street Map
- Nop's Reit- & Wanderkarte
- www.bsmap.de

Bereits vorhandene KOMPASS-Karten können auf das Handy übertragen und mit ape@map zur Navigation verwendet werden. Auch die gesamte Österreich-Karte ist in einem Stück übertragbar und jederzeit, ohne Mobilfunk- und mobiler Internetverbindung, am Handy verwendbar. Wer noch keine KOMPASS-Karte besitzt, kann Kartenausschnitte am Computer auswählen und wenige Augenblicke später auf dem Computer und dem Handy verwenden. Ausschnitte von 50 x 50 km kosten 9,90 €. Die Übertragung von QuoVadis Karten hingegen ist nur mit der QV-Software (ab Version 4.0.101) möglich – auch mit der Trial-Version! Außerdem ist jetzt ein Tourenservice-Paket mit

Hier kann man den Höhenmesser überprüfen und justieren

über 50.000 Touren inkl. Beschreibung, Bildern und Karten erhältlich.

Man kann natürlich auch am PC (oder auf dem Mobilgerät selbst) eine Tour planen und der vorbereiteten Route unterwegs per Kartenseite folgen. Für die Planung kann sowohl nach Orten und Koordinaten als auch nach fertigen Touren gesucht werden. Eine insbesondere (aber nicht nur) bei Notfällen nützliche Funktion ist die Möglichkeit, per Tastendruck eine **NMS (Navigation Message)** abzusenden, die den aktuellen Standort übermittelt. Auch **Life Tracking** ist möglich; dabei wird die Position laufend über das Mobilfunknetz auf ein Webportal in GoogleEarth übermittelt, auf dem Freunde dann die Tour in Echtzeit verfolgen können.

TwoNav von CompeGPS

Die Software des spanischen Anbieters CompeGPS (www.compegps.de/) für Android und iPhone (kompatibel mit Mac, Windows und Windows Mobile) ist ein Navigationssystem für alle Outdoor-Aktivitäten (Wandern, Fahrrad, Skitouren, Geocaching, etc.). Sie können damit Wegpunkte, Tracks, Routen und Karten auf Ihr Mobilgerät laden und sich entlang den geplanten oder aus dem Netz geladenen Strecken lotsen lassen – ob auf Radwegen, Wanderpfaden oder im weglosen Gelände. Mit dieser Software hat das Mobilgerät weitgehend die gleichen Funktionen und Display-Darstellungen wie die GPS-Geräte des Herstellers. Für Routenplanung und

Navigation steht das umfassende Karten-Portfolio von CompeGPS zur Verfügung (s. S. 244).

GPS-Gerät oder Smartphone?

Für ernsthafte Outdoor-Einsätze sind die Smartphones noch keine wirkliche Konkurrenz zu „echten" Outdoor-GPS-Geräten, selbst wenn Software und Funktionsumfang mancher Apps sich durchaus mit denen der GPS-Geräte messen können. Das Problem ist bislang eher die Hardware (s. Probleme, Nachteile & Abhilfen, S. 248), wenngleich auch hier neue Outdoor-Smartphones ein gutes Stück aufgeholt haben.

Für einfachere Wanderungen und Radtouren im Nahbereich hingegen oder auch für die City-Navigation können sie durchaus ihren Zweck erfüllen und die Anschaffung eines zusätzlichen Geräts ersparen. Hier haben sie durch die Nutzung des Mobilfunknetzes sogar einige Stärken, die das GPS-Gerät nicht bieten kann; z. B. Zugang zu Tourenportalen von unterwegs, Zusatzinfos vom Wetter- und Lawinenbericht bis zu Unterkünften und Restaurants und nicht zuletzt die Möglichkeit, per NMS rasch einen Notruf mit Positionsdaten absenden zu können.

ToughCase

Das ToughCase von Magellan schützt Ihr iPhone oder Ihren iPod touch bei allen Outdoor-Einsätzen gegen raue Behandlung und Nässe. Es ist **stoßfest und wasserdicht** nach IPX–7 (d. h. es darf sich dreißig Minuten lang bis zu einen Meter unter Wasser befinden). Gleichzeitig ermöglicht es die volle Nutzung des Geräts. Touchscreen, Tasten, Mikrofone, Lautsprecher und Kopfhöreranschluss bleiben voll zugänglich. Ein integrierter Docking-Anschluss verbindet das Gerät zur Stromversorgung, Audioausgabe und/oder Nutzung der GPS-Funktion mit dem ToughCase. Das ToughCase ist jedoch nicht nur eine Schutzbox, sondern steigert zudem die GPS-Genauigkeit und die Akkulaufzeit! Es ist mit einem hochempfindlichen SiRFstarIII™-GPS-Chipsatz ausgestattet, der die Genauigkeit älterer Geräte auf drei bis fünf Meter verbessert und Geräte ohne GPS-Empfänger (z. B. iPod touch) mit GPS-Empfang ausstattet. Der integrierte GPS-Chipsatz nutzt auch die Signale von WAAS, EGNOS und MSAS.

Ein integrierter Akku lädt das geschützte Gerät automatisch auf, wodurch sich die Betriebszeit ungefähr verdoppelt.

◁ Bei längeren Outdoor-Einsätzen haben GPS-Handgeräte die Nase vorn

Adressen

GPS-Systeme

NAVSTAR

- **www.digitaltrends.com/mobile/gps-iii-explained-everything-you-need-to-know-about-the-next-generation-of-gps/b** (Infos über GPSIII)
- **http://gge.unb.ca/Resources/GPSConstellationStatus.txt** (Tabelle zum aktuellen Status der Satelliten)

EGNOS

- **www.egnos-portal.eu** (EGNOS-Website mit umfassenden Infos in englischer Sprache)
- **www.esa.int/Our_Activities/Navigation/The_present_-_EGNOS/What_is_EGNOS** (Site der ESA mit umfassenden Infos auf Englisch über EGNOS und GALILEO)
- **http://ec.europa.eu/enterprise/policies/satnav/egnos/index_en.htm** (Seite der EU über EGNOS, WAAS und die Satellitennavigation; mit guter FAQ-Liste)

GALILEO

- **www.esa.int/Our_Activities/Navigation/The_future_-_Galileo/What_is_Galileo** (umfassende Infos in englischer Sprache über das europäische Satellitennavigationssystem Galileo)

GLONASS

- **http://glonass-iac.ru/en** (auch auf Englisch)

GPS-Geräte

CompeGPS

- **VarioTek GmbH,** Wiesenstraße 21A, 40549 Düsseldorf, Tel. 0211 508630–0, www.variotek.de, www.compegps.de

Falk

- **www.falk-navigation.de**

Garmin

- **Garmin Deutschland GmbH,** www.garmin.de, www.garmin.com

Lowrance

- **www.lowrance24.de**

Magellan

- **www.magellangps.com,** info-eu@magellangps.com

Satmap

- **www.satmap.co.uk/deutsch**

Suunto

- **www.suunto.com**

VDO

- **http://vdo-gp7.com**

Xplova

- **www.xplova.com/de**

Zubehör

- **www.aquapac.de** (wasserdichte Schutzhüllen)
- **www.bikertech.de** (Fahrrad- und Motorradhalterungen, Regenschutz)
- **www.gps24.de** (Geräte, Zubehör, Smartphones, Datenlogger u. v. m.)
- **www.gpskabel.de** (Datenkabel, auch für Verbindung mit PDAs)
- **www.gpstools.de** (Garmin-Geräte und Zubehör)
- **www.gps-shop.com** (Marine-Geräte und Zubehör)
- **www.touratech.de** (viele Geräte, Fahrrad- & Motorradhalterungen, umfassendes Zubehör, Software, Karten)
- **www.ortlieb.de** (wasserdichte Schutzhüllen)

Digitale Karten

Topografische Karten

Vermessungsämter

- **Bundesamt für Kartografie und Geodäsie,** Richard-Strauß-Allee 11, 60598 Frankfurt a. M., Tel. 069 6333-1, Fax 069 6333-235,
- **Arbeitsgemeinschaft der Vermessungsverwaltungen der Länder der Bundesrepublik Deutschland (AdV),** Podbielskistraße 331, 30659 Hannover, Tel. 0511 64609-110, Fax 0511 64609-116, www.adv-online.de

Topografische Karten der Landesvermessungsämter; Top25 und Top50

- **www.adv-online.de,** Arbeitsgemeinschaft der Vermessungsämter der Bundesländer. Links zu den jeweiligen Landesvermessungsämtern unter „AdV-Produkte/Vertriebsstellen der Landesbehörden").

Geogrid Viewer (TOP50 und 25)

- **www.vermessung.bayern.de/dvd/downloads.html, www.cassidian.com/geogrid**

Topografische Karten Österreich, Austrian Map Fly (AMAP Fly)

- **Österreichisches Bundesamt für Eich- und Vermessungswesen,** Tel. 0043 (0) 140146–386, www.bev.gv.at („Produktbeschreibungen/Hierarchischer Katalog")

Schweizer topografische Karten, Swiss Map

- **Schweizerisches Bundesamt für Landestopografie,** Tel. 0041 (0) 3196322–0, www.swisstopo.ch

Topografische Karten Frankreich

- **www.ign.fr,** (nur Französisch; Online-Shop mit sehr guten Papier- und Digitalkarten, darunter die Papierkarten Carto Exploreur im Maßstab 1:25.000 und 1:100.000 sowie zahlreiche Garmin GPS-Topos)
- **www.bayo.com,** französischsprachige Site für digitale „Carto Exploreur 3"-Karten

Topografische Karten Griechenland

- **www.anavasi.gr** (Papier- und Digitalkarten; auch auf Englisch)

Topografische Karten Großbritannien (Memory-Maps)

- **www.memory-map.co.uk,** Rasterkarten 1:50.000 für England und Schottland und 1:25.000 für Nationalparks sowie Karten für Fernwanderwege inkl. Planungssoftware. Kompatibel u. a. mit Garmin, Magellan, Lowrance und teilweise mit QV; außerdem Digi-Karten anderer Länder.

Topografische Karten Italien

- **www.4land.it** (bislang nur auf Italienisch; Karten verschiedener Regionen für Garmin und CompeGPS sowie für iPad und iPhone; u. a. erhältlich: TrekMap Italia V.3 und Custom-Map-Rasterkarten für Garmin-Geräte.

Schweden

- **www.soltek.se,** nur Schwedisch; topografische Rasterkarten auf DVD in den Maßstäben 1:50.000, 1:100.000 und 1:250.000; digitale Garmin-Topos)

MagicMaps

- **www.magicmaps.de,** Tel. 07127 970160

Reality Maps

- **www.realitymaps.de** (s. S. 206)

Wander-, Rad- und Wasserwanderkarten

ADFC-Radtourenkarten

- **www.bva-bielefeld.de**

Alpenvereinskarten

- **www.alpenverein.de**

Esterbauer – Bikeline Radkarten

- **www.esterbauer.com** (Papierkarten und Download von GPS-Tracks zu ausgewählten Büchern)

Jübermann Digitalkarten für Wasserwanderer (JONA)

- **www.juebermann.de;** der Verlag bietet Papierkarten und Atlanten für Wasserwanderer sowie JONA-Digitalkarten für Wasserwanderer von den Regionen Deutschland-Nordwest, Deutschland-Nordost und Spreewald, die mit kartenfähigen Lowrance-Endura-Geräten, Android-Smartphones und QuoVadis-Software kompatibel sind)

Kompass-Karten

- **www.kompass.at** (s. S. 205); http://club.kompass.at, Club-Site mit Forum, FAQs, Tourenarchiv

Kartenzubehör

- **www.maptools.com**, Planzeiger und Netzteiler, u. a. auch zum kostenlosen Download als PDF-Datei

Online-Karten

- **Bing (Microsoft)** www.bing.com/maps
- **Google Earth** www.earth.google.com
- **Kugelerde** www.kugelerde.de (Infos und Daten rund um Google Earth, mit Forum)
- **Google Maps** www.maps.google.de
- **HikeBikeMap** www.hikebikemap.de (Wanderkarte auf Basis von OSM)
- **OpenStreetMap (OSM)** www.openstreetmap.org; www.openstreetmap.de (kostenlose Karten und Geodaten)
- **NASA World Wind** www.goworldwind.org, www.worldwindcentral.com (Ein Online-Globus der NASA, der ähnlich wie Google Earth mit zusätzlicher 3D-Grafik aufwarten kann und sogar Karten von Mond, Mars, Venus und Jupiter im Programm hat)
- **OpenCycleMap** www.opencyclemap.org (auf OpenStreetMap basierende Radkarte)
- **Reit- und Wanderkarte** www.wanderreitkarte.de (Karte für Wanderer und Reiter auf OSM-Basis. Mit Tourenplaner und Möglichkeit zum Download oder Kauf Garmin-kompatibler Karten)

Karten für GPS-Geräte

Eine rasch wachsende Auswahl von Straßenkarten und Topos, die auf GPS-Handgeräte geladen werden können, finden Sie auf den Websites der Gerätehersteller (s. o.).

Zusätzliche Vektorkarten für Garmin-Geräte:

- **www.memory-map.com.au** Topokarten von Australien (Outback) und Neuseeland

Kostenlose Karten für GPS-Geräte (überwiegend Garmin)

- **www.maps4free.de** (Website rund um kostenlose Garmin-Karten, die leider ihren Dienst einstellt und auf OSM verweist; das Forum wird vorerst noch online bleiben)
- **http://garmin.openstreetmap.nl** (Seite zum Herunterladen teils routingfähiger Garmin-Karten)
- **http://gpsmapsearch.com** (Seite zum Suchen kostenloser Garmin-kompatibler Landkarten)
- **www.mapsntrails.com/de** (sehr gut gemachte Seite mit Links zu Garmin-kompatiblen Vektor- und Rasterkarten in aller Welt plus hervorragender Überblick über zahlreiche Tourenportale)
- **http://nzopengps.org** (MapSource/BaseCamp-kompatible Topos und Wanderkarten von Neuseeland; auch Download von Software zur Installation von Karten)
- **www.italymaps.tk; http://xoomer.virgilio.it/hcgnar/eng.html** (Topos von Italien im Maßstab 1 : 100000; englische Version)
- **www.ibycus.com/ibycustopo** (Topo-Karten von Kanada)
- **www.elsinga.net** (Private Seite u. a. mit Topokarten von ganz Griechenland und anderen Ländern plus Anleitung zur Installation)
- **http://noegs.de.tf** (Liste mit kostenlosen Garmin-Karten weltweit)
- **www.ourfootprints.de** (kostenlose MapSource-kompatible Topos von Island und Korsika)
- **www.velomap.org/de** (aktuelle, routingfähige OSM-Karten für Touren, Trekking und Rennradfahrer)
- **www.wanderreitkarte.de** (Karte für Wanderer und Reiter auf OSM-Basis. Mit Tourenplaner und Möglichkeit zum Download oder Kauf Garmin-kompatibler Karten)
- **http://wiki.openstreetmap.org/wiki/OSM_Map_On_Garmin/Download** (tabellarisches Verzeichnis von OSM-Karten im Garmin-Format plus Link zu einer Anleitung zum Selbermachen)

Software zu Karten für GPS-Geräte

MapsetToolKit

- **http://sites.google.com/site/cypherman1** (Download von cGPSmapper, einem Tool zur Einbindung kostenloser Garmin-Karten (IMG·Files) in Base·Camp und MapSource)

QLandkarteGT

- **www.qlandkarte.org** (kostenlose Software, um GPS-Daten auf Garmin-Karten und verschiedenen Rasterkarten darzustellen)

SendMap20

- **http://cgpsmapper.com** (Download und Handbuch zu dieser Software, mit der man selbst Karten für Garmin-Geräte erstellen kann)

Weitere Software zum Erstellen von Garmin-Vektorkarten

Karten für GPS-Geräte anderer Hersteller

Falk

- wwwfootmap.de. Kostenpflichtige Abos (10–20 € pro Jahr) für den Online-Zugang zur Nutzung von OSM-Karten auf Falk-Geräten (Nutzung ist nur mit der Software Find&Route möglich)

Magellan

- www.maps4me.net. Portal (auch auf Deutsch) für freie und lizenzkostenfreie Karten für Magellan-GPS-Geräte; Download von Raster- und Vektorkarten für Magellan-Triton- und eXplorist-Modelle

- www.magicmaps.ca. Englisches Portal mit freien Raster- und Vektor-Karten von Kanada für Magellan-Geräte.

- www.magellanboard.de. Freies Forum für Magellan-GPS-Geräte und -Karten sowie Infos zum Generieren von Rasterkarten für Magellan-Geräte.

- www.msh-tools.com, englische Site mit Anleitungen, Tipps und Software u. a. zum Erstellen von Rasterkarten für Magellan-Geräte sowie zum Konvertieren von Garmin- in Magellankarten.

Lowrance

- www.in-touch-with-adventure.com. Deutsche Site zur Outdoor-Navigation mit Lowrance-Geräten, die neben einem Forum auch Software und eine gute Auswahl kostenloser Karten (Europa, Afrika) auf OSM-Basis für Endura-Geräte bietet.

Scanservice

- **Därr,** Schertlinstr. 17, 81379 München, Tel. 089 282032, Fax 282525, E-Mail: info@daerr.de, www.daerr.de (Rüstkosten 10 €/Auftrag; Scan 20 €/Karte; Kalibrier-Service)
- **QuoVadis,** Tel. 06182 8492590, www.quovadis-gps.de (Scan- und Kalibrierservice)
- **Merkartor Kartographie- und Scanstudio,** Tel. 08152 980166, www.merkartor.de (Scans auch über A0 möglich)

GPS-Software

GPS-Planungs- und Navigationssoftware

CompeGPSLand

- VarioTek GmbH; Tel. 0211 5086) 00; www.variotek.de. www.compegps.de

Fugawi

- Nordwest Funk GmbH; Tel. 04921 8008-88; www.nordwest-funk.de. www.fugawi.com

OziExplorer

- **www.oziexplorer.com** (Demoversionen mit eingeschränktem Funktionsumfang)
- **www.fermoll.de** (Tipps zu OziExplorer)

QuoVadis

- **www.quovadis-gps.de** (Download einer 25 Tage nutzbaren Vollversion; Forum)

GPS-Wegpunktsoftware

- **Waypoint+,** www.soft82.com/download/windows/waypoint/oder www.softpedia.com/get/Science-CAD/Waypoint.shtml/ (Das einstige Standardprogramm für den Datenaustausch mit Garmin-Geräten ist mit neueren Geräten nicht immer kompatibel.)
- **G7ToWin,** www.gpsinformation.org/ronh/g7towin.htm (Einfache Software zum Datenaustausch zwischen GPS-Gerät und Computer; wird nicht mehr aktualisiert)
- **EasyGPS,** www.easygps.com (übersichtliches Programm für den Datentransfer mit den meisten Garmin-, Magellan- und Lowrance-Modellen)

GPS-Kartensoftware

- **GARtrip,** www.gartrip.de (Garmin- und Magellan-kompatible Shareware für ca. 36 € zur Routenplanung, Demoversion)
- **GPSTrackMaker,** www.gpstm.com (sehr vielseitige Freeware zur Routenplanung)
- **GPSUtility,** www.gpsu.co.uk (einfache englische Shareware – Registrierung 60 US$ – für Garmin- und Magellan-Modelle)
- **ExpertGPS,** www.expertgps.com (Shareware zu 75 $ für Garmin-, Magellan- und Lowrance-Geräte; Download und kostenlose Testversion)
- **GPSTrans,** http://gpstrans.sourceforge.net/
- **Garfile,** war früher ein wichtiges, kostenloses Programm, um Daten von den Top50 Karten im ovl-Format mit Garmin-GPS auszutauschen. Mit der Weiterentwicklung des Geogrid-Viewers hat es an Bedeutung verloren. Anleitungen unter: www.jens-seiler.de/etrex/top50.html und www.gps-touren.at/downloads/Anleitung_Garfile.pdf
- **Mobile Atlas Creator,** http://mobac.sourceforge.net/ (Freeware zum Erstellen von Rasterkarten aus freien Kartenquellen für verschiedene GPS-Geräte, Smartphones und Programme)

Konvertierungsprogramme

- **GPSBabel;** http://sourceforge.net/projects/gpsbabel (sehr vielseitiger und verbreiteter Konverter; s. S. 246)

- **RouteConverter;** www.routeconverter.de (benutzerfreundliches Tool zum Download mit Beschreibung, Forum und FAQ-Seite)
- **TeX Converter (für Garmin Edge. Forerunner);** www.teambikeolympo.it/TCXConverter/TeamBikeOlympo_-_TCX_Converter/DOWNLOADS.html (kostenloses Programm zum Umwandeln von Garmin-TCX- und AT-Files ins Gpx- und andere Formate)

Online-Konvertierung

- **www.gps-touren.at/konvertierer.php** (auch zum Konvertieren von Tracks in Routen)
- **www.onlinemapcoordinatesconverter.com** (konvertiert ebenfalls französische Lambert-Koordinaten!)
- **http://80calcs.pagesperso-orange.fr/Downloads/Mimee_online.html** (konvertiert zahlreiche Formate und Kartendaten)

Programme zum Erstellen von Vektorkarten für Garmin-Geräte

- **GPSMapEdit:** www.geopainting.com (deutsche Seite; Software für 54 €, mit der man Karten für Garmin, Lowrance und andere Geräte erstellen kann)
- **Mapwel:** www.mapwel.eu (englische Site; kostenpflichtige Software für 45 bzw. 90 US Dollar zum Erstellen von routingfähigen Karten für Garmin-Geräte)
- GPSTrackMaker (s. o.)
- **cGPSmapper,** www.cgpsmapper.com
- **PanaVue,** www.panavue.com (Software zum Zusammensetzen gescannter Kartenausschnitte, kostenlose Demoversion)
- **Panoramafactory,** www.panoramafactory.com (ähnlich PanaVue)

GPS-Software für Macintosh

- **www.gpsy.com**
- **www.macgpspro.com**
- **www.chimoosoft.com/products/gpsconnect**

Kartengitter und -bezugssysteme

- **www.kowoma.de/gps/geo/mapdatum/mapdatums.php** Daten und Umrechnungsparameter zu über 200 Bezugssystemen

- **www.explorermagazin.de/gps/missing.htm** Parameter zum Umrechnen zahlreicher Kartengitter und -bezugssysteme und gute Erläuterung zum Thema „Kartendatum"

Höhendaten

NIMA DTED-o Daten

- **http://geoengine.nga.mil/geospatial/SW_TOOLS/NIMAMUSE/webinter/rast_roam.html** (weltweite Höhendaten; kostenlos, aber für Unerfahrene nicht leicht zu nutzen)

SRTM3/SRTM30 Höhendaten der Nasa

- **http://dds.cr.usgs.gov/srtm/;**
- **http://nationalmap.gov/viewer.html;**
- **http://srtm.csi.cgiar.org/SELECTION/inputCoord.asp** (s. S. 194; auch hier wird sich der Ungeübte nicht leicht zurechtfinden; Erläuterungen findet man auf der nationalmap-Site)

Smartphone-Software

- **Ape@map;** www.apemap.com (s. S. 254)
- **CompeGPS TwoNav,** www.variotek.de; www.compegps.com
- **Find&Route,** www.footmap.de (App zum Routing auf OSM-Karten für Smartphones)
- **Pathaway;** www.pathaway.com
- **Takwak;** www.takwak.com
- **Trackspace,** www.trackspace.de (Tourenportal und -Software u. a. für iPhone, Android, Symbian)
- **Viewranger,** www.viewranger.com
- **www.wild-mobile.com** (kostenloses Navigationsprogramm für SymbianOS, unterstützt OziExplorer)
- **www.navicore.fi** (Navigationsprogramm und Karten für SymbianOS)
- **www.heise.de/mobil/artikel/56260** (Freisprecheinrichtung und Navigationsgerät für Smartphones)
- **www.nhgps.com** (Software für Smartphones mit SymbianOS)
- **www.nav4all.com/N4A/index/index.php** (Java-basierte Software für Handys)

- **www.mobile2day.de/news/news_details.html?nd_ref=5504** (Destinator 6 für diverse Smartphones)
- **www.smartphone-web.com/index.php?show=news&id=1252** (GoogleMaps für Smartphones)
- **www.mgmaps.com** (kostenlose Java-Software für Handys und PDAs)

Tests und Tipps

- **http://gpsinformation.net** (sehr hilfreiche englische Seite mit Tests, Kauftipps, Datensammlungen, Berichten, Karten etc.)
- **http://home.wtal.de/noegs/**(informatives GPS-Magazin mit Erfahrungsberichten, Tests, Tipps; enorm umfangreiche Linksammlung unter http://home.wtal.de/noegs/mtg-faq.htm und ausführliches GPS-Lexikon unter http://home.wtal.de/noegs/gps-lexikon.htm)
- **www.pocketnavigation.de** (Infos zur GPS-Navigation mit Pocket-PC)
- **www.gpswiki.de** (ein GPS-Wiki in Aufbauphase mit Infos, Tipps und Tricks zur GPS-Navigation)
- **www.navigation-professionell.de** (gute Seite zum Thema GPS mit Tests (Hard und Software), News und Service-Artikeln

Grundlagen und allgemeine Infos

www.kowoma.de

Gute Site mit Infos über die Grundlagen der Satellitennavigation und ihrer Funktionsweise. Bietet u. a. Daten zu über 200 Kartenbezugssystemen (s. o.) und Forum.

GPS World

- **www.gpsworld.com** (Site der GPS-Zeitschrift „GPS World“ mit Artikelliste, Veranstaltungen, Produkt-Infos und Links zu weiteren Infoquellen)

University of Texas

- **www.csr.utexas.edu/texas_pwv/midterm/gabor/gps.html** (detaillierte Infos zu GPS-Grundlagen)

Suess-Web

- **www.suess-web.de** (sehr gute und fundierte Informationen, FAQs und Links zum Thema GPS)

Foren

Wer gar nicht weiter weiß, wendet sich an eines der Foren und wird fast immer eine Lösung finden.

- **www.gps-forum.de** (GPS- und Reise-Infos)
- **www.naviboard.de** (eines der größten Foren mit vielen GPS- und Outdoor-Themen)
- **http://forum.compegps.com/forum.php** (Forum für CompeGPS-Produkte)
- **https://forum.garmin.de** (Forum für Garmin-Produkte)
- **http://forum.in-touch-with-adventure.de** (Lowrance-Forum)
- **www.magellanboard.de; www.tritonforum.com** (deutsch- bzw. englischsprachiges Magellan-Forum)
- **www.naviuser.at** (Forum für GPS-Einsteiger und Experten)
- **http://forum.openstreetmap.org** (Forum rund um die OpenStreetMap; Englisch)
- **http://forum.quovadis-gps.com** (deutsch- und englischsprachiges Forum rund um die Planungssoftware QuoVadis)

Tourenportale und Wegpunktsammlungen

- **http://geonames.nga.mil/ggmagaz/**(GEONet Names Server des US-Verteidigungsministeriums; geografische Namen und Koordinaten weltweit, selbst kleinste Orte)
- **www.almenrausch.at** (Berg-, Ski- und Biketouren in Tirol und Bayern)
- **www.alpin-koordinaten.de** (Koordinaten von Gipfeln, Hütten, Biwakplätzen, Einstiegen und Ausgangspunkten für Klettertouren; 14850 Koordinaten, 107 Touren, 1094 Tracks)
- **bayerninfo.de/rad** (Radroutenplaner Bayern. 119 Fernradwege können als GPX-Datei oder Overlay für die TOP50 heruntergeladen werden; Smartphone-App)
- **www.bike-gps.com** (gebührenpflichtige, aber auch gut ausgearbeitete MB- und Radtouren in den Alpen. Alle Bike GPS RichTracks können inklusive Landkarte von KOMPASS oder 4Land auf die neuen GPS-Geräte von VDO und MyNav übertragen werden; Smartphone-App)

- **www.das-rad-ruft.de** (umfangreiche Track-Sammlung für Radtouren in ganz Deutschland; Europa und teils auch in Übersee)
- **www.geolife.de** (über 700 Wander-, Rad- und Reittouren in Niedersachsen zum kostenlosen Download sowie Touren in anderen Bundesländern)
- **www.geonauten.de** (Wander-, Rad- und Reittouren in ganz Deutschland zum kostenlosen Download; mit guten Suchfunktionen und Optionen)
- **www.gps-tracks.com** (über 6500 bearbeitete Touren aller Art mit Schwerpunkt auf Mountainbike- und Alpentouren in der Schweiz und in Österreich)
- **gpsies.com** (beliebtes Portal für Wander-, Rad- und sonstige Touren weltweit. Tourenplaner, OpenStreet-/OpencycleMap, Google, Bing, Yahoo sowie Navigations-Apps für Android, iPhone).
- **gps-tour.info** (kostenlose Routenbörse für Touren aller Art)
- **outdooraclive.com/de** (interaktives Portal mit einem umfangreichem Angebot an Touren aller Art; Schwerpunkt Deutschland. Apps für Handys)
- **www.planetoutdoor.de** (Portal für geprüfte Outdoor-Touren aller Art; Deutschland und Alpenraum. Download von Touren auf Smartphones)
- **www.tourenwelt.info** (mit Jo's Hüttenliste (rund 27.000 Berghütten), Harry's Bergliste (über 50.000 Gipfel) und X's Trackliste – noch in den Anfängen)
- **www.wandermap.net. www.bikemap.net** (Portal für Wander- bzw. Radtouren mit großer Routenauswahl in aller Welt; überwiegend Europa. Online-Tourenplaner, Google Maps, OpenStreet-/Opencycie-Map)

Routenplaner

- **ADFC-Tourenportal** (www.adfc-tourenportal.de)
- **Bayernnetz für Radler** (www.bayerninfo.de/rad)
- **Radtourenplaner NRW** (www.radtourenplaner.nrw.de)

Geocaching

- **www.geocaching.com** (Englisch)
- **www.geocaching.de** (Deutsch)
- **www.navicache.com** (Englisch)
- **www.opencaching.de/** (Deutsch)

Anhang

Glossar

- **Active Leg** – Etappe zwischen zwei Wegpunkten einer Route, auf der man gerade unterwegs ist.
- **Active Waypoint** – Aktiver Wegpunkt. Einer der beiden Wegpunkte (active from und active to), zwischen denen man gerade unterwegs ist.
- **Acquiring** – Das Gerät erfasst die Satellitendaten.
- **Almanach-Daten** – Von jedem Satelliten ausgestrahlte Informationen über Satellitenbahnen plus Korrekturfaktoren, die im Empfänger gespeichert werden und es ihm ermöglichen, die Satelliten rascher zu finden.
- **A-GPS (Assisted GPS)** – Unterstützung der GPS-Positionsbestimmung durch vorausberechnete Bahndaten der Satelliten von außen (per Internet oder Mobilfunknetz) zur schnelleren Positionsbestimmung.
- **Anti-Spoofing** – Manipulationssicherung. Ein Verfahren, bei dem der für die präzise Positionsbestimmung erforderliche P-Code verschlüsselt wird. Der verschlüsselte Y-Code kann nur von Empfängern mit Entschlüsselungssystem (militärische Geräte) genutzt werden.
- **Aufladbare Karten** – Digitale Vektorkarten, die direkt auf bestimmte GPS-Geräte geladen werden können.
- **AutoLocate** – Das Gerät initialisiert sich selbst, ohne seine ungefähre Position auf der Erdoberfläche zu kennen (dauert ca. 5 Minuten).
- **Autorouting** – Funktion des GPS-Geräts, die mithilfe der in geeigneten Karten gespeicherten elektronischen Straßendaten automatisch eine detaillierte Straßenroute zum Ziel berechnet und dem Fahrer (jetzt auch Radfahrer oder Wanderer!) vor jeder Abzweigung die Richtung ansagt.
- **Backtrack** – (=TracBack) Zeichnet den Weg auf, um den Rückweg anzeigen zu können (nicht nur die direkte Richtung zum Ausgangspunkt).
- **Basemap** – Basiskarte. In vielen GPS-Geräten fest eingespeicherte einfache Übersichtskarte mit Hauptstraßen und Orten.
- **Bearing** – Kompasskurs vom Standort zu einem Ziel. Im Setup auch: auswählbare Nordrichtung (geografisch, magnetisch, Gitter-Nord).
- **BSB-Karten** – GPS-kompatible, digitale Karten, die von vielen Navigationsprogrammen (Fugawi, TTQV, MapTech) gelesen und genutzt, aber nicht in GPS-Empfänger geladen werden können.
- **C/A-Code** (Coarse Aquisition = Grob-Erfassung) – Von zivilen Geräten empfangener Code, der eine weniger genaue Positionsbestimmung ermöglicht als der militärische P-Code.
- **Control Points** – (Kontrollpunkte bzw. Passpunkte) Punkte auf der Karte, deren Koordinaten bekannt sind; drei Kontrollpunkte, die nicht auf einer geraden Linie liegen, ermöglichen es, die Karte zu georeferenzieren.
- **Course** – Kurs vom zuletzt passierten zum nächsten Wegpunkt (=Soll-Kurs). Mit Bearing nur dann identisch, wenn man nicht vom Soll-Kurs abweicht.
- **Datenkarten** – Etwa briefmarkengroße Steckkarten (bis zu 2 GB), auf die Kartenausschnitte von CD oder DVD geladen und durch Einstecken in das GPS-Gerät übertragen werden.

- **Datum** – Bei Landkarten das Bezugssystem für die Projektion der dreidimensionalen Erdoberfläche auf die zweidimensionale Karte.
- **Digitale Karte** – Digitalisierte (elektronische) Landkarte, die am Computer oder sogar auf dem GPS-Gerät dargestellt und vielfältig genutzt werden kann.
- **Digitales Geländemodell** – Datenbank, die jedem Punkt der Karte seine Höhe zuordnet und dadurch Höhenprofile und eine 3D-Darstellung ermöglicht.
- **DTED** – Digital Terrain Elevation Data bieten ein digitales Geländemodell.
- **DGM** – Digitales Geländemodell
- **DGPS** – Differential Global Positioning System. Das System korrigiert durch äußere Ursachen hervorgerufene Fehler.
- **Dilution of Precision** – (DOP = „Verdünnung der Präzision“) Ungenauigkeit der Positionsbestimmung aufgrund geometrischer Gegebenheiten, d.h. der momentanen Anordnung der Satelliten.
- **DHM** – Digitales Höhenmodell
- **DRG** – Digital Raster Graphic – siehe „Rasterdaten“
- **ECEF** – (Earth-Centered Earth-Fixed) Ein Koordinatensystem, bei dem die X-Richtung die Linie durch den Schnittpunkt zwischen dem Nullmeridian (Greenwich) und dem Äquator darstellt, die Y-Richtung die Linie durch den Schnittpunkt von 90./180. Längengrad und Äquator, die Z-Richtung entspricht der Erdachse.
- **EGNOS** – Europäisches Gegenstück zum WAAS der USA
- **Elevation** – Höhe über dem Meeresspiegel (Normal Null, NN)
- **Ephemeriden** – Positions- und Bahndaten eines Satelliten, die mit den GPS-Daten übermittelt werden. Diese Informationen sind exakter als die Almanach-Informationen, aber nur für max. 6 Stunden aktuell und werden von jedem Satelliten für seine eigene Bahn ausgestrahlt.
- **GALILEO** – Europäisches Satelliten-Navigationssystem, das zuverlässiger und präziser als NAVSTAR funktionieren soll und voraussichtlich ab 2014 funktionieren wird.
- **Gauß-Krüger-Gitter (auch GK-Gitter oder German Grid)** – In Deutschland früher übliches Kartengitter, das dem UTM-Gitter ähnelt.
- **Geocaching** – Digitale „Schnitzeljagd“, bei der man mithilfe von GPS ein Versteck (= Cache) sucht.
- **Georeferenzieren** – Kalibrieren einer Karte: Prozess, der den Bildpunkten (einer gescannten Karte) spezifische Koordinatenpaare zuweist, sodass an jeder Mausposition die Koordinaten abgelesen werden können.
- **georeferenziert** – Eine Karte, die an der Mausposition zu jedem Bildpunkt die Koordinaten anzeigt.
- **Geotagging** – Georeferenzieren von Fotos: Dadurch werden die Bilder mit den Koordinaten des Aufnahmeortes verknüpft.
- **GLONASS** – Russisches Satelliten-Navigationssystem
- **GMT** – Greenwich Mean Time, entspricht der Westeuropäischen Zeit, an der sich die Weltzeit orientiert.
- **GNSS (Global Navigation Satellite System)** – Alle Systeme zur Positionsbestimmung und Navigation mithilfe von Satellitensignalen (NAVSTAR, GALILEO, GLONASS, etc.)

- **GoTo-Funktion** – Zeigt Richtung und Entfernung zu gespeicherten Wegpunkten.
- **GPS** – Global Positioning System. Weltweites, satellitengestütztes System zur Standortbestimmung; im engeren Sinn bezeichnet die Abkürzung das NAVSTAR-System des US-Verteidigungsministeriums, im allgemeinen Sprachgebrauch wird damit jedes satellitenbasierte Navigationssystem bezeichnet (siehe GNSS).
- **GPS-Schnittstelle** – Teil der Software, die eine Verbindung zwischen Karte und GPS-Empfänger herstellt, z. B. um die vom Empfänger gemeldete Position auf der Karte darzustellen.
- **GPX** – Universelles Format zum Austausch von GPS-Daten zwischen GPS-Geräten und Computer
- **Heading** – Tatsächlicher momentaner Kurs. Kann vom Soll-Kurs (= Course) abweichen.
- **Initialisierung** – Einstellung des Geräts auf die Region, in der es arbeiten soll
- **Kalibrieren** – Jedem Kartenpunkt ein Koordinatenpaar zuordnen
- **Kontrollpunkt** – siehe „Control Points"
- **Koordinaten** – Zahlenpaar zur Beschreibung von Positionen in der Ebene (Karte und Gelände)
- **MapSend** – Inzwischen überholte Software und unterschiedliche Arten digitaler Feinkarten (darunter zunehmend auch topografische Karten!), die auf Datenkarten in bestimmte Magellan-Geräte geladen werden können.
- **MapSource** – Inzwischen überholte Software und unterschiedliche Arten digitaler Feinkarten (darunter zunehmend auch topografische Karten!), die auf Datenkarten in bestimmte Garmin-Geräte geladen werden können.
- **Moving Map Navigation** – s. Online Navigation
- **Navigation** – Bewegung auf Soll-Kurs oder mit bekannter Abweichung vom Soll-Kurs. „Wissen, wie man zum Ziel kommt."
- **NAVSTAR** – Das Satelliten-Navigationssystem der USA, das heute meist mit GPS gleichgesetzt wird.
- **NMEA** – National Marine Electronics Association (Nationale Vereinigung für Marineelektronik) der USA bzw. deren Standards zur Kommunikation verschiedener elektronischer Geräte, die Kompatibilität gewährleisten.
- **Offboard-Navigation** – GPS-Navigation mit Smartphones o. Ä., wobei Karten und weitere Infos über das Handynetz bezogen werden.
- **Offline-Navigation** – Nutzung digitaler Karten ohne aktiven GPS-Empfänger zur Routenplanung, -bearbeitung und -übertragung zu Hause am PC.
- **Onboard-Navigation** – GPS-Navigation mit Smartphones o. Ä., wobei die Karten im Gerät gespeichert sind, sodass man auch ohne Empfang navigieren kann.
- **Online-Navigation** – Die Nutzung digitaler Karten mit aktivem GPS-Empfänger zur Orientierung und Navigation unterwegs mit dem Notebook oder PDA, wobei die aktuelle Position stets auf der Karte dargestellt und die Karte darauf zentriert wird (= Moving Map Navigation).
- **Orientierung** – Bestimmung des Standorts in Relation zum Gelände. „Wissen, wo man ist."

- **Overlay** – („Schicht darüber“) So etwas wie eine virtuelle Klarsichtfolie, die man über seine Bildschirmkarte legt, um individuelle Einträge vorzunehmen.
- **Passpunkte** – (=Kontrollpunkte) Punkte mit bekannten Koordinaten, die dazu dienen, gescannte Karten zu kalibrieren.
- **P-Code** – Bei NAVSTAR nur von militärischen Geräten zu empfangender Code, der eine präzisere Positionsbestimmung erlaubt als der C/A-Code.
- **Points of Interest (POI)** – Einzelobjekte (beispielsweise Tankstellen, Hotels, Restaurants, Camping etc.), die auf digitalen Karten als Symbole dargestellt werden und mit Informationen (Adresse, Telefon, Preise etc.) verbunden sein können.
- **Poor CVRG** – (CVRG=coverage; wörtl. schlechte Abdeckung) Das Gerät erhält nicht genügend Satelliten-Daten, um eine Position zu errechnen.
- **Position Fix** – Koordinaten des Standorts, die das GPS-Gerät errechnet, wenn es Signale von genügend Satelliten empfängt.
- **Rasterdaten** – Darstellung durch Bildpunkte (Pixel); die Auflösung wird in dpi (dots per inch) angegeben – je höher die Zahl, desto klarer das Bild. Kartenobjekte sind nicht mit Informationen verbunden.
- **Route** – Geplanter Wegverlauf (Verknüpfung mehrerer Wegpunkte)
- **Searching** – Das Gerät sucht verfügbare Satelliten.
- **Select Country** – Initialisierung des Geräts durch Auswahl des Landes, in dem man sich befindet.
- **Selective Availability (SA)** – Beabsichtigte Verfälschung der Satellitensignale für zivile Empfänger. Seit Mai 2000 ausgeschaltet!
- **Self-Assisted GPS** – Unterstützung der Positionsbestimmung durch vom Gerät selbst vorausberechnete Bahndaten zur schnelleren Positionsbestimmung; s. auch A-GPS
- **Topo** – Abk. für topografische Karte
- **TracBack** – siehe „Backtrack“
- **Track** – zurückgelegter Weg
- **UT** – Universal Time (=GMT)
- **UTC** – UTC-Zeit (Universal Time Coordinated = koordinierte Weltzeit)
- **UTM-Gitter (Universal Trans Mercator Gitter)** – Geodätisches Gitter für topografische und andere Karten genauer Maßstäbe, das zum Standard für die GPS-Navigation wurde.
- **Vektordaten** – Grafik aus Linien, Punkten, Flächen und Schrift, die es erlaubt, einzelne Objekte mit Zusatzinfos (z. B. Straßenart, Abzweigung, Höhe, Adressen etc.) zu versehen und das Kartenbild beliebig zu bearbeiten.
- **WAAS** – (Wide Area Augmentation System) US-Korrektursystem zur Erhöhung der GPS-Genauigkeit
- **Waypoint** – Wegpunkt
- **Wegpunkt** – Punkt mit bekannten Koordinaten, der im GPS-Gerät gespeichert wird (siehe „GoTo-Funktion“).
- **WGS84** – World Geodetic System 1984. Weltweites geodätisches System von 1984; das Ellipsoid, welches vom GPS-System verwendet wird.
- **2D Nav** – Positionsbestimmung in der Ebene mithilfe von nur drei Satelliten, die dabei erhebliche Fehler aufweisen kann!
- **3D Nav** – Positionsbestimmung mit mindestens vier Satelliten ist Voraussetzung für eine präzise Navigation.

GPS-Abkürzungen und -Terminologie

Abkürzung – Englisch – Deutsch

- **ALT** – Altitude – Höhe (über dem Meer)
- **BAT** – Battery – Batterie (Ladezustand)
- **BRG** – Bearing – Peilung (Richtungswinkel von der momentanen Position zum Zielpunkt)
- **CLR** – Clear – Löschen
- **CDI** – Course Deviation Indicator – Kursabweichungsanzeiger (=XTE)
- **CMG** – Course Made Good – in Richtung Ziel zurückgelegte Kursstrecke
- **CRS** – Course – Kurs (Kurswinkel vom zuletzt passierten zum nächsten Wegpunkt = Soll-Kurs)
- **CTS** – Course to Steer – günstigste Richtung zurück auf den Kurs zwischen zwei aktiven Wegpunkten
- **DEG** – Degree – Grad
- **DHM** – Digitales Höhenmodell
- **DIS** – Distance – Entfernung (zwischen Standort und einem ausgewählten Wegpunkt)
- **DST** – Distance – siehe „DIS"
- **DTK** – Desired Track – Soll-Kurs (siehe „CRS")
- **ECEF** – Earth Centered Earth Fixed – dreidimensionales Koordinatensystem, in dem das GPS-Gerät Punkte speichert
- **EPE** – Estimated Position Error – geschätzte Abweichung der Angabe von der tatsächlichen Position (ohne SA!)
- **ETA** – Estimated Time of Arrival – geschätzte Ankunftszeit (aus Entfernung und Durchschnittsgeschwindigkeit errechnet)
- **ETE** – Estimated Time Enroute – verbleibende Zeit bis zum Ziel (aus Entfernung und momentaner Geschwindigkeit errechnet)
- **FIX** – Position Fix Quality – entspricht FOM
- **FOM** – Fix Offset Measure – Gütezahl. Geschätzte Genauigkeit der errechneten Position. SA bleibt unberücksichtigt!
- **GoTo** – Go to – „Gehe zu". Der Befehl, vom Standort aus ein bestimmtes Ziel anzusteuern.
- **GQ** – Geometric Quality – geometrische Qualität (siehe „EPE")
- **GRID** – Grid – Gitternetz (Koordinatensystem zur Angabe der Position, z. B. UTM)
- **GS** – Ground Speed – Geschwindigkeit über Grund. Geschwindigkeit in der Ebene, wie sie ein Tacho anzeigt.
- **KPH** – Kilometers per Hour – Stundenkilometer
- **KTS** – Knots – Knoten
- **HDG** – Heading – aktueller Kurs der Bewegungsrichtung
- **LAT** – Latitude – geografische Breite (mit N oder S bezeichnete Position relativ zum Äquator)
- **LON** – Longitude – geografische Länge (mit O bzw. E oder W bezeichnete Position relativ zum Null-Meridian)
- **MOB** – Man Over Board – Funktion für Notsituationen an Bord eines Schiffes, um gleichzeitig den Standort zu speichern und den Kurs dorthin zurück anzeigen zu lassen.
- **NM** – Nautical Mile – Seemeile
- **PAN** – pan = schwenken – Kontrollfeld zum Verschieben einer Kartenseite

- **POS** – Position – Position (durch zwei Koordinaten exakt angegebener Punkt im Koordinatensystem)
- **SA** – Selective Availability – willkürliche Signalverfälschung (seit 02. 05. 2000 abgestellt)
- **SPD** – Speed – Geschwindigkeit (= GS)
- **TRK** – Track – a) Kurs über Grund (momentaner Kurswinkel), entspricht HDG. b) zurückgelegter Weg. Gegensatz zu „Route" (geplanter Weg).
- **TT** – True Track – rechtweisender Kurs (in Relation zu Geografisch-Nord)
- **TTG** – Time to Go – entspricht „ETE"
- **UT** – Universal Time – Bezugszeit des GPS (entspricht GMT)
- **UTM** – Universal Transversal Mercator-Projektion – rechtwinkliges Koordinatensystem mit 6 Grad breiten Meridianstreifen, die in Kilometer und Meter unterteilt sind; weltweit verbreitet und Standard für GPS-Navigation
- **VMG** – Velocity Made Good – gutgemachte Geschwindigkeit (Geschwindigkeit, mit der man sich dem nächsten Zielpunkt nähert)
- **WPT** – Waypoint – Wegpunkt (im Empfänger gespeicherte Position für die Navigation)
- **XTE** – Cross Track Error – Kursabweichung. Die Distanz, um die man im rechten Winkel vom Soll-Kurs abgewichen ist (=CDI).

Register

F

G

H

I

K

L

M

N

O

P

Q, R

S

T

U

V

W

Z

Bildnachweis

bb	GPS Babel
bs	Ingenieurbüro Bernhard Spachmüller
cg	CompeGPS
da	Deutscher Alpenverein
fa	Falk
fg	Fugawi
gm	Garmin
jk	Jan Krymmel
kw	Klaus Werner
lo	Lowrance
ma	Magellan
mm	MagicMaps
ms	MapSource
rh	Rainer Höh (der Autor)
rkh	Reise Know-How Verlag Peter Rump GmbH
rm	RealityMaps
sm	Satmap

Der Autor

Rainer Höh, geboren 1955 auf der Schwäbischen Alb, ist unter Outdoor-Freunden kein Unbekannter. Nicht wegen spektakulärer Unternehmungen. Ihm ging es immer mehr um das Draußensein und das Naturerlebnis. Dass er dabei immer wieder einmal auch mit extremeren Verhältnissen fertig werden musste, lag in der Natur der Sache, war aber nie Selbstzweck. Schon während der Schulzeit zog es ihn zu ausgedehnten Wanderungen nach Lappland. Danach folgten Schneeschuh-Touren in Nord-Skandinavien, dann Winterunternehmungen, Wanderungen, Kanutouren und Floßreisen in Kanada und Alaska sowie verschiedene Hundeschlitten-Touren.

An einem Nebenfluss des Yukon baute er eine Blockhütte, in der er als Einsiedler hauste. Danach begann er, die Erfahrungen seiner Wildnisreisen in Buchform zusammenzufassen. Zunächst erschienen Sachbücher, dann Reiseberichte, Reiseführer, Bildbände u. a. Er gründete ein Reiseunternehmen und führte einige Jahre lang Gruppen in Kanada und Alaska. Seit 1996 befasst er sich mit GPS und hat zu diesem Thema neben dem vorliegenden und weiteren Büchern zahlreiche Artikel in Fach- und Reisezeitschriften publiziert.

Heute lebt er in den Bergen nahe Grenoble und arbeitet als Reisejournalist, Fotograf und Übersetzer.